本教材出版获2021年度教育部产学合作协同育人项目《数据科学导论》
（项目编号：20210118004）资助

U0151671

新文科
数据科学导论

Data Science:
A New Liberal Arts Way of Thinking

邓莎莎 主编

上海交通大学出版社
SHANGHAI JIAO TONG UNIVERSITY PRESS

内容提要

本书是一本面向高等院校文科专业,尤其是财经类以及管理类专业大学生的高质量数据科学教材。本书按照由浅入深、循序渐进的原则编写,结构清晰,内容丰富,案例翔实,覆盖面广,涵盖数据获取、预处理、可视化、机器学习等数据科学的关键环节与步骤,有助于初学者快速了解、熟悉和掌握数据科学的全貌与细节。通过阅读本书,不仅可以学习到大数据分析技术和方法,比如算法细节、实现方法以及内在逻辑,还可以学习到对每天接收到的海量数据进行理解、解读、思考和利用的实操方法和思维模式。

本书不仅适合作为高等院校讲授数据分析、数据挖掘等课程的基础教材,也可作为有志于从事数据分析、数据挖掘、机器学习和自然语言处理等相关数据科学工作的职场人士的入门读物。

图书在版编目(CIP)数据

新文科数据科学导论/ 邓莎莎主编. —上海:上海交通大学出版社,2023.7
ISBN 978 - 7 - 313 - 29077 - 9

Ⅰ.①新… Ⅱ.①邓… Ⅲ.①软件工具-高等学校-教材 Ⅳ.①TP311.561

中国国家版本馆 CIP 数据核字(2023)第 130123 号

新文科数据科学导论
XINWENKE SHUJU KEXUE DAOLUN

主 编:邓莎莎

出版发行:上海交通大学出版社		地 址:上海市番禺路 951 号	
邮政编码:200030		电 话:021 - 64071208	
印 制:上海天地海设计印刷有限公司		经 销:全国新华书店	
开 本:787 mm×1092 mm 1/16		印 张:24.75	
字 数:455 千字			
版 次:2023 年 7 月第 1 版		印 次:2023 年 7 月第 1 次印刷	
书 号:ISBN 978 - 7 - 313 - 29077 - 9			
定 价:79.00 元			

前 言 | Foreword

新文科是面向新时代新使命的学科发展新导向,其注重将现代信息技术融入以文学、史学与哲学为代表的基础文科和以经济、管理与法学为代表的应用文科,为学生提供跨学科综合学习的机遇,实现文科教育工具理性与价值理性的有机结合与统一。现有商科教育不仅利用数学、系统科学与计算机科学的知识,还综合利用经济学、管理学、社会学与心理学等学科的知识。跨学科、多学科、交叉学科是新文科的最大特点,这一特点要求新文科课程体系根据自身学科传统,结合行业领域特定问题,促进跨学科知识的创新性整合。

数据科学是现代信息技术发展的关键支柱,也是商科教育实现社会价值的有效工具,更是新文科建设的重要领域。数据科学是算法、工具和机器学习原理的组合,旨在揭示隐藏在原始数据中的模式,将领域专业知识、传统统计方法和现代计算机技术相结合,将数据转化为知识。数据分析师通过处理历史的数据来解释正在发生的事情,并且执行探索性分析、使用机器学习算法来做出决策和预测。

在现代商业环境中,数据科学帮助企业消除了不确定性,使其更容易推出出色的产品和建立吸引力,如今衡量一家公司的竞争能力的标准是它能否成功地将分析应用于涵盖不同来源的庞大非结构化数据集以推动产品创新。同时,互联网的高速发展使用户交互数据量大幅增加,挖掘这些数据价值变得至关重要。这些原因使得当今社会对数据科学人才的需求越来越大。

本书是一本面向高等院校文科专业,尤其是财经类以及管理类专业大学生的高质量数据科学教材。与传统数据科学重视工具价值不同,本书将商科教育中的问题导向、价值导向与人本导向的理念融入数据科学的教、学、用全过程,兼顾实用性与科学性的平衡。它按照由浅入深、循序渐进的原则编写,结构清晰,内容丰富,案例翔实,覆盖面广,涵盖数据获取、预处理、可视化、机器学习等数据科学的关键环节与步骤,有助于初学者快速了解、熟悉和掌握数据科学的全貌与细节。在引入基本原理后,本书采用多个项目对数据科学的具体操作与应用进行演示,直观明了,可读性强,帮助初学者解决"看不懂""记不住""学不会"的烦恼,章后习题和参考文献有助于巩固学习。本书由邓莎莎主编,上海外国语大学国际工商管理学院语言数据科学与应用专业 2021 级博士生黄宝荣、硕士生刘颖滢参与了本书自然语言处理篇的资料收集与整理工作。

通过阅读本书,不仅可以学习到大数据分析技术和方法,比如算法细节、实现方法以及内在逻辑,还可以学习到对每天接收到的海量数据进行理解、解读、思考和利用的实操方法和思维模式。因此,本书不仅适合作为高等院校讲授数据分析、数据挖掘等课程的基础教材,也可作为有志于从事数据分析、数据挖掘、机器学习和自然语言处理等相关数据科学工作的职场人士的入门读物。

目 录｜Contents

数据建模篇

自然语言处理篇

第1章
数据科学缘起

本章以数据、信息、知识与智慧的区别与联系为切入点,引出数据科学的概念,进而介绍大数据的源起、特征、内涵与相关技术,最后简明阐述数据科学思维,为初学者提供理论、技术与思维的整合之道。

1.1 数据科学基础概念

从文明之初的"结绳记事",到文字发明后的"文以载道",再到近现代科学的"数据建模",数据一直伴随着人类社会的发展变迁,承载了人类基于数据和信息认识世界的努力和取得的巨大进步。然而,直到以电子计算机为代表的现代信息技术出现后,为数据处理提供了自动的方法和手段,人类掌握数据、处理数据的能力才实现了质的跃升,数据成为继物质、能源之后的又一种重要战略资源。

从信息科学的角度看,信息是自然界、人类社会及人类思维活动中存在和发生的普遍现象,数据是信息的一种;知识则是处理信息后获得的结构化体系化的认识。数据可以作为信息和知识的符号表示或载体,但数据本身并不是知识。1982年 H. 克里夫兰(H. Cleveland)提出原型的概念,经 M. 泽莱尼(M. Zeleny)等扩展,2007 年由 J. 罗莉(J. Rowley)融会贯通的 DIKW 层级模型(或称知识金字塔)是一个可以借鉴的概念系统。在该系统中,数据(Data)、信息(Information)、知识(Knowledge)和智慧(Wisdom)构成一个层级结构(见图 1-1)。虽然对该模型的内涵和意义表征仍存在争议,但

图 1-1 DIKW 层次模型

DIKW 层级模型构成的概念体系却有逻辑合理性：数据是一种基础信息，信息经过处理提炼可构成知识，知识的应用彰显智慧。

在维基百科中，数据科学被定义为一门利用数据学习知识的学科，它结合了诸多领域的理论和技术，包括应用数学、统计、模式识别、机器学习、数据可视化、数据仓库、高性能计算等。美国国际商业机器公司（IBM）提出数据科学将数学和统计学、专业编程、高级分析、人工智能（AI）和机器学习与特定主题的专业知识相结合，以发现隐藏在组织数据中的可操作的见解。

在国内，复旦大学朱扬勇教授把数据科学（Data Science，或称 Dataology）定义为研究探索赛博空间（Cyberspace）中数据奥秘的理论、方法和技术。他认为数据科学主要有两个内涵：一个是研究数据本身，即研究数据的各种类型、状态、属性及变化形式和变化规律；另一个是为自然科学和社会科学研究提供一种新的方法，称为科学研究的数据方法，其目的在于揭示自然界和人类行为现象和规律。这一思路是试图把数据科学提升为与自然科学和社会科学并列的研究数据界中的数据的科学，其逻辑是信息化将现实世界中的事物和现象以数据的形式存储到赛博空间中，这是一个生产数据的过程。

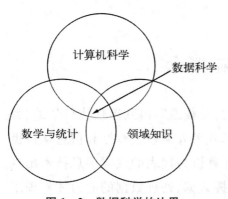

图 1-2　数据科学的边界

美国 IBM 公司顾问、独立作者 M. T. 琼斯（M. T. Jones）用图 1-2 把数据科学表示为计算机科学、数学和统计学以及专业知识的交集，认为数据科学家一定具有计算机科学、数学和统计学方面的技术，并拥有专业知识。

关于数据科学的定义有很多，但这些定义都涉及技术、理论与应用场景，只是在侧重点上略有不同。本书认为数据科学是一个利用计算机科学、数学与统计、领域知识从数据中提取价值的跨学科领域。

1.2　大数据内涵

"大数据"作为一种概念和思潮，由计算领域发端，之后逐渐延伸到科学和商业领域。早在 1998 年，美国硅图公司（Silicon Graphics，SGI）首席科学家约翰·马西（John Mashey）提出，随着数据量的快速增长，必将出现数据难理解、难获取、难处理和难组织等四个难题，并用"Big Data（大数据）"来描述这一挑战，在计算领域引发思考。2007 年,数据库领域的先驱人物吉姆·格雷(Jim Gray)指出大数据将成为人类触摸、理解和逼近现实复杂系统的有效途径,并认为在实验观测、理论推导和计算仿真等三种科学研究范式后,将迎来第四范式——数据探索,后来同行学者将其总结为"数据密集型科学发现",开启了从科研视角审视大数据的热潮。2012 年,牛津大学教授维克托·迈尔-舍恩伯格(Viktor Mayer-Schönberger)在其畅销著作《大数据时代》中指出,数据分析将从"随机采样""精确求解"和"强调因果"的传统模式演变为大数据时代的"全体数据""近似求解"和"只看关联不问因果"的新模式,从而引发商业应用领域对大数据方法的广泛思考与探讨。

大数据于 2012 年、2013 年达到其传播高潮,2014 年后概念体系逐渐成形,对其认知亦趋于理性。经过多年来的发展和沉淀,人们对大数据已经形成基本共识:大数据现象源于互联网及其延伸所带来的无处不在的信息技术应用以及信息技术的不断低成本化。大数据泛指无法在可容忍的时间内用传统信息技术和软硬件工具对其进行获取、管理和处理的巨量数据集合,具有数据量大(Volume)、数据种类多(Variety)、数据价值密度低(Value)及数据产生和处理速度快(Velocity)的特征,需要可伸缩的计算体系结构以支持其存储、处理和分析。

大数据的价值本质上是提供了一种人类认识复杂系统的新思维和新手段。就理论上而言,在足够小的时间和空间尺度上,对现实世界数字化,可以构造一个现实世界的数字虚拟映像,这个映像承载了现实世界的运行规律。在拥有充足的计算能力和高效的数据分析方法的前提下,对这个数字虚拟映像的深度分析,将有可能理解和发现现实复杂系统的运行行为、状态和规律。应该说大数据为人类提供了全新的思维方式和探知客观规律、改造自然和社会的新手段,这也是大数据引发经济社会变革的根本性原因。

1.3　大数据技术

大数据技术是信息技术(Information Technology,IT)领域新一代的技术与架构,是从各种类型的数据中快速获得有价值信息的技术。大数据本质也是数据,其关键技术依然不外乎这四大项:大数据采集与预处理、大数据存储与管理、大数据分析与挖掘、大数据展现与应用(大数据检索、大数据可视化、大数据安全等)。

1. 大数据采集与预处理技术

拥有大量的数据是分析和挖掘有价值信息的前提。采集是大数据价值挖掘最重要的一环,一般通过传感器、通信网络、智能识别系统及软硬件资源接入系统,实现对各种类型海量数据的智能化识别、定位、跟踪、接入、传输、信号转换等。为了快速分析处理,大数据预处理技术要对多种类型的数据进行抽取、清洗、转换等操作,将这些复杂的数据转化为有效的、单一的或者便于处理的数据类型。

大数据时代,谁掌握了足够的数据,谁就有可能掌握未来。现在的数据采集就是将来的流动资产积累。

2. 大数据存储与管理技术

数据有多种分类方法,有结构化、半结构化、非结构化,也有元数据、主数据、业务数据,还可以分为视频、文本、语音、业务交易类各种数据。除了传统的关系型数据库,还有两种存储类型,一种是以 HDFS(Hadoop 分布式文件系统)为代表的可以直接应用于非结构化文件存储的分布式存储系统;另一种是 NoSQL 数据库,可以存储半结构化和非结构化数据。大数据存储与管理就是要用这些存储技术把采集到的数据存储起来,并进行管理和调用。

在一般的大数据存储层,关系型数据库、NoSQL 数据库和分布式存储系统三种存储方式都可能存在,业务应用根据实际的情况选择不同的存储模式。

3. 大数据分析与挖掘技术

大数据分析与挖掘就是从大量的、不完全的、有噪声的、模糊的、随机的实际应用数据中提取隐含在其中的有用的信息和知识的过程。大数据分析与挖掘涉及的技术方法很多:根据挖掘任务,可分为分类或预测模型发现、关联规则发现、依赖关系或依赖模型发现、异常和趋势发现等;根据挖掘方法,可分为机器学习、统计方法、神经网络等。

面对不同的分析或预测需求,所需要的分析挖掘算法和模型是完全不同的。上面提到的各种技术方法只是一个处理问题的思路,面对真正的应用场景时,都得按需求来调整这些算法和模型。

4. 大数据展现与应用技术

大数据的使用对象远远不只是程序员和专业工程师,如何将大数据技术的分析成果展现给普通用户或者公司决策者,这就需要依赖数据展现的可视化技术。在数据可视化中,数据结果以简单形象的可视化、图形化、智能化的形式呈现给用户,供其分析使用。常见的大数据可视化技术有标签云、历史流、空间信息流等。

大数据时代对我们驾驭数据的能力提出了新挑战,也为获得更全面、睿智的洞察力提供了空间和潜力。大数据领域已经涌现出了大量新技术,它们成为大数据采集、存储、处理和展现的有力武器。

1.4 数据科学思维

大数据正在改变人们的工作、生活与思维模式,进而对文化、技术和学术研究产生深远影响。无论是互联网企业、金融服务业、医疗健康业,还是传统的零售业、制造加工与物流业,各行各业都在试图利用数据改善业务运营、创新商业模式、增强战略韧性。从大数据到商业价值的实现,不仅仅是一系列概念、工具、技术的集合,更是对商业逻辑深层次思考后的变革与转型。如何培养系统的数据科学思维,是一个影响到每个人职业规划、自身竞争力以及生活品质的关键问题,本书从以下四个方面给出有助于培养数据科学思维的途径:

1. 正确认识数据科学

正确认识数据科学及其内涵是有效学习与规范研究的前提。目前,一些人误以为"数据科学=统计学+机器学习",过于强调统计学和机器学习,而忽略了数据科学本身的实践性。认识到数据科学实践性本质,将学习过程与实践相结合,积累项目经验,既能加深对数据科学的理解,也能够为职业生涯做好铺垫。

2. 转变看待数据的视角

数据科学的一个重要贡献或价值就在于它改变了人们对数据的认识模式,即从被动属性转向主动属性。一直以来,人们习惯性地把数据当作被动或死的东西,关注的是"你能对数据做什么",如模式定义、结构化处理和预处理,都试图将复杂数据转换成简单数据。但是,大数据时代更加关注数据的另一个属性——主动属性,强调的是"数据能给你带来什么",如数据驱动型应用、以数据为中心的设计、让数据说话、数据洞见等,将复杂性看作数据的自然属性,并开始接受。

3. 侧重培养信心和兴趣,学会跟踪数据科学的最新动态

一方面,数据科学建立在统计学和机器学习等基础理论之上,学习门槛较高,因此,培养自己对数据科学的学习信心和兴趣尤为重要;另一方面,数据科学仍属于一门快速发展的新兴学科,其理念、理论、方法、技术和工具在不断变化,要求我们必须具有动态跟踪数据科学领域的国际顶级会议、重要学术期刊、主要研究机构、代表性人物和标志性实践的能力。

4. 平衡数据科学的三个要素

数据科学既包括理论和实践,又需要三个要素——原创性设计、批判性思考和好奇性提问的素质。因此,数据科学的学习中不仅要强调理论联系实际,还不能忽略对

数据科学精神的培养。积极参与数据科学相关的开源项目和竞赛类项目,是兼顾数据科学三个基本要素的重要捷径。

思考题

1. 有学者认为机器学习领域是现代数据科学的核心,你赞同这一观点吗?

2. 成为一名成功的数据科学家的关键因素是什么?请说出你的观点。

3. 跨行业标准数据挖掘流程包括六个阶段:业务理解、数据理解、数据准备、建模、评估和部署,请谈谈你对此的理解与看法。

4. 请根据 DIKW 模型思考下列问题:

(1) 我们在知识中失去的智慧在哪里?

(2) 我们在信息中丢失的知识又在哪里?

5. "大数据开启重大的时代转型。"请谈谈你对这句话的理解。

本章参考文献

[1] 朝乐门,邢春晓,张勇. 数据科学研究的现状与趋势[J]. 计算机科学,2018,45(1),13.

[2] 李志国,钟将. 数据科学在国内管理学研究中的应用综述[J]. 计算机科学,2018,45(9),8.

[3] 叶鹰,马费成. 数据科学兴起及其与信息科学的关联[J]. 情报科学,2015,34(6),6.

[4] 周梅. 大数据科学综述[J]. 科技创新导报,2017(36),7.

数据采集与预处理篇

第 2 章
数据爬取

进行数据分析的第一步工作就是科学地爬取我们需要的数据。本章首先介绍数据爬取的基本原理和流程,随后对常用的几款数据爬取工具进行简单介绍。最后从实操的角度出发,详细介绍用 Python 进行的网页爬取过程,并结合实际案例介绍无代码爬虫软件 UiPath 的使用方法。

2.1　数据爬取的基本原理

2.1.1　数据爬虫简介

互联网是由一个个站点和网络设备组成的庞大网路系统,那我们浏览网页时看到的丰富多彩的网页是如何呈现在我们面前的呢? 在访问网页时,我们先通过浏览器访问站点,站点随后把 HTML、JS、CSS 等代码返回给浏览器,最后浏览器将解析、渲染过的代码以网页的形式呈现给我们。

爬虫是向网站发起请求、获取资源后分析并提取有用数据的程序的代称。我们通过程序模拟浏览器请求站点的行为,把站点返回的 HTML 代码/JSON 数据/二进制数据(图片、视频)等爬到本地,进而提取并保存自己需要的数据。

简单来说,我们可以把互联网看作一张大的蜘蛛网,数据存放于蜘蛛网的各个节点,而爬虫就像我们放在这张大网上的一只小蜘蛛,基于我们设定的方式,沿着网络抓取我们需要的数据。

2.1.2　爬虫的基本流程

爬虫程序通过模拟用户获取网络数据的方式工作,即先通过浏览器提交请求,再获取网页代码,最后解析成我们需要的数据并保存到数据库或文件。爬虫程序的具体工作流程见图 2-1。

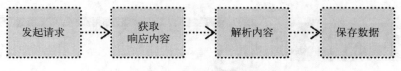

图 2-1　爬虫程序工作流程

1. 发起请求

爬虫程序使用 http 库向目标站点发起请求,即发送一个 Request。Request 包含请求头、请求体等,但值得注意的是 Request 模块不能执行 JS 和 CSS 代码。

2. 获取响应内容

如果服务器能正常响应,则爬虫程序会得到一个 Response。Response 包含 HTML、JSON、图片、视频等数据。

3. 解析内容

解析不同类型的数据会用到不同的工具包,例如,解析 html 数据通常使用正则表达式,第三方解析库如 Beautifulsoup、PyQuery 等;解析 JSON 数据通常使用 JSON 模块。

4. 保存数据

我们可以选择将爬取的数据保存到数据库(MySQL、Mongdb、Redis 等)或者直接保存到 Excel、csv 文件中。

2.2　数据爬取工具概述

2.2.1　八爪鱼

八爪鱼是一款较为流行的爬虫软件(见图 2-2),其操作流程简洁明了,能使用户快速上手、轻松抓取数据,对于零代码基础的用户相当友好。八爪鱼对于数据抓取的稳定性较强,并且配备了详细的使用教程,可以很快上手使用。

我们以采集智联招聘职位数据为例,通过爬取智联招聘深圳地区招聘搜索页(https://sou.zhaopin.com/?jl=765)的相关信息展示八爪鱼的使用方法。

1. 打开网页

如图 2-3 所示,在八爪鱼软件首页输入框中输入目标网址,单击"开始采集",八爪鱼自动打开网页。

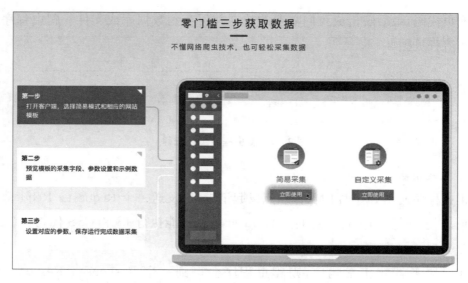

图 2-2　八爪鱼官网使用教程

图 2-3　打开网页

2. 输入关键词并搜索

选中搜索框,在操作提示框中单击"输入文本",输入要搜索的职位或公司,如"python 工程师"。选中"搜索"按钮,在操作提示框中单击"点击该按钮",出现搜索结果列表页,见图 2-4。

3. 设置页面滚动

搜索后,在八爪鱼中需设置滚动向下,加载出新的职位列表。

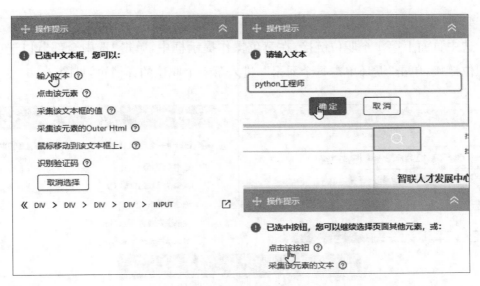

图 2 - 4　设置关键词搜索

　　进入"点击元素 1"设置页面,点开"页面加载后",设置"页面加载后向下滚动",滚动方式为"直接滚动到底部","滚动次数"为 4 次,"每次间隔"2 秒 ,设置后保存,见图 2 - 5。

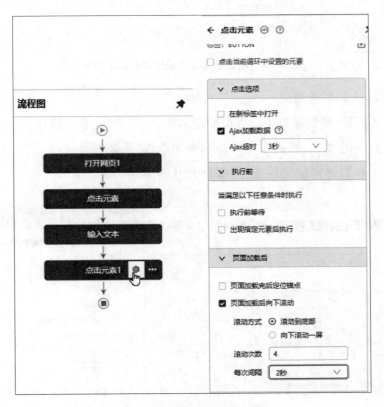

图 2 - 5　设置八爪鱼滚动页面

4. 建立进入每个职位的详情页的循环

选中页面上第 1 个职位链接；在黄色操作提示框中，单击"选中全部"，以选中全部职位链接；单击"循环单击每个元素"，进入第 1 个职位的详情页，见图 2-6。

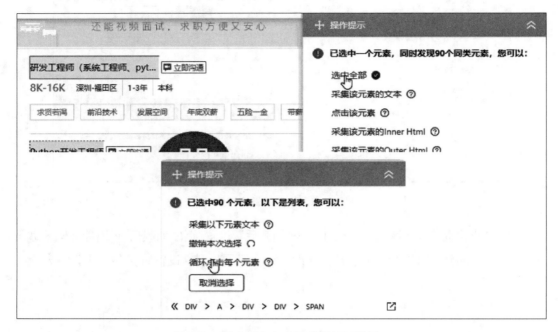

图 2-6 建立进入每个职位详情页的循环

5. 提取详情页中的字段

进入详情页后，我们需要手动提取职位名称、职位薪资、职位描述、职位链接字段。

选中页面中的文本，然后在操作提示框中单击"采集该元素文本"。重复操作，直到页面中的所有数据采集完后选择"保存并开始采集"，见图 2-7。

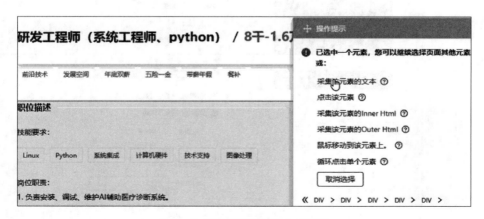

图 2-7 选择要采集的文本元素

当我们需要采集页面网址时，首先进入"提取数据"设置页面，单击"＋"按钮，选择"添加当前页面信息"→"页面网址"，然后保存，见图 2-8。

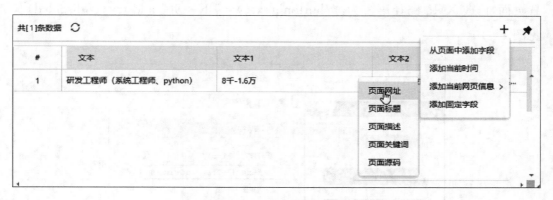

图 2-8　提取页面网址

6. 创建循环翻页

如果需要翻页以采集多页数据，则单击规流程图里的"循环列表"，让页面返回到上一级页面。选择页面中的"下一页"按钮，在操作提示上单击"循环点击下一页"，创建"循环翻页"，见图 2-9。

图 2-9　创建循环翻页

同样地，在循环翻页中也需要设置页面滚动，使页面向下滚动，加载出新的职位列表。进入"单击翻页"设置页面，点开"页面加载"后，设置"页面加载后向下滚动"，滚动方式为"直接滚动到底部"，"滚动次数"为 4 次，"每次间隔"2 秒，设置后保存。

需要注意的是，默认的"循环翻页"XML 路径语言会在最后一页重复翻页，导致其他关键词无法输入并采集，需修改"循环翻页"XML 路径语言。进入"循环翻页"设置页面，修改 XML 路径语言为：//button[text()="下一页" and not(@disabled)]，见图 2–10。

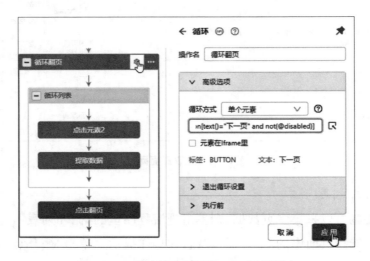

图 2–10　修改循环翻页的 XML 路径语言

7. 编辑字段

单击规流程图里的"提取数据"，让页面返回到职位详情页页面。在"当前数据预览"页面删除多余字段、修改字段名、移动字段顺序，见图 2–11。

图 2–11　编辑字段

8. 采集并保存数据

单击"采集"并"启动本地采集"，根据数据量的大小，采集数据所需的时间长短不一。采集完成后，选择文本导出的文件类型为 Excel（可导出的类型有 Excel、CSV、HTML、数据库等），单击"确定"，导出数据，见图 2–12。

	A	B	C	D
1	职位	职位薪资	职位描述	页面网址
2	Python后台开发工程师	1万-1.5万	职位描述岗位职责：1、负责系统统一API接口及服务	https://jobs.zhaopin.com/CZ657143830J00218900008.htm
3	Python工程师	1.5万-2.5万	职位描述技能要求：Python【岗位职责】1、参与	https://jobs.zhaopin.com/CC157447311J00300835604.htm
4	高级Python金融开发工程师	2万-3万	职位描述技能要求：量化分析经济分析投资学金融	https://jobs.zhaopin.com/CC800032260J00578164001.htm
5	Python开发工程师		职位描述技能要求：SCALA统招本科学历，3年以	https://jobs.zhaopin.com/CC000544466J00227481809.htm
6	Python初级开发工程师	8千-1万	职位描述技能要求：通信协议无线通信移动通信数	https://jobs.zhaopin.com/CC856775170J00428467906.htm
7	python开发工程师	1.2万-1.6万	职位描述技能要求：Python岗位职责：1、根据开发	https://jobs.zhaopin.com/CC120109949J00353347103.htm
8	高级后端研发工程师(node/	1.8万-3万	职位描述技能要求：PythonNODE 我们是推：中	https://jobs.zhaopin.com/CC157447311J00258918704.htm
9	开发工程师 (C++或Py	1.8万-2.9万	职位描述岗位职责：1、完成软件系统及模块的技	https://jobs.zhaopin.com/000084697250631.htm
10	Python开发工程师	1.2万-1.8万	职位描述技能要求：PythonMySQLLinux岗位职	https://jobs.zhaopin.com/CC368198621J00520689507.htm
11	高薪诚聘：Python开发工程	7千-1.4万	职位描述技能要求：Python【职责描述】1、主要	https://jobs.zhaopin.com/CC325103482J00406205405.htm
12	python开发工程师	6千-1.2万	职位描述 岗位职责： 1项目的架构设计，核心模块	https://jobs.zhaopin.com/CC701650830J00206861811.htm
13	Python自动化测试工程师	1.5万-3万	职位描述技能要求：Python1、3年以上Python开	https://jobs.zhaopin.com/CC874135720J00614790105.htm
14	Python工程师	8千-1.2万	职位描述技能要求：Python 工作职责：1、参与相	https://jobs.zhaopin.com/CC828532520J00616754405.htm
15	Python开发工程师	1.5万-2.5万	职位描述技能要求：python爬虫工作职责：1、负	https://jobs.zhaopin.com/CZ120564559J00435161008.htm
16	Python工程师助理	6千-1万	职位描述技能要求：CMySQL数据库PythonLinu	https://jobs.zhaopin.com/CC635383630J00319148506.htm
17	爬虫python中高级工程师	1.5万-2万	职位描述技能要求：爬虫1.工科、计算机或其他相	https://jobs.zhaopin.com/CC589380625J00474993307.htm
18	爬虫python中高级工程师	1.5万-2万	职位描述技能要求：爬虫1.工科、计算机或其他相	https://jobs.zhaopin.com/CC589380625J00474993207.htm
19	Python开发工程师	面议	职位描述技能要求：PythonWEB系统岗位职责：	https://jobs.zhaopin.com/CC000542945J00573630005.htm
20	Python开发工程师	1万-1.5万	职位描述技能要求：Python1、熟悉linux平台开发	https://jobs.zhaopin.com/CC589380625J00474991907.htm
21	Python爬虫工程师	4千-7.5千	职位描述技能要求：SQLPython工作职责：1、参	https://jobs.zhaopin.com/CC644079531J00356518406.htm
22	python开发工程师	面议	职位描述技能要求：Python岗位职责：进行招行	https://jobs.zhaopin.com/CC508620126J00593230005.htm
23	软件开发工程师 (Python/J	面议	职位描述技能要求：C/C++Pythonjava①岗位：	https://jobs.zhaopin.com/CC000542945J00597842905.htm
24	Python开发工程师	8千-1万	职位描述技能要求：LinuxPython岗位职责：1、	https://jobs.zhaopin.com/CC385622418J00453061302.htm
25	Python开发工程师	1万-1.6万	职位描述技能要求：Pythonpython爬虫Web前端	https://jobs.zhaopin.com/CC469912010J00436625502.htm

图 2‑12　导出的数据采集结果

2.2.2　集搜客

集搜客是另一款优秀的国产数据爬取软件，它针对一些比较大众的热门网站设置了快捷的爬虫程序，但是学习成本相对于八爪鱼较高。

下面将以采集京东商品信息为例，展示集搜客的使用方式。

1. 打开网页

首先在软件中打开京东的商品页面，进入任务定义状态。这里可以给任务起一个名字，方便后续管理任务。单击"下一步"，见图 2‑13。

图 2‑13　新建任务

2. 字段标注

接下来进入定义和采集。用鼠标在页面上选中要采集的字段,并在弹出的文本框中输入字段名。单击文本框右侧的"绿色对勾",见图 2-14。

图 2-14 标注字段

需要注意的是,如果这是我们选择的第一个字段,软件会自动弹出一个"建表"对话框,提示我们须先建立新的表,见图 2-15。在对话框中给表命名并单击"确定",接下来就可以继续依据上述步骤提取需要的其他字段,如商品名、评价数等,见图 2-16。

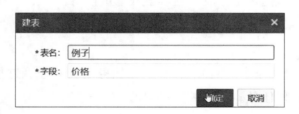

图 2-15 建立新表

图 2-16 设置其他提取字段

有时我们也需要爬取商品详情页的网页链接,这个时候我们单击商品链接,在右下的"网页 DOM"窗口中选中"A"节点;在左侧的"查看网页元素"窗口中找到网页链接,见图 2‐17。右击该链接,选择"内容映射:新建"创建网页链接字段,见图 2‐18。

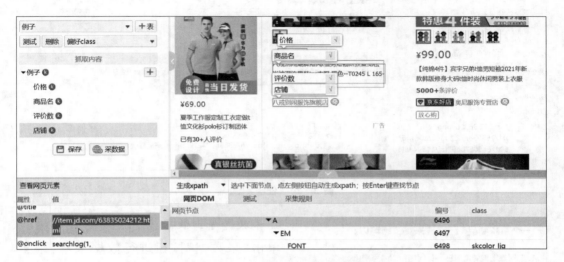

图 2‐17 找到商品详情页链接

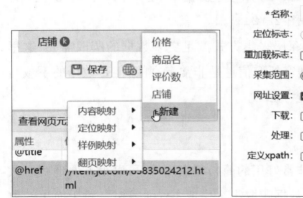

图 2‐18 新建网页链接字段

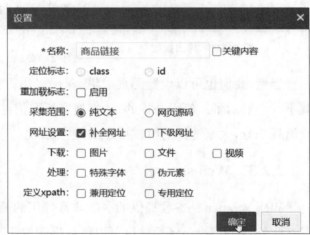

图 2‐19 设置网页链接字段

在弹出的对话框中,我们给网页字段设置名称,并勾选"网页设置:补全网址",单击"确定",见图 2‐19。

3. 测试任务

完成所有字段标注后,我们单击左上角的"测试"选项进行任务测试,确定是否可以爬取我们需要的所有字段。测试结果如下图所示。测试完成后,我们单击"保存"按钮对任务进行保存,见图 2‐20。

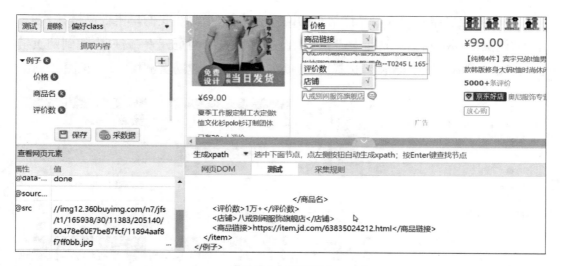

图 2－20　任务测试

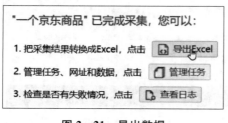

图 2－21　导出数据

4. 采集并导出数据

单击"采数据"按钮进行数据采集，采集完毕后，软件会自动弹出一个页面提示采集完成。此时我们可以选择将数据导出为Excel，并在"数据管理"窗口下载数据，见图 2－21。

当然，我们也可以设置翻页采集、深层采集方式满足更多数据的爬取需要，这里就不一一展示了。值得一提的是，集搜客抓取信息是非常丰富的，但是数据的下载需要消耗积分，大家选择的时候可以酌情考虑。

2.2.3　Web scraper

Web scraper 是谷歌提供的一款非常好用的简易爬虫插件，可以很方便地爬取数据。此外，Web scraper 插件也可以将数据爬取出来生成 Excel 表格。对于简单的数据抓取，Web scraper 可以很好地完成任务。

我们同样以京东商品的数据抓取为例。首先在浏览器开发者模式下打开 Scraper，然后"创建新的 Sitemap"，将京东商品页的链接填写到 Start URL 中。单击"Create Sitemap"后，即可创建一个新的 Sitemap，见图 2－22。

首先选择"Add new selector"，然后在 Type 中选择"link"，并单击"Select"。在网页中单击不同商品的链接，scraper 会自动提取商品的 URL 链接，并生成 selector 链接，单击"Done selecting"即可，见图 2－23。

图 2‒22 创建新的 Sitemap

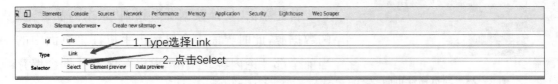

图 2‒23 设置选择器

我们需要爬取多个商品的链接,因此勾选"Multipl"并单击"Save selector",这里的 Delay 可以采用默认的值,或者是自己添加一个数值。然后在"Sitemap underwear"下单击"Scrape",scraper 便会帮我们爬取各个商品的 url 链接。

同样地,在"Sitemap underwear"菜单下,单击"Export data as CSV",即可将爬取到的数据保存为.csv 文件并下载,见图 2‒24。

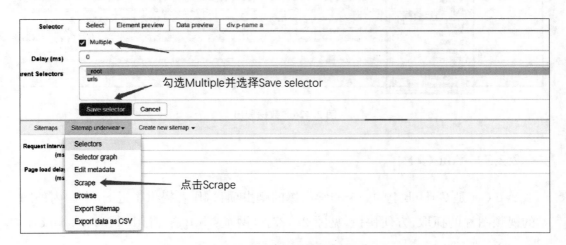

图 2‒24 爬取并保存数据

2.2.4 AnyPapa

AnyPapa 插件是一款开源的免费数据爬虫工具,能够帮我们在 Chromium 内核的浏览器中爬到一些需要的数据,如 Chrome 浏览器、360 浏览器、QQ 浏览器、搜狗浏览器等。

安装 AnyPapa 插件完成后,在浏览器中打开购物网页、公众号、知乎话题、短视频等,浏览器顶部都会弹出相关提示,便可以快捷地在后台自动爬取相关数据,见

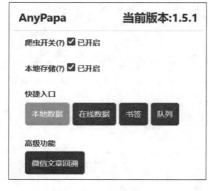

图 2-25　网页插件页面

图 2-25。

　　仍然以京东商品链接为例。如果我们想爬取评价信息，将网页翻到评价部分，然后单击 AnyPapa 插件下的"本地数据"，会自动跳转到 AnyPapa 的数据页面，见图 2-26。

　　首先单击"切换数据源"，找到"京东商品评论"的数据源，此时界面中会显示出手机评论页面中的当前全部评论内容。单击"导出"，评论数据会保存为.csv 文件并下载到本地。

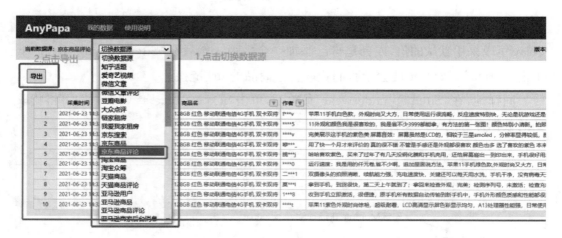

图 2-26　数据导出

2.2.5　You-Get

You-Get 是 GitHub 上的一个非常火爆的爬虫项目，作者提供了近 80 个国内外网站的视频图片的抓取，方便快捷，见图 2-27。（网址：https://github.com/soimort/you-get）

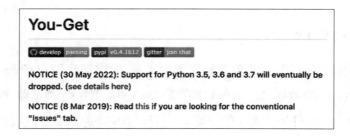

图 2-27　You-Get 项目

以爬取 B 站上的视频为例,首先我们在电脑终端通过"pip install you-get"的命令进行安装,接着通过以下命令可以实现视频的下载。其中-o 指的是视频下载的存放地址,--format 是指视频下载的格式和清晰度,见图 2－28。

```
you-get -o ./ 'https://www.bilibili.com/video/BV1y64y1X7YG?spm_id_from=333.851.b
_7265636f6d6d656e64.3' --format=flv360
```

图 2－28　You-Get 命令爬取视频

2.3　UiPath 数据爬取

2.3.1　UiPath 介绍

在数据爬取中,RPA(Robotic Process Automation,RPA)机器人流程自动化系统因其快捷性得到了越来越广泛的应用。它通过模仿最终用户在电脑的手动操作方式,来使最终用户手动操作流程自动化。其中 UiPath 是使用较为广泛的一款软件。下面本书将具体介绍 UiPath 的重要操作,并用一个实例进行深入展示。

首先,我们一起了解 UiPath 中的 Studio、Robot 和 Orchestrator 这 3 个重要组成部分。在后台的 Studio 是 UiPath 用来开发 RPA 流程的工具。在 Studio 开发完一个流程后,一般会将其发布到一个与 Studio 相连的 Orchestrator 上。这里的 Orchestrator,可以把它理解成一个中控,其通过连接后台的 Studio 和前端的 Robot,方便直接在 Orchestrator 这个平台管理所有的 Robot 和 RPA 流程。UiPath 的 Robot 会被安装到不同的电脑上,用来直接运行开发好的 RPA 流程。

以上就是一个比较标准的企业级 UiPath 架构。对于个人使用者来说,Studio 也可以同时兼具开发和手动触发的功能,是可以满足基本需求的。

下面对 Studio 的页面进行基本介绍。打开 UiPath Studio 后,首先新建一个空的 Process 流程,见图 2－29,得到如图 2－30 页面。

UiPath 所有的 RPA 流程都是由一个个小的 Activities 活动所组成的。这些 Activities 活动实现了自动化应用程序的各种不同操作,例如单击、输入或其他数据处理等。

所有的 Activities 都放置在编辑界面左边的面板,可以通过名字直接搜索我们要使用的 Activities,也可以收藏常用的 Activities 方便日常开发。而组合这些 Activities

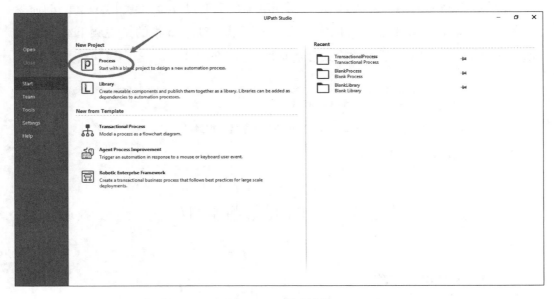

图 2‑29　新建流程

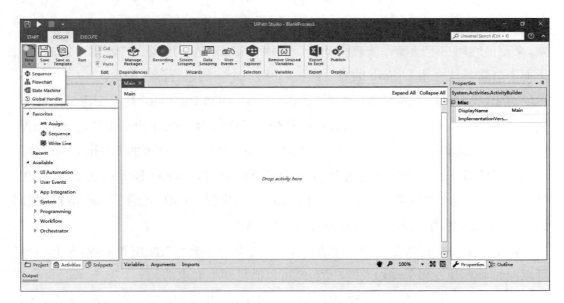

图 2‑30　空白流程页面

的方式只需要非常方便直接地拖拽，把它们按流程的先后顺序放到 Sequence 序列或 Flowchart 流程图中。

在 UiPath 中，我们将自上而下的流程定义为一个 Sequence 序列，逻辑为顺序执行；而下图的流程包含逻辑节点判断，我们一般会通过创建一个 Flowchart 流程图来实现，见图 2‑31。

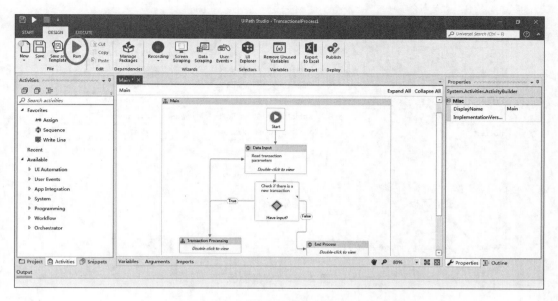

图 2 – 31　序列和流程图

以上两种形式在 UiPath 属于不同的 Workflow（工作流程）类型，用来适应不同的 RPA 流程场景。

2.3.2　变量和参数

1. 变量

变量主要用于存储数据，它在 RPA 中扮演重要的数据传递角色，是 RPA 编程不可或缺的一部分。它包括变量名称和变量的值。变量的值支持多种数据类型，包括通用值、文本、数字、数据表、时间和日期、UiElement 等多种变量类型。下面将对其进行简单介绍，见图 2 – 32。

（1）字符串类型：用于存储任意类型的信息。UiPath 中的所有字符串都必须放在引号之间。

（2）布尔型类型：用于存储 true 或者 false 变量，主要用于判断做出决策，从而更好地控制流程。

（3）整数变量：主要用于存储数字信息。主要用于执行方程式后者比较，传递重要数据。

（4）数组变量：主要存储相同类型的多个值。

（5）日期时间变量：用于存储有关任何日期和时间的信息。

（6）数据表变量：用于存储二维数据结构的 DataTable 数据，具有行和列的属性。

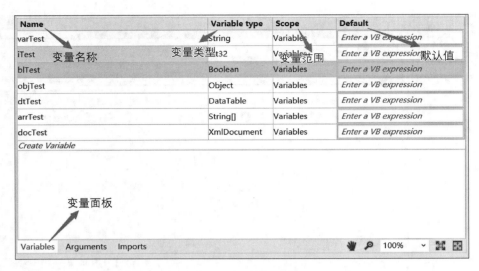

图 2-32　变量面板

（7）通用值变量：GenericValue 变量是一种变量，可以存储任何类型的数据，包括文本、数字、日期和数组，并且是 UiPath Studio 特有的。但其自动转换机制可能转换不正确。

（8）队列变量：用于存储一个从项目容器（队列）中提取的项目。通常出于在各种情况下进一步使用队列项目的目的而进行提取。

观察变量面板，主要由以下几个部分构成：

（1）变量名称：一般变量名称的前缀带类型的简写，如字符串变量前缀带 str，整数变量前缀带 i，格式为"类型的简写＋变量属性或者动作"。

（2）变量类型：string 是字符串类型，int32 为整数类型，boolean 为布尔型，object 为对象类型即通用类型，datatable 为数据表变量，string[]是字符串数组。XmlDoucument 为.Net 支持的数据类型。

（3）变量范围：变量可用的区域，例如特定活动。默认情况下，它们在整个项目中都可用。

（4）默认值：变量的默认值。如果此字段为空，则变量将使用其类型的默认值进行初始化。例如，对于 Int32，默认值为 0。

值得注意的是，无论 Studio 界面语言如何，变量的默认值都必须以英语提供。

下面将以创建字符串型变量为例，展示创建变量的流程。首先在序列或活动中的添加活动，如文本框。其次在文本框中右键，选择创建变量。输入变量名并回车后，新创建的变量将显示在变量面板中，见图 2-33。

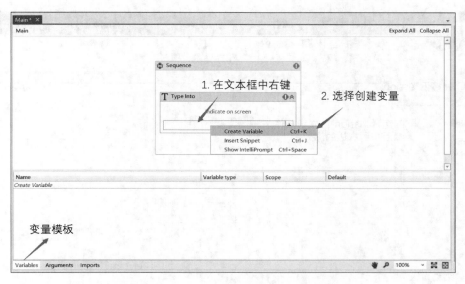

图 2 - 33 创建变量

在变量面板中，支持修改变量的类型和变量的范围，见图 2 - 34。

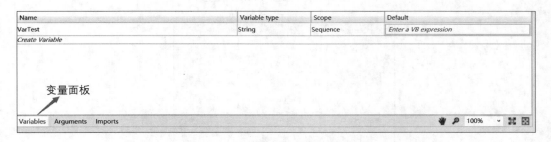

图 2 - 34 创建变量后的变量面板

接下来，我们可以设置变量的值。

首先，添加活动"Assign"到序列中。在活动面板中搜索"Assign"任务，选择并用鼠标拖拽到系列中，见图 2 - 35。

在相应输入框中输入变量名称并输入变量的值，即可完成设置，见图 2 - 36。

2. 参数

参数用于将数据从一个项目传递到另一个项目。变量在活动之间传递数据，而参数在自动化之间传递数据。因此，参数使我们能够一次又一次地使用自动化。

UiPath Studio 支持大量的参数类型，这些参数类型与变量的类型一致。因此，我们可以创建泛型值、字符串、布尔值、对象、数组或 DataTable 参数，还可以浏览 .NET 类型。此外，参数有指定的传递方向(In,Out,In/Out,Property)，它告诉应用程序存储在它们中的信息应该放在哪里。

图 2-35 添加"Assign"任务

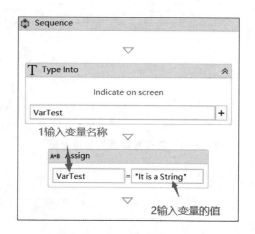

图 2-36 设置变量的值

创建参数的方法有两种:一种是在活动中,另外一种是参数面板里。在活动中创建参数实例如下:

首先,将活动的元素拖到新建的序列或者流程图中,见图 2-37。

接着,拖拽一个活动元素到带+号的区域,然后找到文本输入区域,右键选择"创建输入参数(快捷键 Ctrl+M)"或者"创建输出参数(快捷键 Ctrl+M)",见图 2-38。

输入参数名称后回车,将在参数面板看到所添加的参数信息。添加后可以在参数面板修改参数方向、参数类型、默认值信息。

图 2-37　在序列或流程图中新建活动

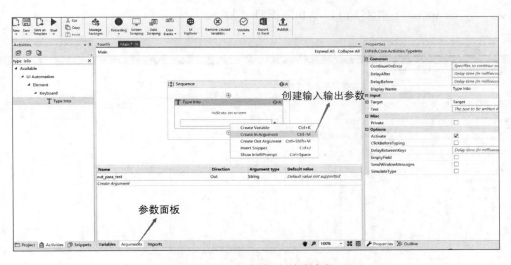

图 2-38　创建输入/输出参数

我们也可以直接在参数面板添加参数。单击"创建参数",输入参数名称、方向、参数类型和默认值,见图 2-39。

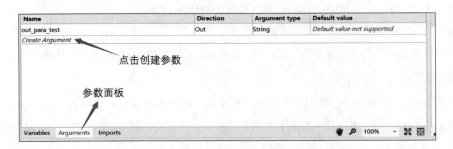

图 2-39　在参数面板中创建参数

2.3.3　循环

Uipath 中的循环有三种主要方式，简要介绍如下：

（1）For Each：循环迭代一个列表、数组或其他类型的集合，可以遍历并分别处理每条信息。

（2）While：先判断条件是否满足。如果满足，再执行循环体，直到判断条件不满足，则跳出循环。

（3）Do While：先执行循环体，再判断条件是否满足。如果满足，则再次执行循环体，直到判断条件不满足，则跳出循环。

下面本节将以 Do While 循环为例，展示循环嵌套的构建。

首先，打开设计器，在设计库中新建一个 Sequence，并为 Sequence 命名为"循环嵌套"，在 Sequence1 里添加 Do While 循环，见图 2-40。

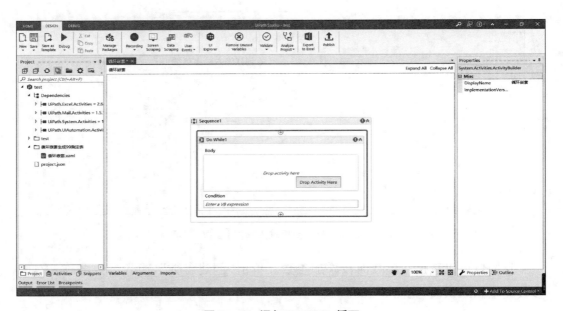

图 2-40　添加 Do While 循环

在 Do While1 的 Body 里添加一个 Sequence2，并在 Sequence2 中添加 Do While 循环，见图 2-41。

在添加的 Do While2 循环的 Body 里添加一个 Sequence3，并在 Sequence3 里添加一个 Log Message 用来打印信息，及添加一个 Assign 任务用来设置变量及变量增长表达式，见图 2-42。

图 2 - 41　添加第二层 Do While 循环

图 2 - 42　设置内循环的循环体

在 Sequence2 中添加一个 Assign 用来设置变量 i 及 i 循环＋1 的表达式。定义变量 i 及 i 循环＋1 表达式，并设置数据类型、初始值、变量使用范围，见图 2‑43。

图 2‑43　设置外循环内容

在 Sequence3 的 Log Message 填写打印输出信息表达式，并在 Assign 里填写变量 j 的循环＋1 表达式。同样，我们需要注意数据类型、变量使用范围，见图 2‑44。

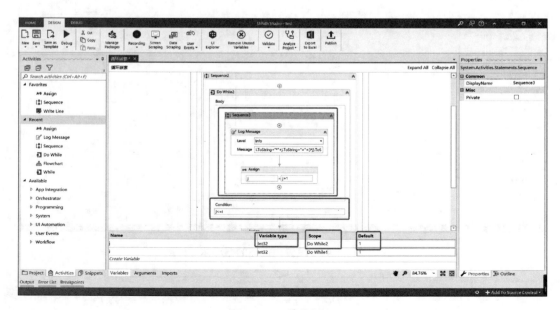

图 2‑44　整体循环

2.3.4 鼠标操作元素

鼠标操作是模拟用户使用鼠标操作的一种行为,例如单击、双击、悬浮。根据作用对象的不同,我们可以分为对元素的操作、对文本的操作和对图像的操作。

首先,我们介绍鼠标对元素的操作在 UiPath 中的使用。

打开设计器,在设计库中新建一个 Sequence 序列。在 Activities 活动中搜索"open browser"(打开浏览器),并将其拖至设计区,且设置打开网站,运行该流程"https://www.baidu.com/",见图 2-45、图 2-46。

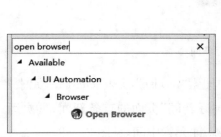

图 2-45 加入"打开浏览器"活动　　　　　**图 2-46 设置要打开的网站**

接下来,在 Activities 中搜索"mouse",并将 element(元素)下的 Click 拖至设计区,且设置单击元素的对象为打开页面的"新闻",再次运行改流程(run file),进入新闻界面,见图 2-47。

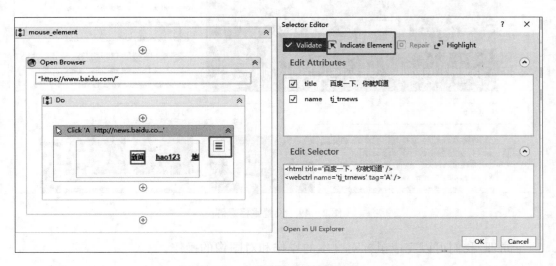

图 2-47 设置单击元素的对象

同样地,我们可以进一步打开"新闻"界面的内容。在 Activities 中搜索"mouse",并将 element(元素)下的 Double Click 拖至设计区,且设置双击元素的对象为打开"新闻"页面的"国际",再次运行改流程(run file),进入国际新闻界面,见图 2-48。

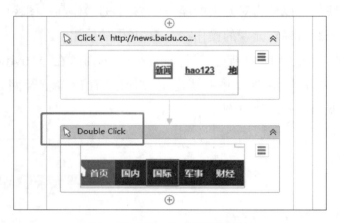

图 2-48　进一步打开国际新闻

我们也可以设置鼠标悬浮操作。在 Activities 中搜索"mouse",并将 element(元素)下的 hover 拖至设计区,且设置悬浮元素的对象为"国际新闻"页面的首条新闻,再次运行改流程(run file)。运行完成后,鼠标会悬浮于首条新闻元素中间,见图 2-49。

图 2-49　设置鼠标悬浮

同理,我们可以完成鼠标对文本的操作和对图像的操作。

设置文本操作时,在 Activities 中搜索"mouse",并将 text(文本)下的 click text

拖至设计区,且设置单击的文本为"hao123",拾取的对象为菜单栏整个区域,再次运行改流程(run file),进入 hao123 网页界面,见图 2-50、图 2-51、图 2-52。

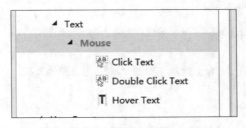

图 2-50　设置鼠标对文本操作

图 2-51　选择鼠标拾取区域

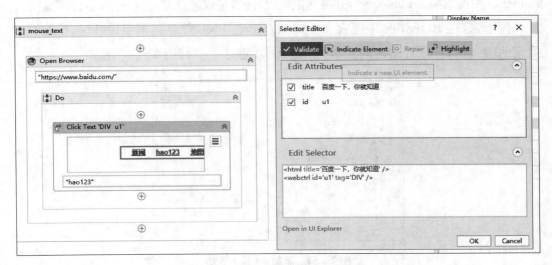

图 2-52　设置鼠标单击的文本

在鼠标对图像的操作中,我们需要用到的是 click image 活动。在 Activities 中搜索"mouse",并将 image(图片)下的 click image 拖至设计区,并进行后续设置,见图 2-53。

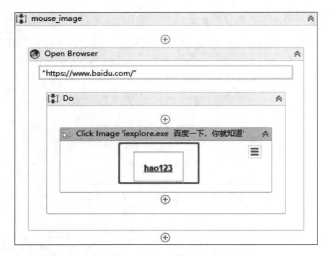

图 2‑53　设置鼠标单击的图像

2.3.5　文本操作

1. Set Text

Set Text 向输入框/文本框写入文本的一种操作。

在使用中，首先打开设计器，在设计库中新建一个 Sequence 序列并命名。在 Activities 中搜索"open browser"，并将其拖至设计区，且设置打开百度网站，运行该流程。

接下来，在 Activities 中搜索"set text"（输入文本），并将其拖至设计区，拾取百度搜索的输入框，且设置输入的文本为"uipath"，见图 2‑54、图 2‑55、图 2‑56。

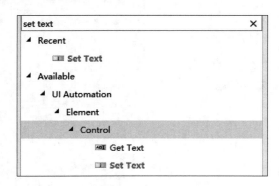

图 2‑54　添加 set text 活动

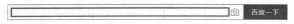

图 2‑55　设置拾取区域

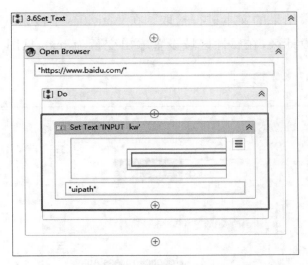

图 2-56　设置要输入的文本

运行程序则搜索框输入了"uipath"。

2. Get Text

Get Text 的作用是从指定的 UI 元素提取文本值。下面对其进行演示。

在上述流程的基础上，继续在 Activities 中搜索"Click"，设置单击元素为"百度一下"，运行该流程进行搜索，见图 2-57。

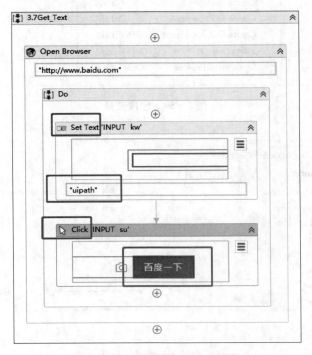

图 2-57　单击元素进行搜索

接下来对搜索结果的文本进行拾取。在 Activities 中搜索"Get Text"（获取文本），并将其拖至设计区，在属性区域设置输出变量为 text，见图 2-58、图 2-59、图 2-60。

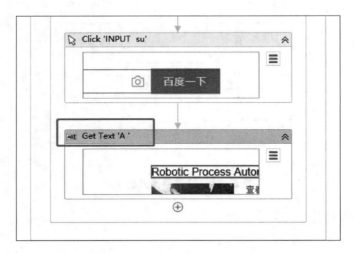

图 2-58　设置文本拾取

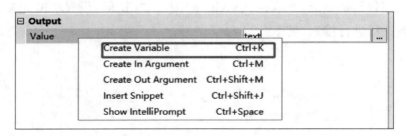

图 2-59　创建变量

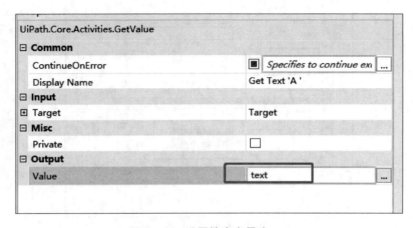

图 2-60　设置输出变量为 text

在 Activities 中搜索"log message",并将其拖至设计区,输入变量"text",运行流程,则日志窗口打印了从页面获取的文本信息,见图 2-61。

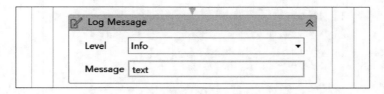

图 2-61 打印获取的文本信息

此外,还可以使用 Get Full Text(获取全文本)屏幕抓取方法从指示的 UI 元素中提取字符串及其信息;使用 Get OCR Text,用 OCR 屏幕抓取方法从指示的 UI 元素或图像中提取字符串及其信息;使用 Get Visible Text(获取可见文本)从指示的 UI 元素中提取字符串及其信息。读者可以自行探索。

2.3.6 页面选择器

某些软件程序的布局和属性节点具有易变的值,例如某些 Web 应用程序。UiPath Studio 无法自动预测这些变化。因此,我们必须手动生成一些选择器。每个属性都有一个分配的值,选择具有恒定值的属性很重要。如果每次启动应用程序时属性值都发生变化,那么选择器将无法正确识别元素。

在使用页面选择器时,我们在设计库中新建一个 Sequence 序列并命名。然后在 Activities 中搜索"open browser",并将其拖至设计区,且设置打开网站,运行该流程。为了视图美观,可以在 Activities 中搜索最大化窗口(Maximize Window),并将其拖至设计区,见图 2-62。

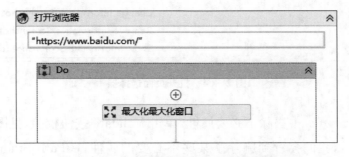

图 2-62 设置打开浏览器网址并最大化窗口

下面依次设置搜索元素,首先在 Activities 中搜索"Click",设置单击元素为"新闻",再次在 Activities 中搜索 Click,设置单击元素为"国内",见图 2-63。

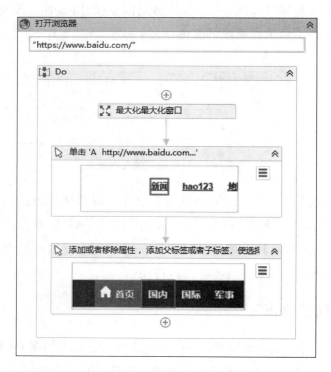

图 2-63　设置鼠标单击元素

接下来,单击打开设置选项,单击"Edit Seletor",打开页面选择器,见图 2-64。

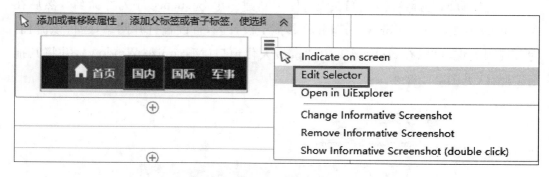

图 2-64　打开页面选择器

在 edit attributes 中去除不必要属性,单击 Validate 按钮校验,见图 2-65。

运行程序后,我们会看到删除了某些不必要的属性,UiPath Studio 依然可以正确识别程序。

图 2 - 65　校验属性

2.3.7　数据抓取

使用 Data Scraping 数据抓取可以将浏览器、应用程序或文档中的结构化数据提取到数据库、.csv 文件甚至 Excel 电子表格中。下面将以 51 Job 网站数据抓取为例,介绍其介绍在 UiPath 中的使用。

首先打开设计器,在设计库中新建一个 Sequence 序列并命名。在 Design 设计选项界面,单击"Data Scraping",在弹出的选框中单击"Next",见图 2 - 66。

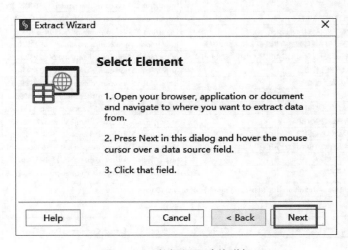

图 2 - 66　数据抓取功能弹框

以 51 Job 网站中 RPA 职位相关信息为例，依次单击相邻的两条记录的标题，以展示我们需要爬取的数据列。单击完后，在弹出的选框中勾选"Extract URL"，即可获取相应的链接，并可自定义列的名称。设置完后单击"Next"，即可看到抓取的数据，见图 2 - 67、图 2 - 68。

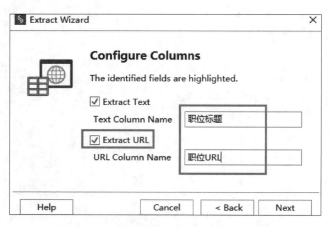

图 2 - 67　设置爬取得到的数据列标题并获取其 URL

图 2 - 68　抓取数据结果

我们可以继续爬取相关数据,或单击"Finish",即可看到 UiPath 设计器自动生成的数据抓取流程,见图 2-69。

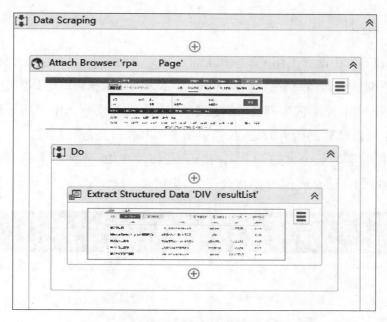

图 2-69　生成的数据抓取流程

设置步骤 3 的返回值的"Scope"为当前的 Sequence 序列,见图 2-70。

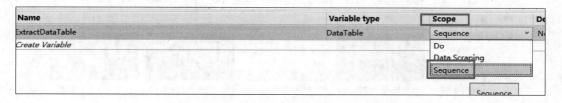

图 2-70　设置变量范围

最后,将爬取的数据存入 Excel 中。在 Activities 中搜索 Write Range,并将其拖至设计区,指定写入的 Excel 文件及工作表,将抓取返回的数据 ExtractDataTable,键入 Write Range 控件的 input 属性,见图 2-71。

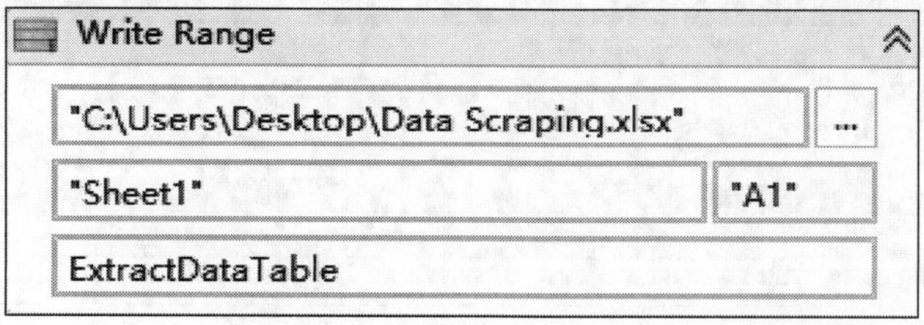

图 2-71　保存数据到 Excel 中

运行程序后,会看到 UiPath 自动抓取 51Job 网站上的相关职位,并将数据写入 Excel 中。

2.3.8 示例

UiPath 在实际生活和工作中的应用非常广泛。下面本书将以爬取视频平台 bilibili (哔哩哔哩)中的 Python 教程视频数据为例,展示 UiPath 数据爬取的具体应用。

首先打开 bilibili(哔哩哔哩)网站,搜索 Python 教程视频。由于网站最大显示页数有限,为了可以爬取到所有数据,我们根据视频时长分类进行爬取。

观察不同视频时长分类的 HTML 代码,我们发现 10 分钟以下的 duration 值为 1,10—30 分钟的 duration 值为 2,以此类推,见图 2-72。

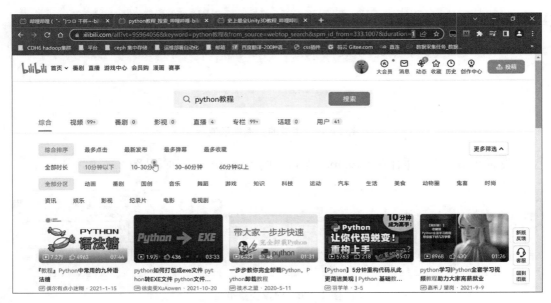

图 2-72 观察网站 html 规律

依据此规律,新建一个 Excel 表格,命名为"index",将四种时长的 HTML 一次填入第一列。需要注意的是,部分乱码需要手动调整一下,见图 2-73。

图 2-73 生成爬虫指引文件

做完准备工作后,打开 Uipath,新建一个序列,并设置名称及保存位置,见图 2-74。

首先,在活动中搜索"Excel 应用程序范围"并加入序列。设置打开文件的路径,以导入储存的 HTML 数据。在序列中加入"读取列"活动,设置读取的工作表和开始读取的单元格,见图 2-75。

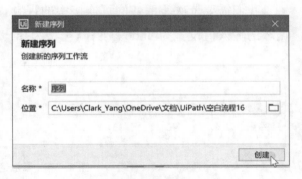

图 2-74　新建序列

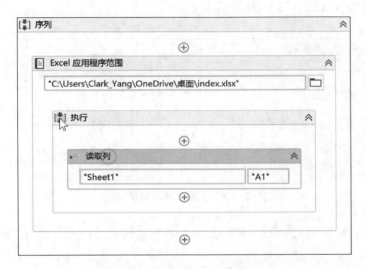

图 2-75　导入 index 文件

接下来设置读取列的结果输出。新建一个变量,命名为"index",类型为"System. Collections.Generic.IEnumerable〈Object〉"。为了方便后续调用变量,将其应用范围设置为"序列"。接着在活动的输出栏中,设置将输出结果储存到"index"中,见图 2-76。

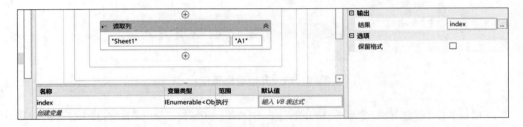

图 2-76　新建变量并设置输出结果

我们需要依次爬取各网页连接中的视频,故在序列中添加"遍历循环"活动。将循环的输入值设置为"index"变量,类型为"string",见图2-77。

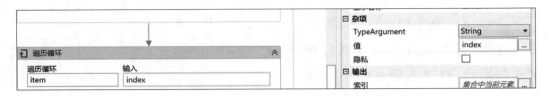

图2-77 添加遍历循环

随后设置数据爬取的流程,在循环中添加"打开浏览器"活动,并将输入栏里的浏览器类型设置为"Chrome",见图2-78。

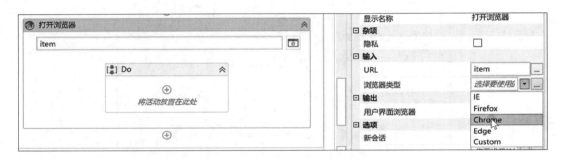

图2-78 设置打开浏览器活动

接下来结合网页,设置数据抓取过程。单击软件上方工具栏中的"数据抓取",出现提取向导,单击"下一步",见图2-79。

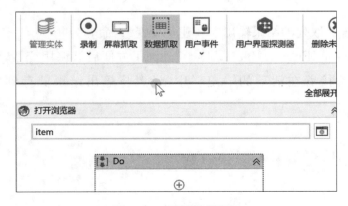

图2-79 开始数据抓取

在目标网站中选中一个要爬取的字段,例如视频名称。在弹出的提取向导中单击"下一步"。再次选中另一个并列的字段,以便程序确认我们的目标字段,见图2-80。

目标字段选取完成后,自动生成一列数据,此时 Uipath 再次弹出提取向导,配置提取出的此列数据。我们将此列数据命名为"视频标题",并选择"提取数据中包含的 URL 信息",单击"下一步",见图 2-81。

用同样的方法提取剩下的信息,例如发布视频的 up 主、发布视频的时间等,见图 2-82。

图 2-80　选中要爬取的字段

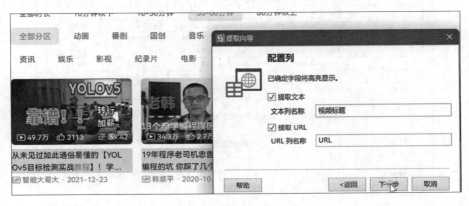

图 2-81　配 置 列

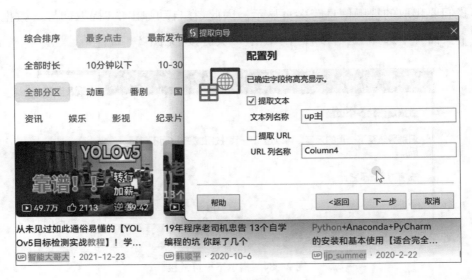

图 2-82　提取剩余字段

提取完成后预览数据框如下所示,可以根据网页链接中显示的数据条目数量设置最大结果条数,此处设置为"100",见图 2-83。

图 2‑83 预览数据

我们要爬取的视频信息跨多页显示。因此,在自动弹出的"提取向导—数据是否跨多个页面?"中选择"是",接着指示出下一页链接,见图 2‑84。

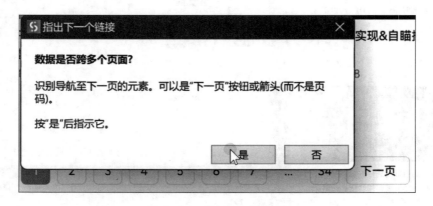

图 2‑84 指示下一页链接

选取完成后,Uipath 自动生成一个数据抓取活动。此活动中的"附加浏览器"与上述"打开浏览器"活动重复。为了不造成资源浪费,将"提取结构化数据'DIV'"单独提取出来放入流程,并将"数据抓取"中的其他内容删除,见图 2‑85。

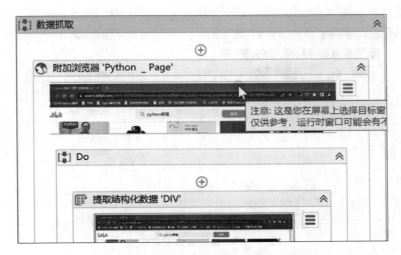

图 2‐85　编辑自动生成的数据抓取活动

为了最大限度地保证爬取程序运行流畅,我们要在最后加入"关闭选项卡",在每次爬取结束后及时关闭浏览器。修改完成的循环活动如下所示,见图 2‐86。

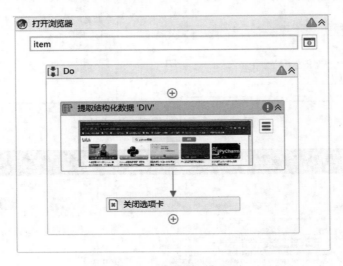

图 2‐86　完整的循环活动

提取完成后,我们需要将数据储存到数据表中。新建变量"data",类型为"DataTable"。随后单击"提取结构化数据'DIV'",设置输出结果到 data 数据表,见图 2‐87。

最后,我们需要将得到的数据表导出到 CSV 文件中。在流程中加入"附加到 CSV"活动,填入写入的文件路径和要附加的数据,并在输入栏中设置编码为""utf‐8"",见图 2‐88。

打开导出的数据表,我们爬取到的数据如下所示。到此,我们完成了 bilibili(哔哩哔哩)中 Python 教程视频数据的爬取,见图 2‐89。

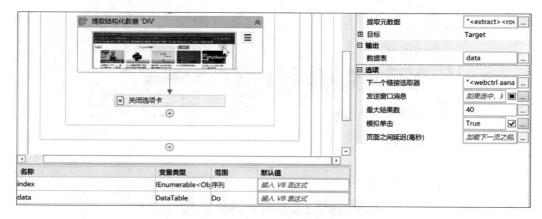

图 2-87　设置数据储存位置

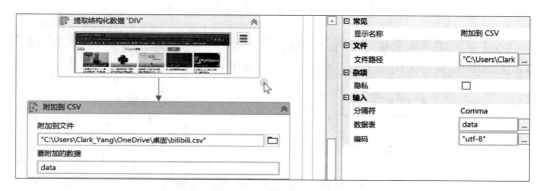

图 2-88　导出数据到 CSV 文件

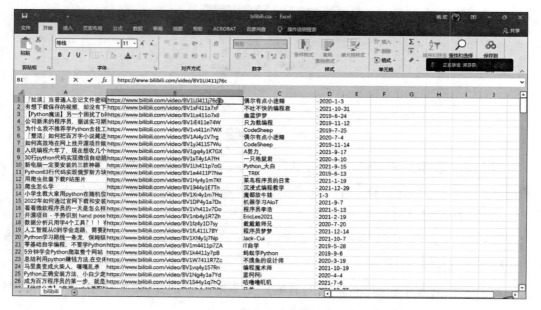

图 2-89　完成的数据表

2.4 Python

Python 是一种解释型、面向对象、动态数据类型的高级程序设计语言，它提供了高效的高级数据结构，还能简单有效地面向对象编程。Python 语法和动态类型，以及解释型语言的本质，使它成为多数平台上写脚本和快速开发应用的编程语言，在网络爬虫、自动化运维与自动化测试、大数据与数据分析、Web 开发、机器学习等方面均有广泛的应用。2021 年 10 月，语言流行指数的编译器 Tiobe 将 Python 加冕为最受欢迎的编程语言。

2.4.1 HTTP 基本原理

在具体介绍爬虫前，我们需要先了解在浏览器中输入 URL 到得到网页内容的全过程。

1. URL、HTTP 和 HTTPS

URL 全称为 Uniform Resource Locator，即统一资源定位符，简称为网址，用于唯一确定互联网中的资源。例如，https://www.baidu.com/ 是百度首页的 URL；https://www.baidu.com/img/bd_logo1.png 是百度首页中百度图表的 URL。

URL 的起始为 HTTP 或 HTTPS，表示访问资源的协议类型。其中 HTTP (Hyper Text Transfer Protocal) 为超文本传输协议，是从网络传输超文本数据到本地浏览器的传输协议，它能保证高效而准确地传送超文本文档；HTTPS 全 (Hyper Text Transfer Protocol over Secure Socket Layer) 为以安全为目标的 HTTP 通道，传输内容都是通过 SSL 加密，保证数据传输的安全。

2. 网页源代码

HTML 全称为 Hyper Text Markup Language，即超文本标记语言。事实上，我们每次输入网址后，网站的返回结果即为 HTML 代码，经过浏览器的解析呈现在用户眼前。

打开 Chrome 浏览器，输入网址 https://www.baidu.com/。在显示的网页内容中，单击鼠标右键，选择"查看网页源代码"，即能看到网页的 HTML 代码，见图 2-90。

3. HTTP 请求过程

我们在浏览器中输入 URL，回车之后浏览器向网站服务器发送请求（request），网站服务器处理该请求并返回响应（response），其中包含了网页源代码，通过浏览器解析，呈现在我们眼前。

图 2-90　百度网页源代码

打开 Chrome 浏览器,选择菜单中"更多工具→开发者工具",选择其中的"Network"标签卡,输入百度首页的 URL(https://www.baidu.com/)并回车。可以看到,Network标签卡下方出现了多条记录,每条记录表示一次请求和响应过程,见图 2-91。

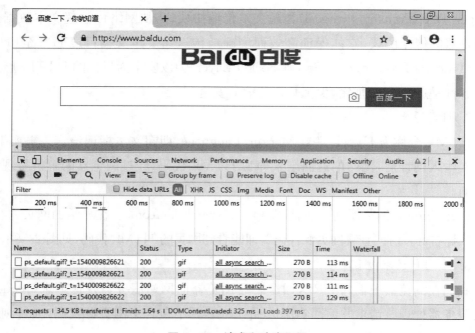

图 2-91　请求和响应记录

50

其中,Name 表示请求的名称,一般为 URL 斜杠分割的最后一部分;Status 表示响应的状态码;Type 表示请求的资源类型,如 png、gif、svg 等媒体资源,JavaScript 脚本资源等;Initiator 表示请求源,即发起请求的对象或进程;Size 表示请求的资源大小;Time 表示发起请求到得到响应所用的时间;Waterfall 表示网络请求的可视化瀑布流。

单击请求名称为 www.baidu.com 的记录,查看详细信息,在 Headers 标签卡中,General 部分表示概况, Response Headers 和 Request Headers 部分分别表示请求头和响应头,见图 2-92。

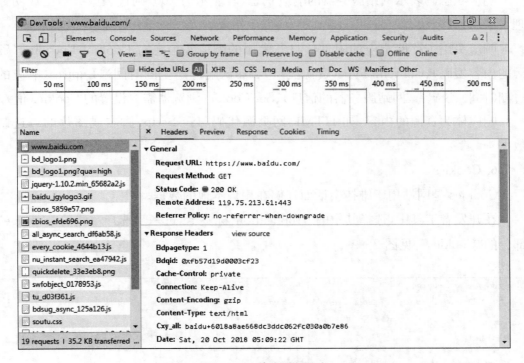

图 2-92　请求详细信息

4. HTTP 请求

HTTP 请求由 4 部分组成,分别为请求方法、请求 URL、请求头和请求体。

常用的请求方法有 GET 和 POST。在浏览器中输入 URL 并按回车,便发起了一个 GET 请求,请求的参数直接包含在 URL 中。例如,在百度中搜索 Python,URL 为 https://www.baidu.com/s?wd=Python。POST 请求大多在表单提交时发起。例如,在登录网站时,输入用户名和密码后单击"登录"按钮,则是一个 POST 请求,其中数据以表单形式传输,不以 URL 参数的形式体现。

请求头用于存储请求的附加信息。常用的请求头信息有 Accept（客户端可接受的资源类型）、Accept-Language（客户端可接受的语言类型）、Accept-Encoding（客户端可接受的内容编码）、Cookies（网站用于维持会话而存储在用户本地的数据）、Host（请求资源的主机）、Referer（请求的页面来源）、User-Agent（客户端操作系统和浏览器信息）。

请求体一般只在 POST 请求中包含表单数据。GET 请求的请求体为空。

5. HTTP 响应

HTTP 响应由 3 部分组成，分别为响应状态码、响应头和响应体。

响应状态码表示网站服务器的响应状态，若显示为 200，则代表服务器已成功处理了请求，其余状态（403、404、500 等）均发生错误。

响应头用于存储响应的附加信息。常用的响应头信息有 Content-Encoding（资源的内容编码）、Content-Type（资源类型）、Date（响应产生的时间）、Expires（响应的过期时间）、Server（网站服务器的信息）、Set-Cookie（浏览器需要设置的 Cookies 值）。

响应体为资源的内容，如 HTML 网页源代码、JavaScript 脚本或图片的二进制数据。

6. Cookies

Cookies 是网站用于维持会话而存储在用户本地的数据。

在开发者工具中，选择其中的"Application"标签卡，进一步选择左侧的"Storage"部分的"Cookies"，见图 2-93。

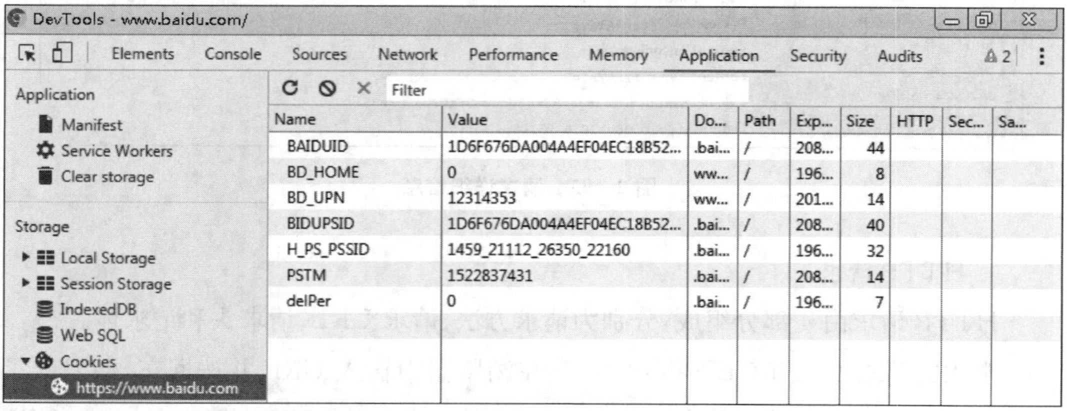

图 2-93　Cookie 信息

每一条记录就是一个 Cookie，其中包含了丰富的信息。Name 表示 Cookie 的名称；Value 表示 Cookie 的值；Domain 表示 Cookie 的域名，即只有来自该域名的网页才能访问该 Cookie；Path 表示 Cookie 的使用路径，即只有该路径的网页才能访问该 Cookie；Expires/Max-Age 表示 Cookie 的有效时间；Size 表示 Cookie 的大小。

2.4.2　HTTP 网页基础

在开始爬虫之前，需要解读并理解获取的 HTML 代码。

HTML（超文本标记语言）是描述网页的一种语言。网页包括文字、按钮、图片、视频和超链接等各种复杂的元素，不同类型的元素使用不同的标签表示，如图片用 img 标签表示，视频用 video 标签表示，段落用 p 标签表示，它们之间的布局又用 div 标签嵌套组合而成。

仍然打开 Chrome 浏览器，选择菜单中"更多工具→开发者工具，选择其中的 "Elements"标签卡，即网页元素组件。输入百度首页的 URL（https://www.baidu.com/）并按回车。可以看出网页标签的层次结构，见图 2-94。

图 2-94　HTML 源代码

这就是 HTML，整个网页是由各种标签嵌套组合而成。这些标签定义的节点元素相互嵌套和组合形成了复杂的层次关系，形成网页的架构。

```
<!DOCTYPE html>
<html>
    <head>
        <meta charset="UTF-8">
        <title> This is a Demo</title>
    </head>
    <body>
        <div id="container">
            <div class="wrapper">
            <h2 class="title">Hello World</h2>
            <p class="text">Hello, this is a paragraph.</p>
            </div>
        </div>
    </body>
</html>
```

下面对网页架构进行介绍:

(1) 最外层使用 html 标签。

(2) 第二层的 head 标签表示网页头。

(3) head 标签的下一层(第三层)中,第 4 行使用 meta 标签和属性 charset 表示网页的编码为 UTF‐8,这是中文常用编码;第 5 行使用 title 标签表示网页的标题,即浏览器中网页标签卡的标题。

(4) 第二层的 body 标签表示网页正文内容。

(5) body 标签的下一层(第三层)中,第 8 和 13 行使用 div 标签表示网页的区块,属性 id 表示该区块的标识符,该值在网页中通常是唯一的。

(6) div 标签的下一层(第四层)中,第 9 和 12 行使用 div 标签表示网页的区块,属性 class 表示该区块的类型,通常与 CSS 配合设置样式。

(7) 第五层中,第 10 行使用 h2 标签表示网页的二级标题;第 11 行使用 p 标签表示网页的段落。

2.4.3 Python 网页爬取示例

在问题研究中,我们越来越多地用到文本分析。文本分析是指对文本的表示及其特征项的选取,它把从文本中抽取出的特征词进行量化来表示文本信息。通过文本内容分析,我们可以推断文本提供者的意图和目的,量化其特征、观点等。

在文本分析中,我们通常需要先爬取相关文本。下面本章将以新华网新闻为例(http://www.news.cn/2021-11/08/c_1128044414.htm),展示其爬取过程,见图 2‐95。

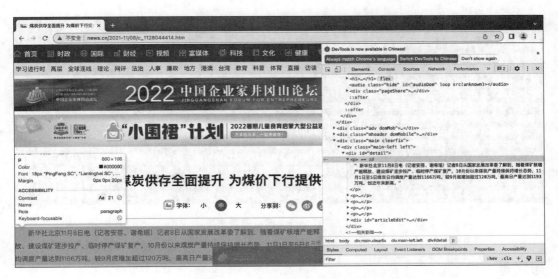

图 2-95 新闻网页爬取示例

可以看出，我们要爬取的新闻内容位于 id="detail" 的 〈p〉 标签下，由于 id 标识符在网页中是唯一的，我们可以在编写代码时利用 id 标识符，进行嵌套找寻并爬取我们需要的内容，见图 2-96。

```
2   import requests
3   r = requests.get("http://www.news.cn/2021-11/08/c_1128044414.htm")
4   r.encoding='utf-8'
5   if r.status_code == 200:
6       print(r.text)
7   from bs4 import BeautifulSoup
8   soup = BeautifulSoup(r.text, 'html.parser')
9   para_nodes = soup.find(id="detail").find_all("p")
10  for node in para_nodes:
11      print(node.text.strip())
```

图 2-96 网页爬取代码

首先导入 requests 包，它常用于获取 HTML 代码。在第二行中，将获取结果储存到 r 中，设置编码为"utf-8"。接下来用 if 条件语句确保服务器已成功处理了请求，即响应状态码(status_code)为 200 则打印所有新闻文本。

接下来导入 BeautifulSoup 包，对网页数据进行解析和提取。在第 8 行中，我们选择要解析的文本为 r.text 并设置解析器为"html.parser"，将解析结果储存到 soup 中。随后，在第 9 行利用 find 函数首先寻找标识符 id="detail" 的区块，再进一步寻找标签为 〈p〉 的内容，并将结果储存在 para_nodes 中。

最后用 for 循环语句遍历并打印爬取到的所有节点中的文本，见图 2-97。

后续我们也可以导入 .csv 包，将爬取结果进行写入存储，在此不再赘述。

```
In [14]: for node in para_nodes:
    ...:     print(node.text.strip())
```
新华社北京11月8日电（记者安蓓、谢希瑶）记者8日从国家发展改革委了解到，随着煤矿核增产能释放、建设煤矿逐步投产、临时停产矿复产，10月份以来煤炭产量持续保持增长态势，11月1日至5日煤炭日均调度产量达到1166万吨，较9月底增加超过120万吨，最高日量达到1193万吨，创近年来新高。
10月份以来，各级部门和相关企业大力推进煤炭保供稳价，全国煤炭产量和市场供应量持续增加，电厂和港口存煤加快提升，为煤炭期货价格大幅回落提供了有力支撑，为确保能源安全保供和人民群众温暖过冬奠定良好基础。
据介绍，目前发电供热企业煤源全面落实，中长期合同签订率基本实现全覆盖。国家发展改革委先后两次组织发电供热企业补签四季度煤炭中长期合同，协调晋陕蒙新落实煤源1.5亿吨，实现发电供热企业煤炭中长期合同全覆盖。截至11月6日，各省区市发电供热企业煤炭中长期合同覆盖率均已超过90%，其中24个省区市达到100%。
电煤供应持续增加，电厂存煤加快回升。电煤铁路装车保持在6万车以上的历史高位，11月份以来电煤装车同比增长超过35%。电厂供煤持续大于耗煤，存煤快速增加。11月份以来日均供煤达到774万吨，库存日均增加160万吨，11月6日电厂存煤超过1.17亿吨，较9月底增加4000万吨左右。港口存煤水平稳步提升，11月7日秦皇岛港煤炭场存达到539万吨，较9月底提升近150万吨。
国家发展改革委有关负责人表示，随着全国煤炭产量和供应量增加、电厂和港口煤炭库存提升，动力煤期现货价格大幅回落。预计后期，随着煤矿产能进一步释放和煤炭产量持续增加，加上电煤中长期合同兑现和存煤提升后电厂市场采购减少，煤炭价格有望继续稳步下行。

图 2－97　新闻网页爬取结果

思考题

1. 请简述数据爬虫的基本流程。

2. 请简述 RPA 机器人流程自动化系统的优点。

3. 如果我们需要爬取非文字信息，例如视频、图片等，该如何转码呢？

4. 在数据爬取中，如果网站自动检测到访问频繁，需要输入验证码，该如何解决呢？

5. 请尝试爬取豆瓣高分电影及其评论数据。

第 *3* 章
数据预处理

数据挖掘的对象是从现实世界采集到的大量的、各种各样的数据。现实生产和实际生活以及科学研究的多样性、不确定性、复杂性等导致采集到的原始数据比较散乱，它们是不符合挖掘算法进行知识获取的规范和标准的，所以这时我们必须对数据进行处理，从而得到标准规范的数据。数据预处理是数据分析以及数据挖掘过程中非常重要的一环，包括对原始数据进行必要的清洗、集成、转换、离散、规约等一系列处理工作。

3.1　探索性数据分析

3.1.1　探索性数据分析的概念和意义

探索性数据分析（Exploratory Data Analysis，EDA）是用来分析和调查数据集的分析方法，通常采用数据可视化方法总结数据主要特征，发现数据内在联系。EDA的主要目的是做出任何假设之前帮助数据科学家观察数据，它有助于确定如何更好地操作数据集以获得我们所需要的问题结果，使数据科学家更容易发现数据内在联系，发现异常或检查假设。

对数据集做探索性数据分析有助于我们更深地理解数据集，并利用数据集完成后续研究。通过调查分布、缺失等统计信息，我们可以加强对数据集的全面理解；通过基本的数据处理（异常值、缺失值），我们可以提高数据集的质量；通过构建多种可视化的图表，我们可以寻找后续研究的思路和灵感。

3.1.2　探索性数据分析的流程与步骤

1. 确认数据集是否匹配需求

首先，数据集数据量要充足，数据越多，所涵盖的信息量越大。如果数据过少（10

条以下),就没有做探索性数据分析的必要了,因为我们可以简单地看出数据的基本特性(缺失、异常、分布等)。

其次,我们需要明确研究问题,以及这个数据所提供的信息是否能解决问题,即数据集是否匹配我们的研究需求。当然,如果拿到了一个新的数据集,暂时不明确可以利用它来做何种研究,也可以通过 EDA 尝试发现一些有意思的结果,寻找研究灵感。

2. 了解数据的基本情况

通过明确数据量、特征数量、数据类型、数据分布情况(标准差、分位数、最大最小值)等数据特征对数据集进行基本了解。

3. 数据的基本处理

接下来基于上述基本数据特征进行数据处理,处理方式要根据我们的问题需要进行选择。如果数据的某一个特征值缺失了,但我们不会用这个特征进行模型的训练,同时数据量又比较少,那肯定选择保留这个数据;反之,如果需要用这个特征进行训练,但该值缺失了,那就选择删除或用一定的方式填补该数据。

数据的基本处理主要包括重复值处理(保留、删除)、异常值处理(保留、删除)和缺失值处理(删除、填充),这一部分将在本章的第二节进行详细展示。

4. 数据的可视化

通过数据可视化,我们可以对数据有全面、直观的了解,有助于我们发现一些有趣的现象和结论,从而给后续研究带来启示和灵感。数据可视化的类型主要包括:

(1) 单变量可视化:数据分布直方图、箱线图。

(2) 双变量的可视化:相关性分析-线图、散点图、热力图。

(3) 时间维度的可视化:时间序列分析-线图。

数据可视化对现在数据研究具有重要的意义,本书的第 4 章将详细介绍可视化的方法及相关工具的使用。

3.2　数据清洗

所谓数据清洗就是将重复、多余的数据筛选清除,将缺失的数据补充完整,将错误的数据纠正或者删除,最后整理成为我们可以进一步加工、使用的数据。数据清洗是数据分析中不可缺少的步骤。通过数据清洗,就能够统一数据的格式,减少数据分析中存在的诸多问题,从而提高数据分析的效率。

本节将以一个淘宝订单分析的数据（D:/data/excel/销售数据.xlsx）为例，使用 Excel 进行数据清洗工作展示。

3.2.1　数据清洗准备工作

1. 数据备份

为了防止在数据清洗中误删重要数据无 法找回，我们需要对原始数据进行备份。

打开数据表，在"sheet1"工作表名称上双击 鼠标左键，当出现灰色底纹时输入"原始数据"， 将 sheet1 命名为"原始数据"。在"原始数据"表 上单击鼠标右键，选择"移动或复制…"命令，弹 出对话框，在"下列选定工作表"中选择"（移至最 后）"，同时勾选"建立副本"复选框，则在"原始数 据"工作表后面复制出一个新的工作表，将新工 作表命名为"销售数据"，见图 3-1。

2. 添加序号列

有时我们更改数据顺序后发现出现错误， 需要改回原来的顺序。因此我们在数据清洗

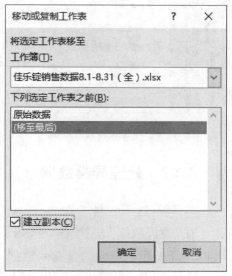

图 3-1　复制数据表

之前添加序号列，方便排序操作之后再改回原来的顺序。

在"销售数据"表中选择"商品编号"列，右键选择"插入"命令，在"商品编号"列 左侧添加一列。在 A1 单元格输入"序号"，在 A2 单元格输入"1"、A3 单元格输入 "2"，选中 A2、A3 单元格，按住填充柄向下拖动，为"序号"列填充数字。

3. 删除多余空格

原始数据中如果夹杂着大量的空格，会在我们筛选数据或进行数据统计时带来 不必要的麻烦。在做数据清洗时，经常需要去除数据两端的空格。

删除多余空格主要使用 TRIM、LTRIM、RTRIM 这 3 个函数。TRIM 函数主要 用来去除单元格内容前后的空格，但不会去除字符之间的空格；LTRIM 函数用来去 除单元格内容左边的空格；RTRIM 函数用来去除单元格内容右边的空格。

以函数 TRIM 为例，在"销售数据"表"客户网名"列右侧插入一列，命名为"客户 网名 1"。在"客户网名 1"下第一个单元格中输入"＝TRIM(H1)"，则对"客户网名" 列第一个单元格去除左右两边的空格。按住 I1 单元格的填充柄向下拖动，将去掉空 格的客户网名填充到"客户网名 1"列相应单元格。

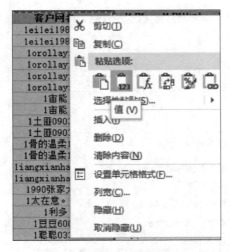

图 3 - 2　将公式转化为数值

同理，可以使用"＝LTRIM（H1）""＝RTRIM(H1)"函数分别去掉"客户网名"列单元格内容左边和右边的空格。

接下来，为了防止删除掉原"客户网名"列后，造成单元格数据错误，我们需要将"客户网名1"中的公式转变为数值。

选择"客户网名1"列，按下"CTRL＋C"组合键复制该列数据。在"客户网名1"所在单元格单击鼠标右键，在"粘贴选项："中选择左边数第二个选项"值（V）"，则可将"客户网名1"列的公式转换为数值，见图3-2。

3.2.2　处理异常数据

1. 赠品数据一致性

在"销售数据"表中，有一些赠品，其支付金额为0，正常情况下订单数也应该为0，但实际上我们看到的是有的数据行订单数为0，有的数据行订单数为1。这时需要把赠品数据行的订单数统一改为0。

在"销售数据"表"支付金额"列左边添加"订单"列，在第一个单元格插入 IF 函数，见图3-3。

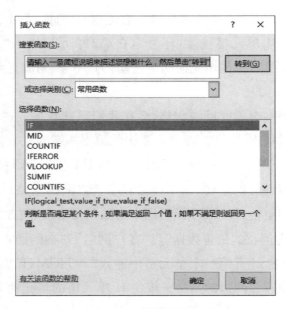

图 3 - 3　插入 if 函数

在函数参数设置对话框的条件编辑框中输入"H2〈〉0",如果条件成立(支付金额不为0),则取"订单数"列相应单元格的值;如果条件不成立(支付金额为0),则取值为0。按住 G2 单元格右下角的填充柄向下拖动,得到新的订单数据,见图3-4。

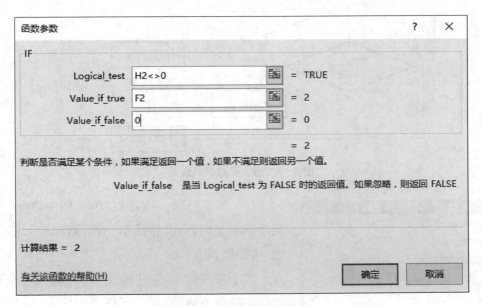

图 3‑4 if 函数参数设置

2. 验证客户网名、性别、年龄的一致性

由于有些客户在访问购物页面的时候所留信息不统一,容易造成后续数据分析的结果不准确,所以在数据清洗阶段需要检查数据的一致性,如同一客户网名、性别、年龄应该一致。在给定的销售数据中,存在一些客户网名一样,但性别、年龄不一致的现象,这时就需要手工订正数据。但面对成千上万条数据,一条一条去核对明显费时费力,还容易造成遗漏。采用 IF 函数嵌套将性别、年龄不一致的记录标记出来,有针对性地去修改,可大大提高工作效率。

在"销售数据"表"年龄"列右边添加"性别年龄比对"列,光标放置于"性别年龄比对"列第一个单元格,输入 IF 函数嵌套"=IF((H1=H2),IF((I1=I2),IF((J1=J2),"","年龄错误"),"性别错误"),"")"。IF 函数嵌套遵循如下逻辑,见图3-5:

(1) 先判断客户网名是否一致(使用第一层嵌套 IF((H1=H2),):若客户网名一致,再来判别性别是否一致(使用第二层嵌套 IF((I1=I2),);若客户网名不一致则在单元格中填充"",也就是不填充内容。

(2) 若性别一致,再来判别年龄是否一致(使用第三层嵌套 IF((J1=J2),);若性别不一致则在单元格中填充"性别错误"。

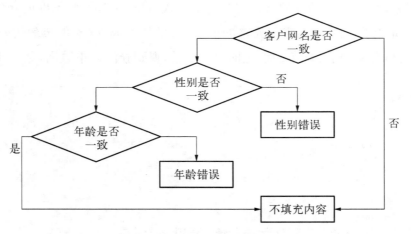

图 3-5　嵌套函数逻辑说明

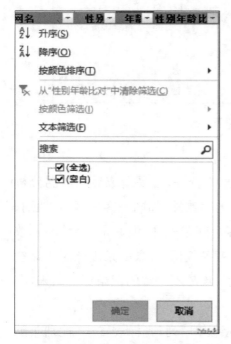

图 3-6　用筛选工具检验修订是否完成

（3）若年龄也一致，则在单元格中填充""，也就是不填充内容；若年龄不一致，则在单元格中填充"年龄错误"。

接下来按住"性别年龄比对"列第一个单元格的填充柄向下拖动，对单元格进行填充，同时按照"性别年龄比对"列提示内容手动订正性别和年龄。

结束后可以通过筛选工具验证修订是否全部完成，在"性别年龄比对"列开启筛选功能，当出现如下所示对话框，说明全部修订完成，见图 3-6。

3.2.3　缺失数据补充

在现有的销售数据中，我们发现赠品的规格码和促销数据存在缺失值的情况，所以需要把这两列数据补齐。

1. 补齐规格码

在"销售数据"表的"促销数据"列左侧添加"促销口味"列，在此列下第一个单元格中输入公式"＝IF(P2〈〉"",RIGHT(P2,LEN(P2)－1),"")"，则当"促销数据"列有数据时，"促销口味"列为去掉"赠"字之后的内容，如"巧克力奶片115克"；当"促销数据"列内容为空时，"促销口味"列也为空。其中，RIGHT(P2,LEN(P2)－1)是将"促销数据"列中最左边的"赠"字去掉，LEN(P2)是取"促销数据"列单元格中的数据长度。因为每个单元格中的字符个数都不一样，取好数据长度之后减 1 就得到所取字符的具体数值。按住 O2 单元格右下角的填充柄向下拖动，则得到促销口味数据。

在"规格码"列左侧添加"规格"列，在"规格"列下第一个单元格中输入公式"＝IF(F2＝""，"口味："&P2，F2)"，则当"规格码"列中内容为空时，取"促销口味"列中相应单元格的内容；当"规格码"列中内容不为空时，直接取"规格码"列中相应单元格的内容。其中，"口味："&P2 是在 P2 单元格内容之前加上"口味："字样。& 在 EXCEL中是连接符，主要用来连接字符串或将两列数据连接起来。在使用 & 进行字符串连接时，需要注意字符串要用英文的双引号括起来。按住 E2 单元格右下角的填充柄向下拖动，则得到规格数据。

2. 补齐促销数据

本任务是以订单数是否为 0 来判断是否为赠品，大家也可以以促销方式是否为"满赠"来判断是否为赠品。

在"销售数据"表的"促销数据"列左侧添加"赠品"列。在"赠品"列下第一个单元格中输入公式"＝IF(F2＝0，"赠"&RIGHT(E2，LEN(E2)－3)，"")"，则当"订单数"为 0时，"赠品"列为加上"赠"字之后的内容，如"赠巧克力奶片 115 克"；当"订单数"不为 0时，"赠品"列为空。按住 O2 单元格右下角的填充柄向下拖动，则得到赠品数据。

3.2.4　数据分解与信息提取

1. 收货区域数据分解

我国是一个区域经济发展极不平衡的国家，不同区域的客户消费特征和能力具有明显的差异性，甚至于同一省份的不同地区消费者购买习惯都不一样。在客户信息表中，收货区域均以"直辖市/省/自治区 市/地区/自治州 区/县"的形式出现，对后续的客户区域的分析造成一定的困扰。现将其分解"直辖市/省/自治区""市/地区/自治州""区/县"三列，以方便对客户地域性消费进行分析。

选中"销售时间"列，将其从第 I 列复制到第 K 列，空出两列放分解后的收货区域数据(否则如果在收货区域数据分解时，后两列有数据，则会被覆盖)。选中"收货区域"列，单击"数据"选项卡——"数据工具"组中的"分列"按钮，选择"查找…"命令，弹出图所示对话框。使用默认的最适合的文件类型——"分隔符号"，单击"下一步"按钮，见图 3－7。

因本任务中"收货区域"的省、市、区之间均以空格分隔，所以在弹出的图所示对话框中分隔符号选择"空格"，勾选"连续分隔符号视为单个处理"，单击"下一步"按钮，见图 3－8。

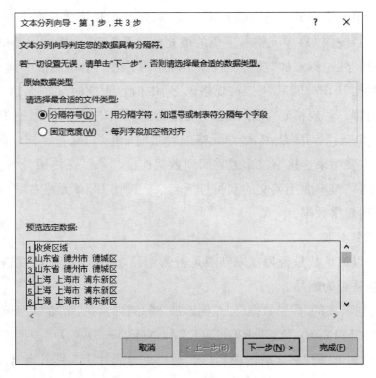

图 3-7　选择使用分隔符号分列

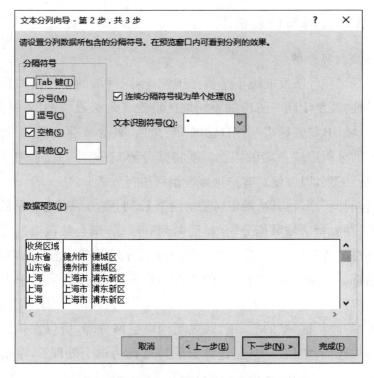

图 3-8　根据数据特征选择使用何种分隔符号

在弹出的图所示对话框中,列数据格式使用"常规",单击"完成"按钮,则"收货区域"列数据被分解成 3 列数据,见图 3-9。

图 3-9 设置数据类型

将"收货区域"改为"直辖市/省/自治区",随后两列的列标题分别命名为"市/地区/自治州""区/县",分列结果如图 3-10 所示。

2. 购买时段数据提取

在"销售时间"列之前添加"购买时段"列,使用 MID 函数进行购买时段(精确到小时)提取。在"销售时段"列第一个单元格插入函数,在弹出的"函数参数"对话框中输入 MID 函数的相应参数(或直接在编辑栏中输入"＝MID(J2,12,2)"),见图 3-11。

按住填充柄下拉,直到所有的购买时段全部提取完成,提取结果如图 3-12 所示(购买时段中 00 代表凌晨 0 点到 1 点之间;01 代表凌晨 1 点到 2 点之间,以此类推)。

H 直辖市/省/自治区	I 市/地区/自治州	J 区/县
山东省	德州市	德城区
山东省	德州市	德城区
上海	上海市	浦东新区
上海	上海市	浦东新区
上海	上海市	浦东新区
上海	上海市	浦东新区
天津	天津市	南开区
天津	天津市	南开区
新疆维吾尔自治区	巴音郭楞蒙古自治州	库尔勒市
新疆维吾尔自治区	巴音郭楞蒙古自治州	库尔勒市
辽宁省	大连市	旅顺口区
辽宁省	大连市	旅顺口区
辽宁省	大连市	甘井子区
辽宁省	大连市	甘井子区
辽宁省	抚顺市	望花区
湖南省	衡阳市	祁东县
广东省	深圳市	南山区
新疆维吾尔自治区	喀什地区	喀什市
河北省	秦皇岛市	海港区
浙江省	嘉兴市	海盐县
浙江省	嘉兴市	海盐县
辽宁省	沈阳市	和平区
辽宁省	沈阳市	和平区
辽宁省	沈阳市	和平区
山东省	烟台市	莱州市
江苏省	镇江市	丹阳市
江苏省	镇江市	丹阳市
内蒙古自治区	乌海市	海勃湾区
江苏省	常州市	天宁区

图 3-10 数据分列结果

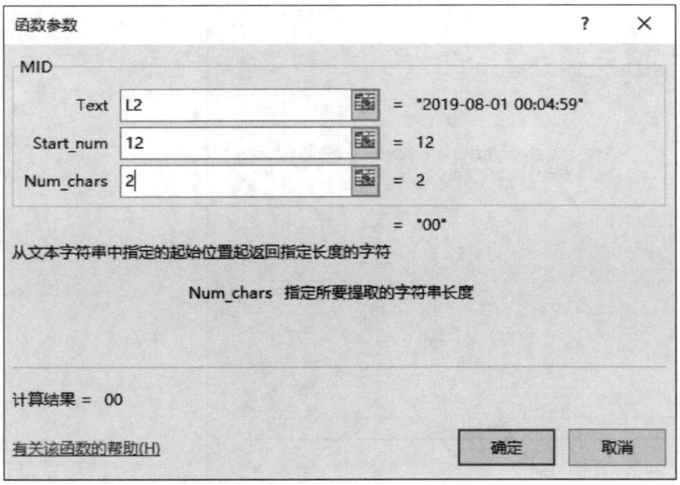

图 3-11　设置 MID 函数的参数

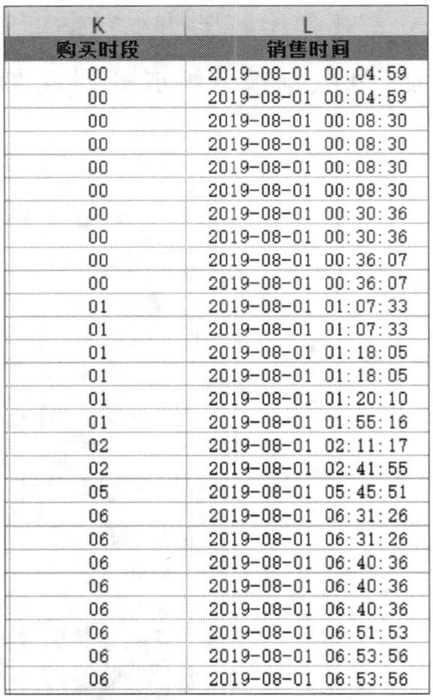

K	L
购买时段	销售时间
00	2019-08-01 00:04:59
00	2019-08-01 00:04:59
00	2019-08-01 00:08:30
00	2019-08-01 00:08:30
00	2019-08-01 00:08:30
00	2019-08-01 00:08:30
00	2019-08-01 00:30:36
00	2019-08-01 00:30:36
00	2019-08-01 00:36:07
00	2019-08-01 00:36:07
01	2019-08-01 01:07:33
01	2019-08-01 01:07:33
01	2019-08-01 01:18:05
01	2019-08-01 01:18:05
01	2019-08-01 01:20:10
01	2019-08-01 01:55:16
02	2019-08-01 02:11:17
02	2019-08-01 02:41:55
05	2019-08-01 05:45:51
06	2019-08-01 06:31:26
06	2019-08-01 06:31:26
06	2019-08-01 06:40:36
06	2019-08-01 06:40:36
06	2019-08-01 06:40:36
06	2019-08-01 06:51:53
06	2019-08-01 06:53:56
06	2019-08-01 06:53:56

图 3-12　购买时段信息提取结果

3.3　数据变换

数据变换就是转化成适当的形式，来满足软件或分析理论的需要。本章将以某银行贷款项目的历史借款及还款信息为例，介绍数据变换和数据集成的方法。

1. 简单数据变换

本案例包括两个数据集，“借款信息”(D:/data/ppdai/借款信息.xlsx)和“还款信息”(D:/data/ppdai/还款信息.xlsx)。“还款信息”包含了在2017/2/22更新的还款信息，与“借款信息”相对应。每一个ListingId的每一期都有一条记录。“还款信息”的字段和含义如表3-1所示。

表 3-1　还款信息数据介绍

字段名	字　段　注　释
ListingId	列表Id，主键。
期数	期数Id，主键。
还款状态	到记录日的当期状态，分为0-“未还款”，1-“已正常还款”，2-“已逾期还款”，3-“已提前还清该标全部欠款”，4-“已部分还款”。

字段名	字　段　注　释
应还本金	当期计划还款本金部分。
应还利息	当期计划还款利息部分。
剩余本金	到记录日,仍未还清的当期本金。
剩余利息	到记录日,仍未还清的当期利息。
到期日期	当期应还款日。
还款日期	当期最近一次实际还款日期。
Record date	记录日。

　　对于还款数据的分析将侧重于逾期率情况,以及逾期率与借款成功日期,借款期数,借款金额,借款类型,借款者的年龄、性别、成功认证条数和历史借款情况等的关系。因此,需要对于还款数据进行处理,定义逾期率。

　　第一步,定义有效的还款期数,建立辅助变量有效还款期数。

　　在单元格 K1 中输入列名"有效还款期数",在单元格 K2 中输入公式:"＝IF(I2＝"\N",IF(H2＞J2,0,1),1)"。公式的逻辑是,将到期日期大于记录日期的还款记录设为 0-无效还款期数,其他则为 1-有效还款期数。因为记录日期是 2017/2/22,当时还没有到期的还款记录在还款状态的值会记录为 0,表示未还款,但这并不是逾期的定义,只是还没有到期,需要将这部分还款状态值为 0 的部分剔除掉。双击填充柄填充所有单元格。

　　第二步,定义逾期率,建立辅助变量逾期指标。

　　还款状态中 0 表示未还款,1 表示已正常还款,2 表示已逾期还款,3 表示已提前还清该笔全部欠款,4 表示已部分还款。

　　在这里,我们定义逾期为:未还款的期数,逾期还款和部分还款的日期大于应还款日期 30 天的期数。逾期率为逾期期数占全部有效期数的比例。

　　在单元格 L1 中输入逾期指标,在单元格 L2 中输入公式:＝IFERROR(IF(AND(K2＝1,OR(C2＝0,AND(C2＝2,I2－H2＞30),AND(C2＝4,I2－H2＞30))),1,0),IF(K2＝1,1,0))。该公式的意义为:如果该条记录是有效还款期数(上一步辅助变量的定义),并且还款状态为 0(未还款),或者还款状态为 2 或 4(已逾期还款或已部分还款)且还款日期大于到期日期,则定义为逾期,否则就定义为未逾期。套入IFERROR 公式是因为当还款状态为 0 时,还款日期为\N,不能进行日期计算,会报错♯VALUE!。此时,应该进行进一步的判断,如果有效还款期数为 1 时则为逾期,为 0 时则为未逾期,双击填充柄填充所有单元格,完成后如下图 3－13 所示。接下来可以借助数据透视表,根据 ListingId 统计逾期指标并计算逾期率。

L2 　　 fx =IFERROR(IF(AND(K2=1,OR(C2=0,AND(C2=2,I2-H2>30),AND(C2=4,I2-H2>30))),1,0),IF(K2=1,1,0))

	B	C	D	E	F	G	H	I	J	K	L	M
1	期数	还款状态	应还本金	应还利息	剩余本金	剩余利息	到期日期	还款日期	recorddate	有效还款期数	逾期指标	
2	1	1	1380.23	270	0	0	2015/6/4	2015/6/4	2017/2/22	1	0	
3	2	1	1400.94	249.29	0	0	2015/7/4	2015/7/4	2017/2/22	1	0	
4	3	1	1421.95	228.28	0	0	2015/8/4	2015/8/4	2017/2/22	1	0	
5	4	1	1443.28	206.95	0	0	2015/9/4	2015/9/4	2017/2/22	1	0	
6	5	1	1464.93	185.3	0	0	2015/10/4	2015/10/4	2017/2/22	1	0	
7	6	1	1486.9	163.33	0	0	2015/11/4	2015/11/4	2017/2/22	1	0	
8	7	2	1509.21	141.02	0	0	2015/12/4	2015/12/5	2017/2/22	1	0	
9	8	1	1531.85	118.38	0	0	2016/1/4	2016/1/4	2017/2/22	1	0	
10	9	2	1554.82	95.41	0	0	2016/2/4	2016/2/5	2017/2/22	1	0	
11	10	2	1578.15	72.08	0	0	2016/3/4	2016/3/6	2017/2/22	1	0	
12	11	2	1601.82	48.41	0	0	2016/4/4	2016/4/5	2017/2/22	1	0	
13	12	1	1625.92	24.31	0	0	2016/5/4	2016/5/4	2017/2/22	1	0	

图 3－13　建立辅助变量进行数据变换

	A	B	C	D	E
1	ListingId	未逾期	逾期	总有效期数	逾期率
2	126541	12		12	0%
3	133291	12		12	0%
4	149711	12		12	0%
5	152141	6		6	0%
6	162641	11		11	0%
7	171191	6		6	0%
8	182261	11		11	0%
9	193831	6		6	0%
10	199461	2		2	0%
11	209191	12		12	0%
12	209381	19		19	0%
13	528911	6	6	12	50%
14	1080421	5		5	0%
15	1518801	9		9	0%
16	1522221	3		3	0%
17	1536991	11	1	12	8%
18	1537191	12		12	0%
19	1537391	8	4	12	33%

data　数据透视表1　newdata

图 3－14　数据透视表

第三步,建立数据透视表,重新呈现数据结构。

选中数据区域 data!＄A＄1：＄L＄252221,在新的工作表数据透视表 1 单元格 A1 中建立数据透视表。

将 ListingId 拖入行,将逾期指标拖入列,将 ListingId 拖入值,计数项,将有效还款期数拖入筛选器,筛选为 1。将数据区域 A4：D30125 复制粘贴至新工作表 newdata 单元格 A1,将单元格 A1：D1 分别改为 ListingId,未逾期,逾期,总有效期数。在单元格 E1 中输入逾期率,在单元格 E2 中输入公式＝C2/D2,填充至单元格 E30122,完成后如图 3－14 所示。

2. 规范化

规范化就是剔除掉变量量纲上的影响,比如:直接比较身高和体重的差异,单位的不同和取值范围的不同让这件事不能直接比较。

常见的规范化方式有最小最大规范化和零均值规范化。最小最大规范化,也叫离差标准化,对数据进行线性变换,将其范围变成[0,1];零均值规范化,也叫标准差标准化,处理后的数据均值等于 0,标准差为 1。

$$\frac{X - \min(X)}{\max(X) - \min(X)} （离差标准化）$$

$$\frac{X - \text{mean}(X)}{S.D} （标准差标准化）$$

3. 连续属性离散化

连续变量离散化即将数值型的连续变量离散化为有限个取值的类别变量。例如,某变量 x<−1 时赋为 0；−1≤x<1 时赋为 1；x≥1 时赋为 2。

常用的离散化方法有等宽法、等频法、一维聚类。等宽法,属性的值域分成具有相同宽度的区间,类似制作频率分布表；等频法,将相同的记录放到每个区间；一维聚类,首先将连续属性的值用聚类算法,然后将聚类得到的集合合并到一个连续性值并做同一标记。

本数据集中无须进行数据规范化和连续熟悉离散化,因此在这里就不做展示了,有兴趣的同学可以自行探索。

3.4　数据集成与数据规约

3.4.1　数据集成

在借助数据透视表生成了还款信息数据集后,在表中加入借款项目的其他信息,整合两张数据表。

借款信息数据表包括借款项目(者)的借款金额、借款期限、借款利率、借款成功日期、初始评级、借款类型、是否首标、年龄、性别、历史成功借款次数、成功认证条数、历史逾期率、借款金额等信息。两张数据表以 ListingId 作为联结依据。

在借款信息和还款信息表中,ListingId 都是按升序排列的,所以以上信息可以直接从借款信息复制粘贴至还款信息表,整合后的数据如图 3-15 所示。

	逾期率	借款金额	借款期限	借款利率	借款成功日期	初始评级	借款类型	是否首标	年龄	性别	历史成功借款次数	成功认证条数	历史逾期率	借款金额分段
2	0%	18000	12	18	2015/5/4	C	其他	否	35	男	11	2	21.9%	¥1-2w
3	0%	9453	12	20	2015/3/16	D	其他	否	34	男	4	1	7.1%	¥5k-1w
4	0%	25000	12	18	2015/3/30	C	其他	否	34	男	6	3	2.4%	¥2-5w
5	0%	20000	6	16	2015/1/22	C	电商	否	24	男	13	3	10.6%	¥1-2w
6	0%	20000	12	14	2015/3/25	A	普通	否	36	男	7	3	0.0%	¥1-2w
7	0%	3940	6	18	2015/6/26	E	其他	否	27	女	15	3	9.6%	¥3-5k
8	0%	25000	12	16	2015/3/21	B	其他	否	33	女	7	2	4.7%	¥2-5w
9	0%	10475	6	18	2015/4/15	C	电商	否	25	男	9	3	7.5%	¥1-2w
10	0%	25000	12	20	2015/11/29	E	普通	否	29	男	12	3	0.0%	¥1-2w
11	0%	20000	12	20	2015/11/28	E	普通	否	33	男	12	3	0.0%	¥1-2w
12	0%	30000	24	16	2015/6/28	E	其他	否	30	男	7	3	3.6%	¥1-2w
13	50%	11000	12	20	2015/3/10	C	其他	否	47	男	5	2	7.4%	¥1-2w
14	0%	5250	6	18	2015/5/27	C	电商	否	25	男	7	4	6.1%	¥5k-1w
15	0%	4913	12	24	2015/1/1	D	普通	否	26	男	1	0	0.0%	¥3-5k

图 3-15　集成后数据表

但是,当两张表的排列方式不一样时,要合并两表,可以通过 vlookup 函数进行查找返回。例如,要将"借款金额"按 ListingId 引用到还款数据表中,我们在"还款数据"表中F 列第一个单元格中输入"借款金额",在第二个单元格中输入公式:＝VLOOKUP(A2,[借款信息.xlsx]data! ＄A:＄B,2,FALSE)。该公式逻辑为,对于此行中 A 列单元格数据,在借款信息表中 A 到 B 列区域进行搜索,并将区域内,锁定单元格所对应行的第二列数据填入,搜索方式为精确匹配。双击填充柄填充所有单元格。

从上述操作中可以发现,vlookup 函数一次只能匹配一列数据,效率较低。在需匹配多列数据时,为了提高效率,我们可以使用编号的方式辅助匹配。

具体操作为,先给"还款信息"的 ListingId 由 1 开始编号,用 vlookup 函数将其匹配到"借款信息"表中,再将"借款信息"表中数据按编号列升序排序,这样两张表信息的顺序一样,我们就可以采用直接复制粘贴的方式了。

3.4.2 数据规约

数据规约是指在对挖掘任务和数据本身内容理解的基础上、寻找依赖于发现目标的数据的有用特征,以缩减数据规模,从而在尽可能保持数据原貌的前提下,最大限度地精简数据量。数据规约能够降低无效错误的数据对建模的影响、缩减时间、降低存储数据的空间,主要包括属性规约和数值规约。

1. 属性规约

属性规约是寻找最小的属性子集并确定子集概率分布接近原来数据的概率分布。主要有如下几种方法:

(1) 合并属性:将一些旧的属性合并一个新的属性。

(2) 逐步向前选择:从一个空属性集开始,每次在原属性集合选一个当前最优属性添加到当前子集中,一直到无法选择最优属性或满足一个约束值为止。

(3) 逐步先后选择:从一个空属性集开始,每次在原属性集合选一个当前最差属性并剔除当前子集中,一直到无法选择最差属性或满足一个约束值为止。

(4) 决策树归纳:没有出现在这个决策树上的属性从初始集合中删除,获得一个较优的属性子集。

(5) 主成分分析:用较少的变量去解释原始数据中大部分变量(用相关性高的变量转化成彼此相互独立或不相关的变量)。

2. 数值规约

数值规约即通过一定的方法减少数据量,包括有参数和无参数方法,有参数如线性回归和多元回归,无参数法如直方图、抽样等。

思考题

1. 请简述数据预处理的流程。
2. 数据清洗主要目的是什么？
3. 请简单描述下如何去除不完全重复数据。
4. 探索性数据分析和探索性因素分析在目标和流程上有什么区别？

本篇参考文献

［1］爬虫基础原理—活用数据—博客园［EB/OL］.［2022－12－04］. https://www.cnblogs.com/zhanhong/p/15729336.html.

［2］探索［EB/OL］//Tableau Public.［2022－12－04］. https://public.tableau.com/app/discover.

［3］探索性数据分析|Exploratory Data Analysis|EDA 入门（基本概念、流程、工具及资源）［EB/OL］//知乎专栏.［2022－12－04］. https://zhuanlan.zhihu.com/p/428937690.

［4］再也不用手写爬虫了！推荐 5 款自动爬取数据的神器！_菜鸟学 Python 的博客－CSDN 博客［EB/OL］.［2022－12－04］. https://blog.csdn.net/cainiao_python/article/details/118533303.

［5］招聘（求职）尽在智联招聘［EB/OL］.［2022－12－04］. https://sou.zhaopin.com/?jl＝765.

［6］python 爬取数据的原理_成为 Python 高手必须懂的爬虫原理_weixin_39875675 的博客－CSDN 博客［EB/OL］.［2022－12－04］. https://blog.csdn.net/weixin_39875675/article/details/110344022.

［7］Yao M. You-Get［CP/OL］.（2022－12－04）［2022－12－04］. https://github.com/soimort/you-get.

数据可视化篇

第4章
数据可视化

步入大数据时代,各行各业对数据的重视程度与日俱增,随之而来的是对数据进行一站式整合、挖掘、分析、可视化的需求日益迫切,数据可视化呈现出愈加旺盛的生命力。早期的数据可视化作为咨询机构、金融企业的专业工具,其应用领域较为单一,应用形态较为保守。相比之下,大数据时代的可视化视觉元素越来越多样,从朴素的柱状图、饼状图、折线图,扩展到地图、气泡图、树图、仪表盘等各式图形。同时,可用的开发工具越来越丰富,从专业的数据库、财务软件,扩展到基于各类编程语言的可视化库。本章以重要可视化工具 Tableau 为基础,详细介绍数据可视化的流程和方法。

4.1　数据可视化基础

4.1.1　数据可视化的概念

"数据可视化"是可视化研究领域的新起点,它是由科学可视化(Scientific Visualization)、信息可视化(Information Visualization)和可视分析学(Visual Analytics)三个学科整合形成的新学科。

科学可视化(Scientific Visualization)是科学之中的一个跨学科研究与应用领域,主要关注三维现象的可视化(见图 4-1),如建筑学、气象学、医学或生物学方面的各种系统,重点在于对体、面以及光源等等的逼真渲染。科学可视化是计算机图形学的一个子集,是计算机科学的一个分支。科学可视化的目的是以图形方式说明科学数据,使科学家能够从数据中了解、说明和收集规律。

信息可视化(Information Visualization)是研究抽象数据的交互式视觉表示,以加强人类认知。抽象数据包括数字和非数字数据,如地理信息与文本。信息可视化与科学

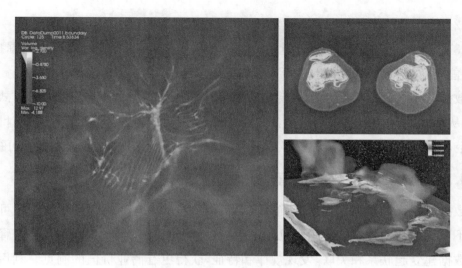

图 4-1　三维可视化

可视化有所不同：科学可视化处理的数据具有天然几何结构（如磁感线、流体分布等），信息可视化处理的数据具有抽象数据结构。柱状图、趋势图、流程图、树状图等，都属于信息可视化，这些图形的设计都将抽象的概念转化成为可视化信息，见图 4-2。

图 4-2　信息可视化示例

可视分析学（Visual Analytics）是随着科学可视化和信息可视化发展而形成的新领域，重点是通过交互式视觉界面进行分析推理。

科学可视化、信息可视化与可视分析学三者有一些重叠的目标和技术，这些领域之间的边界尚未有明确共识，粗略来说有以下区分：

（1）科学可视化处理具有自然几何结构（磁场、MRI 数据、洋流）的数据。

（2）信息可视化处理抽象数据结构，如树或图形。

（3）可视分析学将交互式视觉表示与基础分析过程（统计过程、数据挖掘技术）结合，能有效执行高级别、复杂的活动（推理、决策）。

数据可视化作为三者的结合，旨在将相对晦涩的数据通过可视的、交互的方式进行展示，从而形象、直观地表达数据蕴含的信息和规律。数据可视化，不仅仅是统计图表。本质上，任何能够借助于图形的方式展示事物原理、规律、逻辑的方法都叫数据可视化。

4.1.2　数据可视化的价值

数据可视化的根本目的是准确而高效、精简而全面地传递信息和知识。可视化能将不可见的数据现象转化为可见的图形符号，能使错综复杂、看起来无法解释和关联的数据建立起联系和关联，发现规律和特征，获得更有商业价值的洞见。利用合适的图表清晰而直观地表达出来，实现数据自我解释、让数据说话的目的。人类右脑记忆图像的速度比左脑记忆抽象的文字快 100 万倍，因此，数据可视化能够加深和强化受众对于数据的理解和记忆。

用图形表现数据的可视化分析方法，实际上比传统的统计分析法更加精确和有启发性。我们可以借助可视化的图表寻找数据规律、分析推理、预测未来趋势。另外，利用可视化技术可以实时监控业务运行状况，更加阳光透明，及时发现问题，第一时间做出应对。例如天猫的"双 11"数据大屏实况直播，可视化大屏展示大数据平台的资源利用、任务成功率、实时数据量等。

最著名的一个例子是 Anscombe 的四重奏。用统计方法看数据很难看出规律，但一可视化出来，规律就非常清楚，见图 4-3。

a

I		II		III		IV	
x	y	x	y	x	y	x	y
10	8.04	10	9.14	10	7.46	8	6.58
8	6.95	8	8.14	8	6.77	8	5.76
13	7.58	13	8.74	13	12.74	8	7.71
9	8.81	9	8.77	9	7.11	8	8.84
11	8.33	11	9.26	11	7.81	8	8.47
14	9.96	14	8.10	14	8.84	8	7.04
6	7.24	6	6.13	6	6.08	8	5.25
4	4.26	4	3.10	4	5.39	19	12.5
12	10.84	12	9.13	12	8.15	8	5.56
7	4.82	7	7.26	7	6.42	8	7.91
5	5.68	5	4.74	5	5.73	8	6.89

b

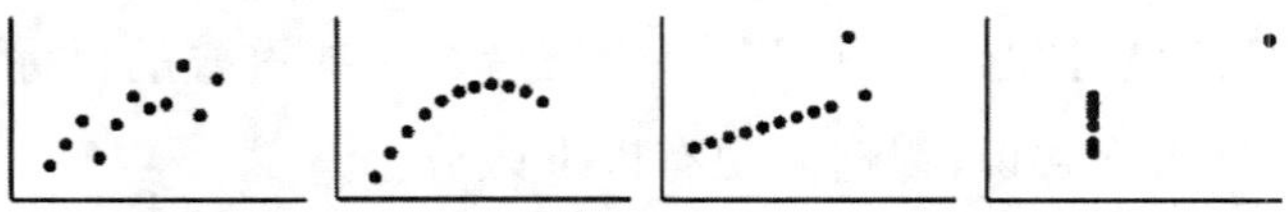

图 4-3　Anscombe 的四重奏可视化分析

4.1.3　数据可视化的流程

数据可视化不仅是一门包含各种算法的技术,还是一个具有方法论的学科。一般而言,完整的可视化流程(见图 4-4)包括以下内容。

(1)可视化输入:包括可视化任务的描述,数据的来源与用途,数据的基本属性、概念模型等。

(2)可视化处理:对输入的数据进行各种算法加工,包括数据清洗、筛选、降维、聚类等操作,并将数据与视觉编码进行映射。

(3)可视化输出:基于视觉原理和任务特性,选择合理的生成工具和方法,生成可视化作品。

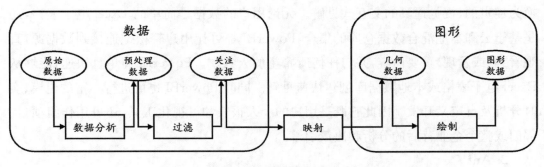

图 4-4　可视化流程

4.2　数据可视化工具包

4.2.1　数据可视化的工具

在学术界与工程界,数据可视化工具都非常多。学术界用得比较多的是 R 语言、ggplot2、Python 可视化库等,一般普通用户最常用的是 Excel,商业上的产品是 Tableau, PowerBI 等。这里列出了几家大型互联网公司的成熟可视化产品,每个工具都有各自的优缺点。大家可以在众多产品中,基于自己的需求选择相应的产品,见图 4-5。

1. PowerBI

PowerBI 是软件服务、应用和连接器的集合,它们协同工作,将相关数据来源转

图 4-5　可视化工具

换为连贯的、视觉逼真的交互式见解。无论用户的数据是简单的 Excel 电子表格，还是基于云和本地混合数据仓库的集合，PowerBI 都可让用户轻松地连接到数据源，直观看到（或发现）重要内容，并与任何所希望的人共享。PowerBI 简单且快速，能够从 Excel 电子表格或本地数据库创建快速见解。同时 PowerBI 也可进行丰富的建模、实时分析及自定义开发。因此它既是用户的个人报表和可视化工具，还可用作组项目、部门或整个企业背后的分析和决策引擎。

2. AntV

AntV 是蚂蚁金服开发的全新一代数据可视化产品，旨在提供一套简单方便、专业可靠、不限可能的数据可视化最佳实现方案。主要包含 G2、G6、F2 以及一套完整的图表使用和设计规范。G2 是一套基于可视化编码的图形语法，具有高度的易用性和扩展性，用户无须关注各种烦琐的实现细节，一条语句即可构建出各种各样的可交互的统计图表。G6 是关系数据可视化引擎，开发者可以基于 G6 拓展出属于自己的图分析应用或者图编辑器应用。F2 是一个专注于移动、开箱即用的可视化解决方案，完美支持 H5 环境等多种环境。它具有完备的图形语法理论，满足用户各种可视化需求。

3. DataV

DataV 数据可视化旨在让更多的人看到数据可视化的魅力，帮助非专业的工程师通过图形化的界面轻松搭建专业水准的可视化应用，满足用户会议展览、业务监控、风险预警、地理信息分析等多种业务的展示需求。

4. ECharts

ECharts 是百度开源图表控件，一个使用 JavaScript 实现的开源可视化库，可以流畅地运行在 PC 和移动设备上,兼容当前绝大部分浏览器(IE8/9/10/11,Chrome,Firefox,Safari 等),底层依赖轻量级的矢量图形库 ZRender,提供直观、交互丰富、可高度个性化定制的数据可视化图表。

4.2.2　TableauPublic

TableauPublic 是 Tableau 的免费平台,用于创建交互式数据故事并将其发布到 Web。数以万计的用户使用 TableauPublic 在博客与网站中分享数据,借助 TableauPublic,博客作者可发布关于任何话题的数据可视化,使之具有交互性和便于读者参与,见图 4 - 6(网址:https://public.tableau.com/zh-cn/)。

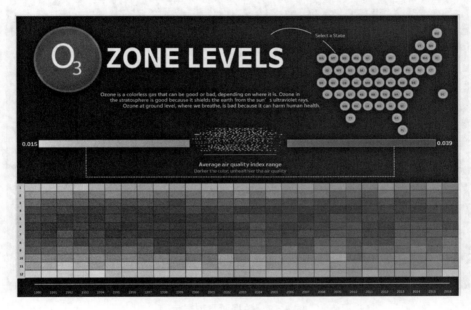

图 4 - 6　空气质量可视化

Tableau 软件学习成本较低并且功能强大,在商业等数据分析中运用广泛。因此,本章的后续内容将结合实例详细介绍 Tableau 的可视化实现方法。

4.3　Tableau 数据连接与数据类型

4.3.1　数据链接

在利用 Tableau 创建视图前,首先需要连接数据源。打开 Tableau 软件,进入主界面之后,在页面左侧可以看到 Tableau 所支持的数据源类型,可以是文件,也可以是服务器。单击"更多"可展开,如图 4-7 所示。

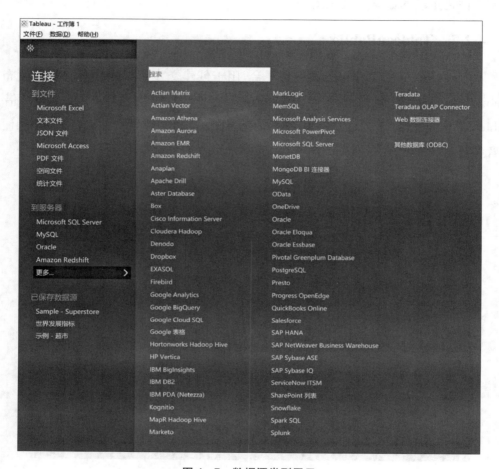

图 4-7　数据源类型展示

1. 连接文件数据源——电子表格

在文件数据源中,最常用的是电子表格,下面以 Microsoft Excel 文件为例进行说明。在"连接-到文件"中选择 Microsoft Excel,在新的界面中,选择你所需要连接的 Excel 文件,单击"打开"。

根据界面上部的"将工作表拖到此处"的文字提示,将工作簿中的表单"订单"拖入右边的框中(双击此表也可以达到相同的效果)。之后可以在下方看到"订单"工作表中的数据。见图 4-8、图 4-9。

观察数据,确认无误后,单击下方提示处的"工作表 1",即可进入工作区界面,此时可视为成功连接到了 Excel 数据源,见图 4-10。

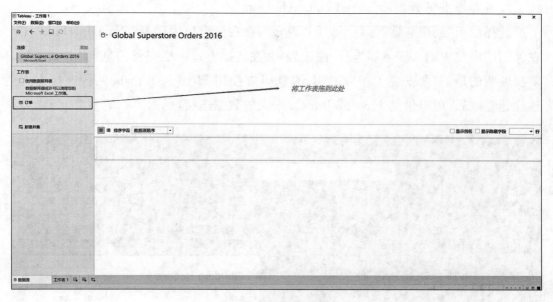

图 4 - 8　连接数据表

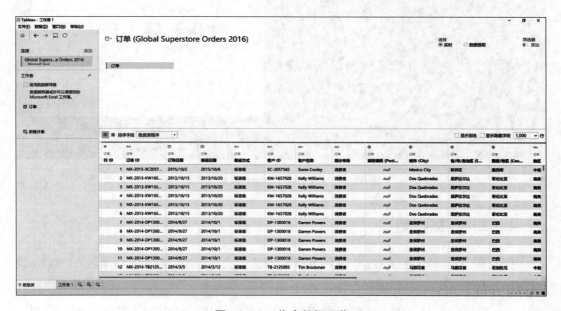

图 4 - 9　工作表数据预览

图 4 - 10　转到工作表

2. 连接服务器数据源——ClouderaHadoop

选择位于"到服务器"标题下方的"更多",在右侧窗口中选择"ClouderaHadoop"。在弹出的窗口中输入服务器地址、端口号,并在连接方式一栏完善信息,单击"确定"。需要说明的是,只要安装了相应的驱动,就可以使用 Hive 和 Impala 两种连接方式。连接建立之后,可以借助 Hive 或 Impala 来完成数据连接,见图 4-11。

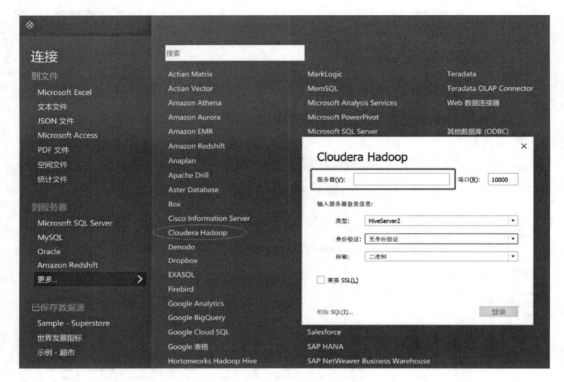

图 4-11　ClouderaHadoop 连接数据源

4.3.2　数据类型

在利用 Tabelau 连接数据,跳转到工作表后,会将数据显示在工作区的左侧,我们称之为数据窗口,其通常包含以下各子窗口。

（1）数据源窗口：位于数据窗口顶部,包含当前使用的数据源及其他可用数据源。

（2）维度窗口：位于数据窗口中部,显示所连接数据源中的维度角色,包含诸如文本和日期等类别数据的字段。

（3）度量窗口：位于数据窗口底部,显示所连接数据源中的度量角色,包含可以聚合的数字的字段。

（4）集窗口：定义的对象数据的子集,只有创建了集,此窗口才可见。

（5）参数窗口：可替换计算字段和筛选器中的常量值的动态占位符,只有创建了参数,此窗口才可见。

1. 维度和度量

维度窗口显示的数据角色为维度,往往是一些分类、时间方面的定性字段,将其拖放到功能区时,Tableau 不会对其进行计算,而是对视图区进行分区,维度的内容显示为各区的标题。度量窗口显示的数据角色为度量,往往是数值字段。将其拖放到功能区时,Tableau 会进行聚合运算,同时,视图区将产生相应的轴。比如想展示各个市场的销售额,这时"市场"就是维度,"销售额"为度量。

Tableau 连接数据时会对各个字段进行评估,根据评估自动地将字段放入维度窗口或者度量窗口。通常 Tableau 这种分配是正确的,但有时也会出错,或者有时候分析人员希望自己做转换。基于这种情况下,例如我们把"折扣"转换为维度,可以观测每单交易具体折扣的分布情况。只需要将"折扣"拖放到维度窗口中即可,该字段前面的图标也会从绿色变为蓝色,见图 4 - 12。

维度和度量字段有明显的区别就是字段前的图标（类似 Abc、♯ ）和颜色。维度是蓝色,度量是绿色。这种区别在 Tableau 创建视图的过程中,贯穿始终。

2. 离散和连续

离散和连续是另一种数据角色分类,在 Tableau 中,蓝色是离散字段,绿色是连续字段。

离散类型"折扣"中每一个数字都是轴上一个标题,字段颜色为蓝色。连续类型"总和（记录数）"的轴上为连续刻度,字段颜色为绿色。离散和连续类型可以相互转换,右键字段,在弹出框中就有"离散"和"连续"的选项,单击即可转换,见图 4 - 13。

图 4 - 12　度量转换为维度

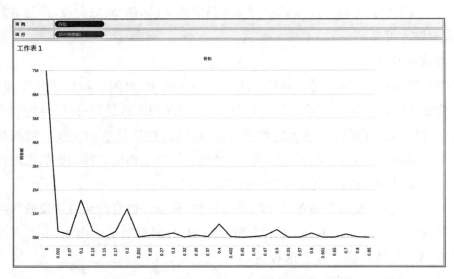

图 4‑13 离散字段和连续字段

3. 字段类型及转换

Tableau 支持的数据类型见表 4‑1。

表 4‑1 数据类型

数据窗口	字段类型	示　　例
维　度	文本	A,B,中国
	日期	1/31/2018
	日期和时间	1/31/201808:00:00AM
	地理值	北京,纽约
	布尔值	True/False
度　量	数字	1,2.6,30%
	地理编码	31,121

　　Tableau 会自动对导入的数据分配字段类型,但有时候根据需求我们可以自己转换字段。在数据窗口中找到对应字段,单击下拉箭头,在"地理角色"中可以改变地理编码字段对应的角色,如"城市""省/市/自治区""国家/地区"等;在"更改数据类型"中,可以改变相应字段的数据类型,见图 4‑14。

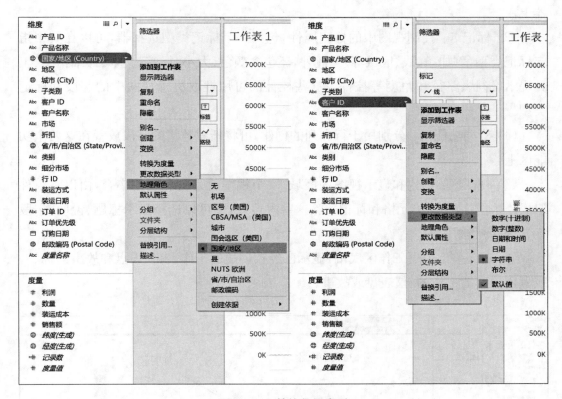

图 4-14 转换数据类型

4.4 Tableau 视图与筛选器

4.4.1 视图

在对 Tableau 的数据有了基本的认识后,便可以创建 Tableau 视图。一个完整的 Tableau 可视化产品由多个仪表板构成,每个仪表板由一个或多个视图(工作表)按照一定的布局方式构成,因此视图是一个 Tableau 可视化产品最基本的组成单元。

在创建视图之前,先认识一下 Tableau 的功能区和视图区,见图 4-15。

(1) 页面卡:可在此功能区上基于某个维度的成员或某个度量的值将一个视图拆分为多个视图。

(2) 筛选器卡:指定要包含和排除的数据,所有经过筛选的字段都显示在筛选器上。

（3）标记卡：控制视图中的标记属性，包括一个标记类型选择器，可以在其中指定标记类型（例如条、线、区域等）。此外，还包含颜色、大小、标签、文本、详细信息、工具提示、形状、路径和角度等控件。这些控件的可用性取决于视图中的字段和标记类型。

（4）行列功能区：分别用于行和列的创建，可将任意数量的字段放置在这两个功能区上。

（5）视图区：创建和显示视图的区域，一个视图就是行和列的集合，由以下组件组成：标题、轴、区、单元格和标记。除这些内容外，还可以选择显示标题、说明、字段标签、摘要和图例等。

（6）标签栏：位于工作区底端，显示已经被创建的工作表、仪表盘和故事的标签，或者创建新的工作的、仪表盘或故事。

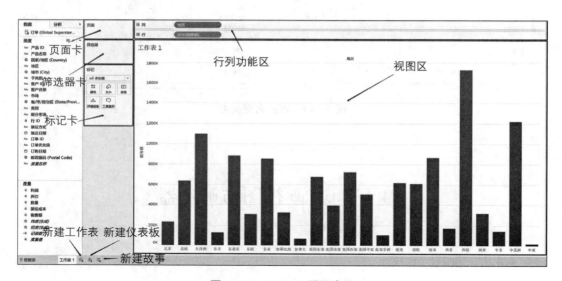

图 4 - 15　Tableau 页面介绍

认识了视图功能区后，就可以利用数据窗口中的数据字段创建视图。Tableau 作图非常简单，拖放相关字段到相应的功能区，Tableau 就会自动依据功能区相关功能将图形即时显示在视图区中。

以制作一个简单的各地区利润柱状图为例。选定字段"地区"，将其拖拽至列功能区，这时横轴就按照各地区名称进行了分区。各地区成了区标题。接着将字段"利润"拖拽至行功能区，这时字段会自动显示成"总计（利润）"，视图区显示的就是各地区的累计利润柱状图，见图 4 - 16。

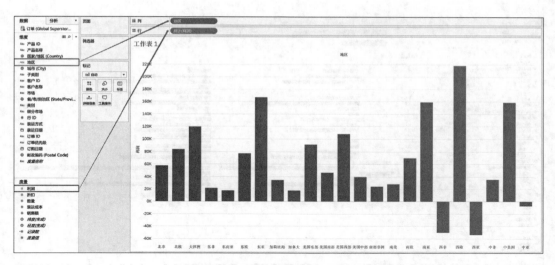

图 4-16　行列分别插入单个字段

当然行列功能区可以不止拖放一个字段,例如将"销售额"拖放到"总计(利润)"的右边,Tableau 这时会根据度量字段"利润"和"销售额"分别做出对应的轴,如图 4-17 所示。

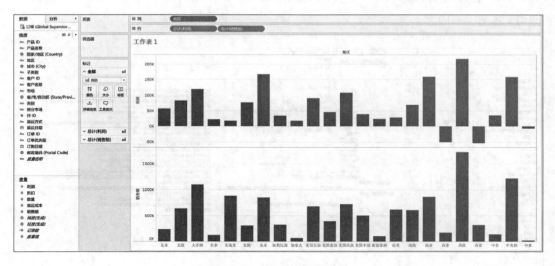

图 4-17　行列插入多字段

行列功能区都可以存放维度和度量,只是横轴、纵轴的显示信息会相应地改变。例如对于图 4-17,我们可以单击工具栏上的"交换行和列"功能图标(或按快捷键 CTRL+W),将行、列上的字段互换,此时如图 4-18 所示。

当度量字段被拖至行列功能区时,字段会自动显示成总计的形式,这反映了 Tableau 对度量字段进行了聚合运算,缺省的聚合运算为总计。Tableau 支持多种不

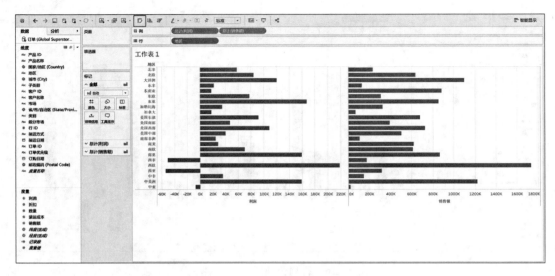

图 4 - 18　交换行列

同的聚合运算,如总计、平均值、中位数、最大值、计数等。如果想改变聚合运算的类型,比如想计算各地区每单销售额的平均值,只需要在行功能或列功能的度量字段上,右键"总计(销售额)"或单击右侧小三角,在弹出的对话框中选择"度量""平均值"即可,见图 4 - 19。

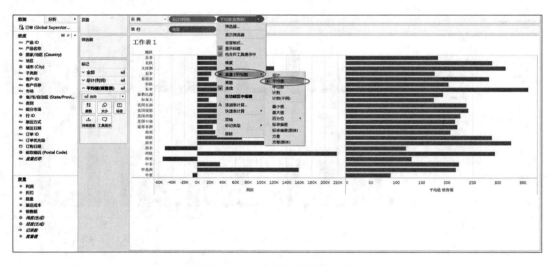

图 4 - 19　改变字段度量方式

4.4.2　标记卡

创建视图时,经常需要定义形状、颜色、大小、标签等图形属性。在 Tableau 里,这些过程都将通过操作标记卡来完成。标记卡上有 5 个类似按钮的图标,分别为"颜色""大小""文本""详细信息"和"工具提示"。这些按钮的使用是非常简单的,只需要把相应的字段拖拽到对应的按钮上即可,同时单击按钮还可以对细节、方式、格式等进行调整。此外还有 3 个特殊按钮,它们只有在选择了对应的标记类型时才会显示出来,分别为线图对应的路径、形状图形对应的形状、饼图对应的角度,见图 4 - 20。

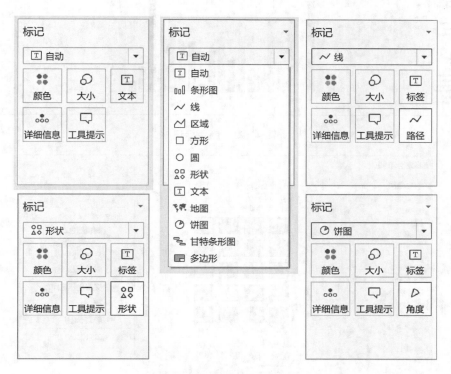

图 4 - 20 标 记 卡

1. 颜色、大小和标签

拖放"地区"到列功能区、"销售额"到行功能区,完成最简单的显示各地区累计销售额柱状图。这时,如果想要不同的地区显示不同的颜色,可利用标记卡中的颜色来完成,只需将字段"地区"拖放到颜色里即可,见图 4 - 21。

这时标记功能区右侧会出现颜色图例,说明颜色与省市的对应关系。这时单击颜色图例右上角小三角,在弹出的对话框中单击"编辑颜色",即可进入颜色编辑界面,可以对不同的地区自定义不同的颜色。比如将"东亚"的颜色改为深绿色,首先单击"东亚",然后单击右侧调色板中的深绿色,最后单击确定即可,见图 4 - 22。

如果要对视图中的标记添加标签,则可以利用标记卡上的标签按钮。如我们想将销售额的数值显示在图上,则只需将字段"销售额"拖放到标签按钮上即可,见图 4 - 23。

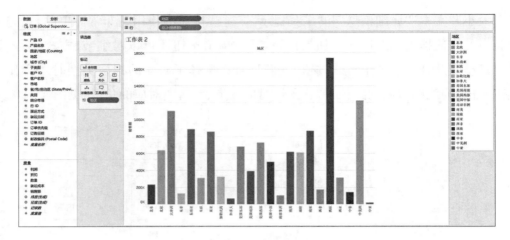

图 4 – 21　颜色标记

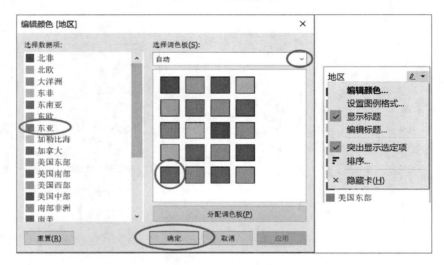

图 4 – 22　编辑颜色

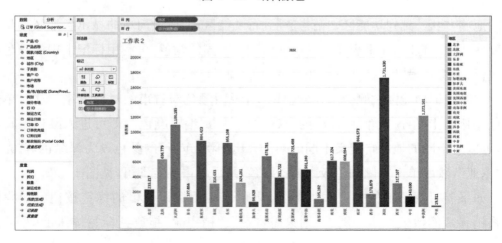

图 4 – 23　标签标记

目前标签显示的是各地区销售额的总计。如果想让标签显示各地区销售额的总额百分比,可单击右键标记卡中的"总计(销售额)"或者单击右侧小三角标记,在弹出的对话框中选择"快速表计算",然后选择"总额百分比",这时视图中的标签将变为总百分占比。除此之外,单击标签可对标签的格式、显示方式等进行设置,见图 4 - 24。

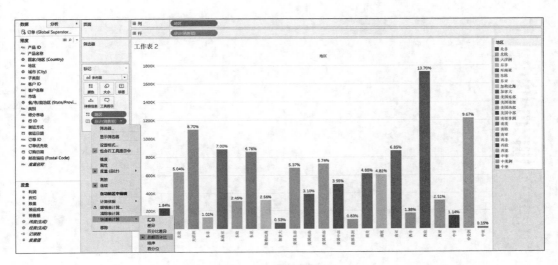

图 4 - 24　设置标签

大小按钮和颜色按钮类似,拖放字段到"大小",即可根据该字段值的大小改变视图中标记的大小。例如将"销售额"拖放到"大小"标记卡中,柱状图条形的粗细由销售额大小决定,见图 4 - 25。

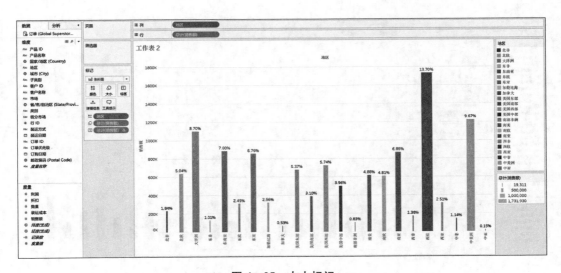

图 4 - 25　大小标记

2. 详细信息

详细信息的功能是依据拖放的字段对视图进行分解细化。我们以圆图为案例，将"地区"拖放到列功能区，"销售额"拖放到行功能区，标记类型选择"圆"，则可得到图4-26。这时每个圆代表的值是该超市销往所有城市、2012年至2015年的销售额总和。

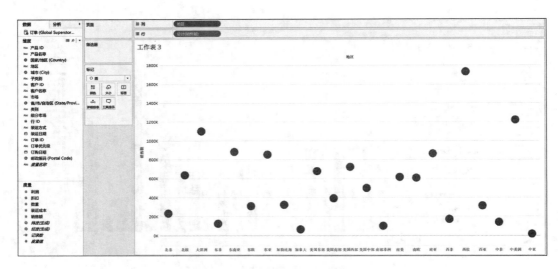

图 4-26　超市销售额可视化圆形图

拖放字段"城市（City）"到"详细信息"，Tableau 会依据"城市（City）"进行分解细化，这时每个区的圆点解聚为多个圆点，每一个点代表该超市在销往相应地区某一城市的2012年至2015年销售额总额，见图4-27。

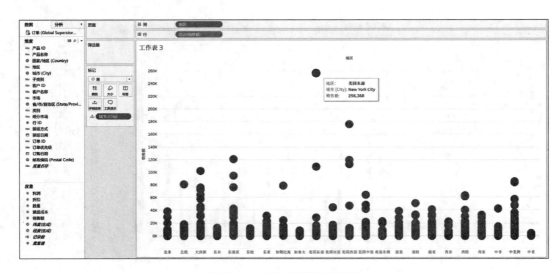

图 4-27　城市详细信息标记

同样,详细信息中可以根据多个字段进行分解细化。此时我们再拖放字段"订购日期"到"详细信息",这时每个点再次解聚为 4 个圆点,每个点表示该超市销往相应地区某一城市某年销售额总和,见图 4 - 28。

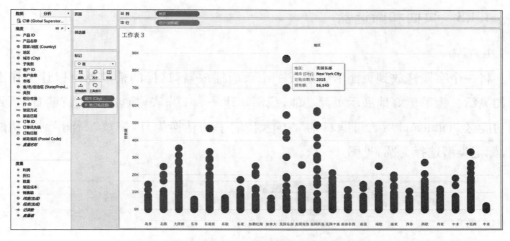

图 4 - 28　多个详细信息(城市+订购日期)

其实我们直接将字段拖放到"颜色""大小"标记卡上,也可以实现类似的分解细化功能,且可搭配使用。需要注意的是,颜色和大小只能放一个字段,而详细信息可以放多个。

3. 工具提示

当鼠标移至视图中的标记上时,会自动跳出一个显示该标记信息的框,这便是工具提示的作用。左键单击"工具提示"按钮,将弹出编辑工具提示的对话框,可对这些内容进行删除、更改格式、排版等操作,见图 4 - 29。Tableau 会自动将"标记"卡和行

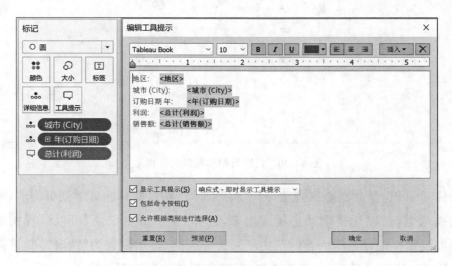

图 4 - 29　编辑工具提示

列功能区的字添加到工具提示中。如果还需要添加其他信息,只需要将相应的字段拖放标记卡中,例如我们将度量字段"利润"拖放到标记卡下方,这时单击工具提示就可以看到利润的总计在里面了。

4.4.3 页面和筛选器

1. 页面

将一个字段拖放到页面卡会形成一个页面播放器,这样的播放器可以让工作表更加灵活。为了更好地展示页面功能,我们新建一个工作表,拖放字段"订购日期"到列功能区,Tableau 默认"订购日期"为年,我们手动转换为月,拖放"利润"到行功能区,标记类型选择为圆,见图 4 – 30。

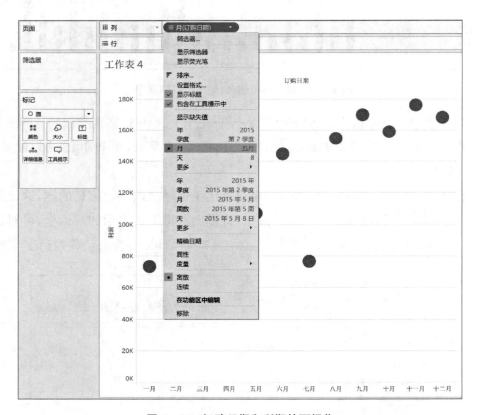

图 4 – 30　订购日期和利润的可视化

按住 Ctrl 键,从行功能区拖放一份字段"月(订购日期)"的复制到页面卡,单击播放器的播放键,可以让视图动态播放出来,选择"显示历史纪录"可以设置播放的效果。例如设置标记以显示内容的历史纪录为"全部",显示设置为"两者",轨迹格式设置为直线,透明度 30%,单击播放按钮,可看到跃动的半透明的轨迹,见图 4 – 31。

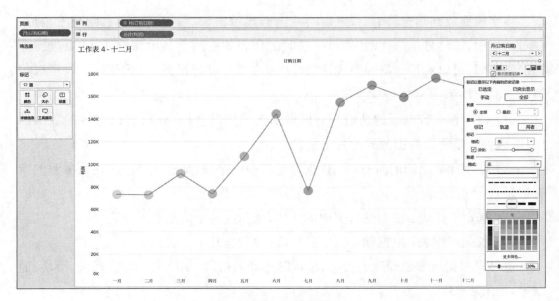

图 4‑31 页面动态轨迹

2. 筛选器

在数据呈现的时候,有时候我们只想让 Tableau 展示某一部分的数据,例如只看 12 月份的销售额、只看该超市销往美国的利润、折扣大于 20％的订单数据等,此时就可以通过筛选器完成上述选择。拖放任一字段(无论维度还是度量)到筛选卡中,都会成为该视图的筛选器。以下图为例,拖放字段"市场"至筛选器卡,会自动弹出筛选器对话框,可以通过从列表中选择,勾选需要展现的市场。如欧美市场,勾选"欧洲""美国",单击"确定"后,字段"市场"就显示在筛选器中了,见图 4‑32。

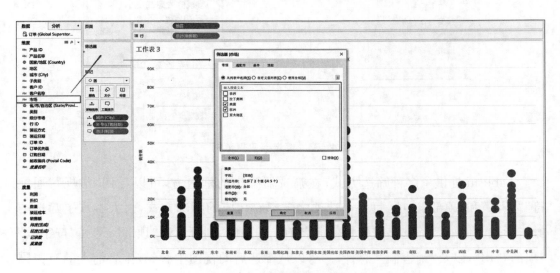

图 4‑32 筛选器应用示例

将字段拖放到筛选器卡后,可以将筛选器显示出来,右键或单击右侧小三角形,在对话框中选择"显示筛选器"即可。这时工作表的右侧会显示筛选器,即可进行筛选操作,并且可以对筛选器的表现形式、功能选项等进行设置。如下图所示,可以将该筛选器应用于:

(1) 使用相关数据源的所有项:根据筛选器中的字段,在所有已连接的数据源中,筛选拥有该字段数据源的所有记录。

(2) 使用此数据源的所有项:根据筛选器中的字段,筛选该字段所在数据源的所有记录。

(3) 选定工作表:根据筛选器中的字段,仅筛选选定的某些工作表。

(4) 仅此工作表:根据筛选器中的字段,仅筛选此工作表。

也可以根据所需要筛选的信息,设置筛选器的格式,如单值、多值、列表、滑块、通配等,见图 4 - 33。

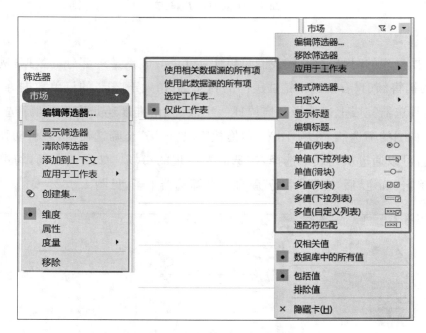

图 4 - 33 筛选器应用范围

Tableau 提供了多种筛选方式,在筛选器弹出的框上方,可以看到"常规""通配符""条件"和"顶部"选项,每一个选项之下都有相应的筛选方式,大大丰富了筛选的操作形式。例如要筛选出按销售额排名前十的地区,则可单击"顶部",选择"按字段""顶部""10",以及"销售额""总计"。可以从筛选后的视图中看到,排名前十的有美国东西部、北欧、东亚等共十个国家和地区,见图 4 - 34、图 4 - 35。

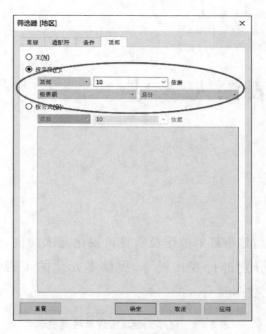

图 4 - 34　多种筛选方式展示

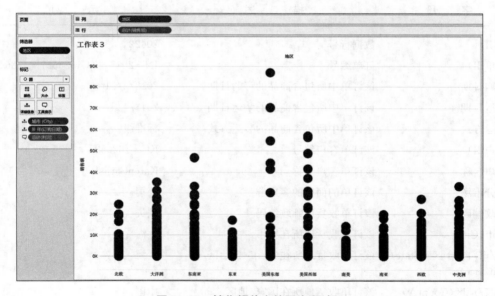

图 4 - 35　销售额前十的国家和地区

思考题

1. 可视化分析的作用是什么？

2. 可视化分析适用于所有的数据分析吗？为什么？

3. Tableau 软件的视图、标记卡和筛选器有哪些功能？

第5章
Tableau 图表深入学习

本章将以全球大型超市订单数据及常见可视化需求为例,介绍八类视图的创建方法,并对八类视图分别进行变式展开,提供多元化的可视化分析方法与思路。表5-1是该数据的元数据展示。

表5-1　全球大型超市订单数据展示

字　段	描　述	示　例
行 ID	数据行号	20422
订单 ID	订单编号	IN－2013－KC1625527－41364
订购日期	该订单中所包含商品的订购日期	2013/3/31
装运日期	该订单中所包含商品的装运日期	2013/4/5
装运方式	该订单中所包含商品的装运方式	标准级
客户 ID	该订单客户编号	KC－1625527
客户名称	该订单客户名称	KarenCarlisle
细分市场	该订单的面向的客户群	公司
邮政编码	该订单收货地邮政编码	缺失
城市(City)	该订单收货地所在城市	上海
省/市/自治区（State/Province）	该订单收货地所在省/市/自治区/州	上海
国家/地区(Country)	该订单收货地所在国家/地区	中国
地区	该订单收货地所在地区	东亚
市场	该订单面向的市场	亚太地区
产品 ID	该订单中所包含商品的编号	OFF－FA－6190
类别	该订单中所包含商品的类别	家具
子类别	该订单中所包含商品的细化类别	桌子
产品名称	该订单中所包含商品名称	BarricksConferenceTable

字　　段	描　　述	示　　例
销售额	该订单中商品售价	$1 269.91
数量	该订单中商品数量	2
折扣	该订单中商品折扣	0.3
利润	该订单中商品的利润	— $36.29
装运成本	该订单中商品的装运成本	109.86
订单优先级	该订单邮寄的优先级	高

5.1　文　本　表

文本表，又称作基本表、交叉表，即一般意义上的表格。它是一种最为直观的数据表现方式，在数据分析中具有不可忽视的作用。表格可以代替冗长的文字叙述，便于计算、分析和对比。但表格的缺点是不够形象、直观，当表格中数据量较大时，分析人员很难快速定位到所需信息。

1. 文本表-梗概

对于一个陌生的数据集，我们通常希望能够对数据的各个维度和度量有一个大致的了解，知道数据的梗概及基本情况。此时我们可以通过简单的操作生成一张文本表来帮助我们认识以及熟悉数据。

新建一页工作表，重命名为"文本表-梗概"；将维度"度量名称"拖至列功能区，将度量"度量值"拖至标记卡文本处。Tableau 便会自动将所有能够展示在文本表中的度量都呈现在视图区中，此时我们可以得知，该数据共有 51 291 条数据，并且能够知道销售额、利润、数量等的字段信息，见图 5-1。

Tableau 的默认聚合运算是"总计"，但在文本表的六个度量中，我们发现，字段"折扣"其实是不适用于总计的聚合运算的，将折扣累加起来不具备现实意义；并且，"利润""销售额"等字段以及"折扣"字段，分别以货币金额和百分比的形式出现更为合理。所以这里我们做两种类型的变换操作。

在标记卡下方的度量值卡中，右键单击"总计（折扣）"或左键单击其右侧小三角，在"度量（总计）"中选择"平均值"。

在标记卡下方的度量值卡中，右键单击"平均值（折扣）"或左键单击其右侧小三

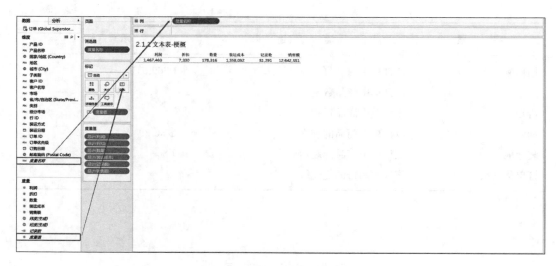

图 5-1　文本表-梗概

角,在下拉菜单中选择"设置格式"。在左侧弹出的"设置平均值(折扣)格式"窗口中,单击"数字"格的右侧小三角,选择"百分比"格式,"小数点数"设置为"1"。此时视图中文本表的"平均值(折扣)"呈现为百分比的形式,见图 5-2。

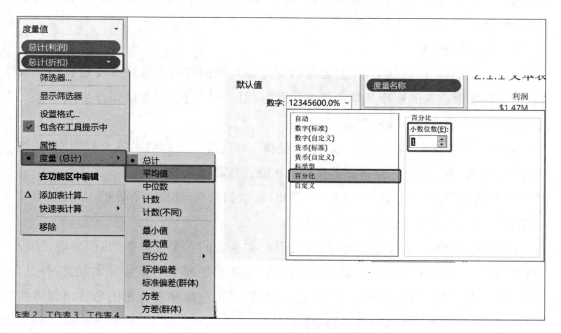

图 5-2　修改折扣的度量方式和单位

在标记卡下方的度量值卡中,右键单击"总计(利润)"或左键单击其右侧小三角,在下拉菜单中选择"设置格式"。在左侧弹出的"设置总计(利润)格式"窗口中,单击

"数字"格的右侧小三角,选择"货币(自定义)"格式,将"单位"设置为"百万(M)","前缀"设置为"＄"。此时视图中文本表的"总计(利润)"呈现为以百万为单位的美元货币形式,见图 5-3。

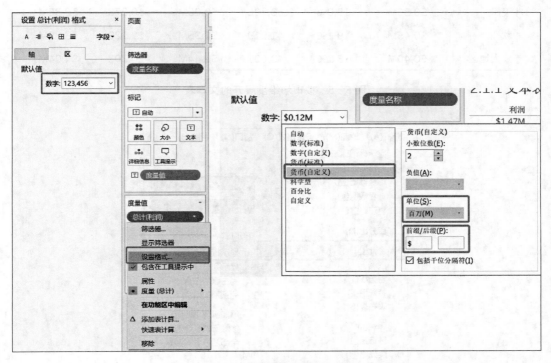

图 5-3　修改利润的度量单位

同理,对"总计(装运成本)"和"总计(销售额)"进行与利润同样的格式转换,可得到如下文本表,见图 5-4。

利润	平均值 折扣	数量	装运成本	记录数	销售额
$1.47M	14.3%	178,316	$1.36M	51,291	$12.64M

图 5-4　调整后的文本表

此时,框架已经搭建起来,我们可以向行功能区中添加不同维度字段,进行进一步可视化分析。例如,将维度"市场"拖至行功能区,将该文本表按不同市场展开,横向对比各个度量值。适当调整文本表宽高,可得到如下视图,见图 5-5。

此时文本表已经按"市场"维度展开,但通常我们仍然想在文本表中显示总计信息。此时,单击菜单栏中的"分析",在下拉菜单中选择"合计",在弹出的右侧菜单中选择"显示列总计",见图 5-6、图 5-7。

市场	利润	平均值 折扣	数量	装运成本	记录数	销售额
非洲	$0.09M	15.7%	10,564	$0.09M	4,587	$0.78M
拉丁美洲	$0.22M	13.6%	38,526	$0.24M	10,294	$2.16M
美国	$0.30M	15.0%	38,706	$0.25M	10,378	$2.36M
欧洲	$0.45M	9.1%	41,919	$0.35M	11,729	$3.29M
亚太地区	$0.40M	18.1%	48,601	$0.44M	14,303	$4.04M

图 5-5　按市场维度展开的文本表

图 5-6　按维度展开的文本表中显示总计信息

市场	利润	平均值 折扣	数量	装运成本	记录数	销售额
非洲	$0.09M	15.7%	10,564	$0.09M	4,587	$0.78M
拉丁美洲	$0.22M	13.6%	38,526	$0.24M	10,294	$2.16M
美国	$0.30M	15.0%	38,706	$0.25M	10,378	$2.36M
欧洲	$0.45M	9.1%	41,919	$0.35M	11,729	$3.29M
亚太地区	$0.40M	18.1%	48,601	$0.44M	14,303	$4.04M
总计	$1.47M	14.3%	178,316	$1.36M	51,291	$12.64M

图 5-7　包含总计信息的文本表

2. 文本表-颜色编码

通过文本表,可以完整地将结果呈现在用户面前。但从视觉上略显单调,我们可以通过简单的操作,对文本表中的数值内容进行颜色编码。这里我们以不同颜色呈现该超市的各子类别年度销售利润盈亏为例。

新建一页工作表,重命名为"文本表-颜色编码";将维度"订购日期"拖至列功能区,将维度"子类别"拖至行功能区,将度量"利润"拖至标记卡的文本按钮上。得到基本文本表视图,见图 5-8。

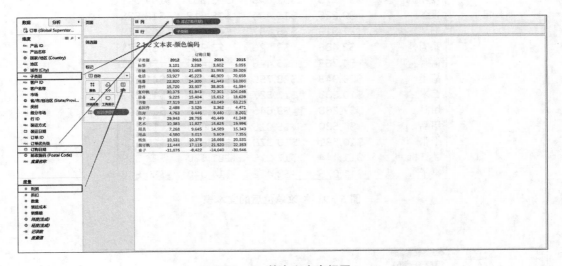

图 5-8　基本文本表视图

接下来与上一小节相同,我们对文本表中的度量单位进行修改,将利润的格式转换为美元货币格式。在标记卡下方的度量值卡中,右键单击"总计(利润)"或左键单击其右侧小三角,在下拉菜单中选择"设置格式"。在左侧弹出的"设置总计(利润)格式"窗口中,单击"数字"格的右侧小三角,选择"货币(自定义)"格式,"小数点数"设置为"0",前缀设置为"$",见图 5-9。

接着,我们使用标记卡中的颜色按钮,给纯黑色文本上色,用颜色反应某个维度或者度量的大小等信息。

将度量"利润"拖至标记卡的颜色按钮上。得到颜色编码文本表,右上角出现颜色图例,颜色由橙变灰至蓝,对应利润额从小到大的变化,见图 5-10。

Tableau 对于度量这类连续型变量自动选择的颜色变化较为丰富,但我们希望通过两种颜色来反应数值的正负情况,则进行以下操作。

单击标记卡中的颜色按钮,在弹出窗口中单击"编辑颜色",在弹出的窗口中进行设置,将"渐变颜色"打钩,并设置为"2 阶",单击"高级",在弹出的下半部窗口中勾选

子类别	订购日期			
	2012	2013	2014	2015
标签	$3,101	$3,230	$3,602	$5,055
存储	$15,930	$21,485	$31,993	$39,009
电话	$53,927	$45,223	$46,909	$70,658
电器	$22,820	$24,300	$41,443	$53,000
附件	$15,720	$33,507	$38,805	$41,594
复印机	$30,375	$51,843	$72,301	$104,049
设备	$9,225	$15,404	$15,612	$18,628
书架	$27,519	$28,137	$43,049	$63,219
系固件	$2,488	$3,526	$3,362	$4,471
信封	$4,763	$6,446	$9,440	$8,201
椅子	$29,943	$28,755	$40,449	$41,248
艺术	$10,383	$11,827	$15,625	$19,996
用具	$7,268	$9,645	$14,589	$15,343
用品	$4,580	$5,015	$5,609	$7,355
纸张	$10,531	$10,378	$16,668	$20,535
装订机	$11,444	$17,115	$21,520	$22,353
桌子	-$11,075	-$8,422	-$14,040	-$30,546

图 5 - 9 修改单位后的文本表

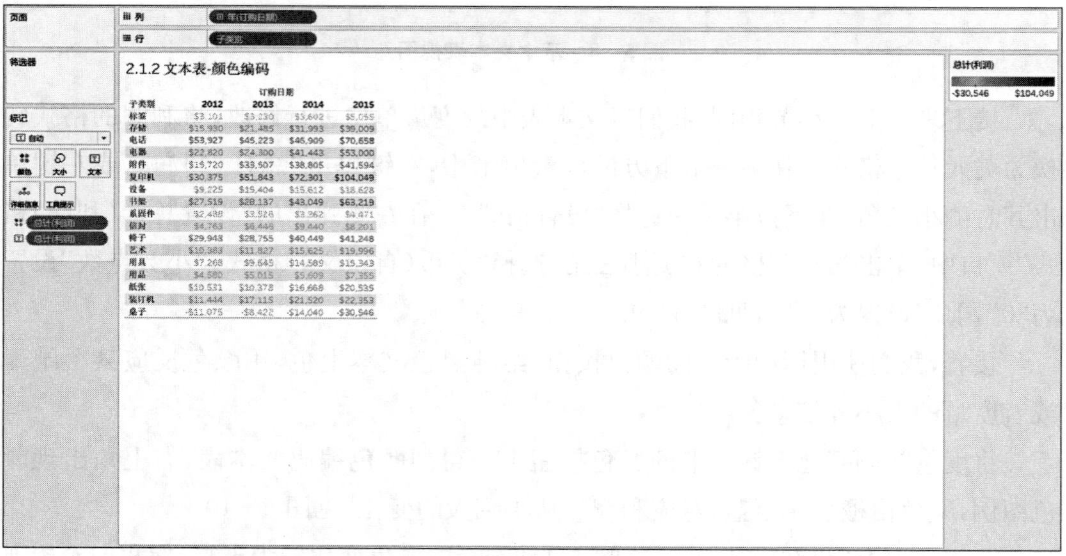

图 5 - 10 颜色编码后的文本表

中"中心",设置为"0"。则可用棕红色表示负利润额,深蓝色表示正利润额,再进行适当的宽度高度调整,见图 5-11、图 5-12。

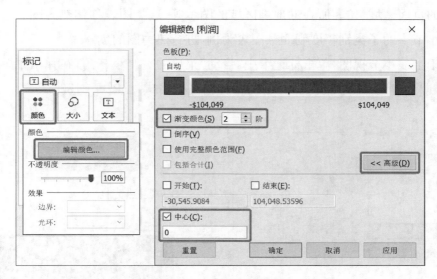

图 5-11　编辑颜色编码

子类别	订购日期			
	2012	2013	2014	2015
标签	$3,101	$3,230	$3,602	$5,055
存储	$15,930	$21,485	$31,993	$39,009
电话	$53,927	$45,223	$46,909	$70,658
电器	$22,820	$24,300	$41,443	$53,000
附件	$15,720	$33,507	$38,805	$41,594
复印机	$30,375	$51,843	$72,301	$104,049
设备	$9,225	$15,404	$15,612	$18,628
书架	$27,519	$28,137	$43,049	$63,219
系固件	$2,488	$3,526	$3,362	$4,471
信封	$4,763	$6,446	$9,440	$8,201
椅子	$29,943	$28,755	$40,449	$41,248
艺术	$10,383	$11,827	$15,625	$19,996
用具	$7,268	$9,645	$14,589	$15,343
用品	$4,580	$5,015	$5,609	$7,355
纸张	$10,531	$10,378	$16,668	$20,535
装订机	$11,444	$17,115	$21,520	$22,353
桌子	-$11,075	-$8,422	-$14,040	-$30,546

图 5-12　按正负进行颜色编码的文本表

3. 文本表-热力图

与颜色编码的文本表类似,通常我们会以特殊高亮的形式显示区块信息,诸如访客热衷的页面区域、访客所在的地理区域的图示等,这类图表称作热力图。这里我们以上一小节中的子类别年度利润额图表为例,进行热力图的创建。

基于上一小节视图,单击标记卡中"自动"菜单的右侧小三角,在弹出菜单中选择"方形",即可得到如下类似 Excel 中的条件格高亮格式,见图 5 - 13。

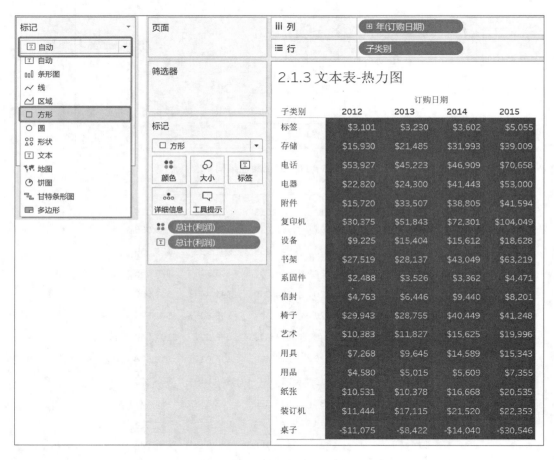

图 5 - 13　热力图基本样式

单击标记卡中的颜色按钮,单击"编辑颜色",在弹出框中,去掉勾选"渐变颜色"与"中心",即可得到如下热力图。颜色有橙色-灰色-蓝色,依次表示数值的大小,见图 5 - 14、图 5 - 15。

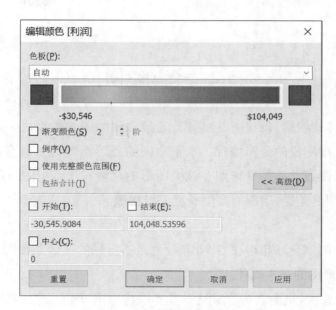

图 5 – 14　编辑热力图颜色

子类别	订购日期			
	2012	2013	2014	2015
标签	$3,101	$3,230	$3,602	$5,055
存储	$15,930	$21,485	$31,993	$39,009
电话	$53,927	$45,223	$46,909	$70,658
电器	$22,820	$24,300	$41,443	$53,000
附件	$15,720	$33,507	$38,805	$41,594
复印机	$30,375	$51,843	$72,301	$104,049
设备	$9,225	$15,404	$15,612	$18,628
书架	$27,519	$28,137	$43,049	$63,219
系固件	$2,488	$3,526	$3,362	$4,471
信封	$4,763	$6,446	$9,440	$8,201
椅子	$29,943	$28,755	$40,449	$41,248
艺术	$10,383	$11,827	$15,625	$19,996
用具	$7,268	$9,645	$14,589	$15,343
用品	$4,580	$5,015	$5,609	$7,355
纸张	$10,531	$10,378	$16,668	$20,535
装订机	$11,444	$17,115	$21,520	$22,353
桌子	-$11,075	-$8,422	-$14,040	-$30,546

图 5 – 15　文本表-热力图

5.2 条 形 图

条形图,又称柱状图、条状图、柱形图,是最常用的图表类型之一,通过垂直或水平的条形展示维度字段的分布情况。水平方向的条形图即为一般意义上的条形图,垂直方向的条形图通常称为柱形图。该类图形的优势在于,利用柱子的高度或条形的长度,反映数据的差异,肉眼对高度长度差异很敏感。

1. 条形图-基本

本小节以绘制该全球超市在各个国家/地区销售额的排名条形图为例,讲解利用Tableau 绘制条形图的基本操作。

新建一页工作表,重命名为"条形图-基本";将维度"国家/地区(Country)"拖至行功能区,将度量"销售额"拖至列功能区;Tableau 便会自动生成条形图,见图 5‒16。

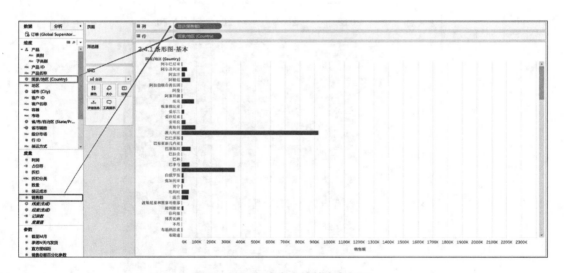

图 5‒16 自动生成的基本条形图

在数据集中,约包含 165 个国家/地区的数据,大量的数据,使得可视化效果并不是非常理想,这里我们通过 Tableau 的排序与筛选功能,仅选择呈现销售额排名前十的国家。

在行功能区中,右键单击字段"国家/地区(Country)"或左键单击其右侧小三角,在下拉菜单中选择排序,在弹出排序框中,选择排序顺序为"降序",排序依据为按"销售额"字段的"总计"聚合方式,见图 5‒17、图 5‒18。

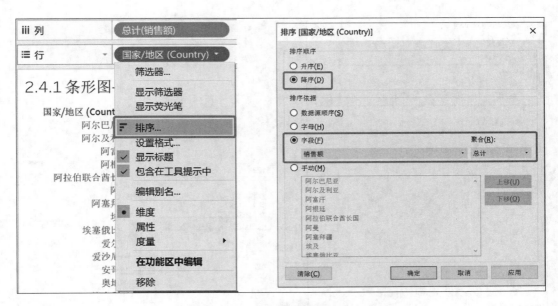

图 5-17　销售额降序排序

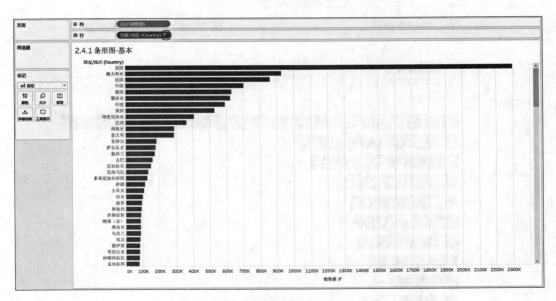

图 5-18　降序排序后的可视化条形图

　　从左侧数据窗口,将字段"国家/地区(Country)"拖至筛选器卡中,在弹出的筛选器框中,选择"顶部"选项卡,通过"按字段"方式筛选,选取"顶部 10",按照字段"销售额"的"总计"聚合方式,见图 5-19。

　　从左侧数据窗口,将度量"销售额"拖至标记卡中的标签按钮处,设置格式为零位小数,以千为单位的美元货币格式;则可在条形图的最右侧出现该格式标签,便于直观认识销售额前 10 位国家/地区的具体销售额数值,见图 5-20、图 5-21。

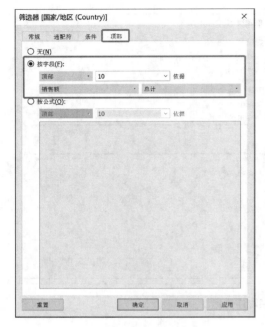

图 5-19 按销售额筛选

图 5-20 添加销售额标签

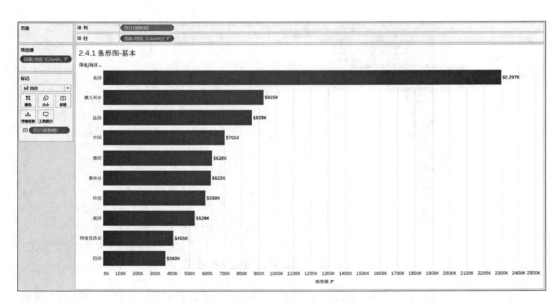

图 5-21 最终调整后的条形图

2. 条形图-并列

将条形图转换为垂直的格式，就是我们通常所称的柱形图。在数据可视化的过程中，通常希望反映出多维度对比的信息。之前我们仅呈现了国家/地区与销售额之间的二维关系。在本节，我们将绘制"各大市场的销售额、装运成本以及利润"的并列柱状图,来反映这三个主要指标在不同市场中的对比以及差异。

新建一页工作表,重命名为"条形图-并列";将维度"市场"拖至列功能区,将维度"度量名称"拖至列功能区,将度量"度量值"拖至行功能区;此时 Tableau 会将所有的度量值都列在视图中,每个度量值代表一个柱形,按市场分区展开,见图 5-22。

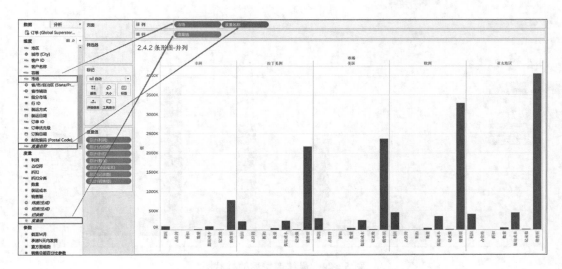

图 5-22　初始柱状图

在左侧下方度量值卡中,我们将除销售额、利润、装运成本以外的度量值全部移除,得到图 5-23。

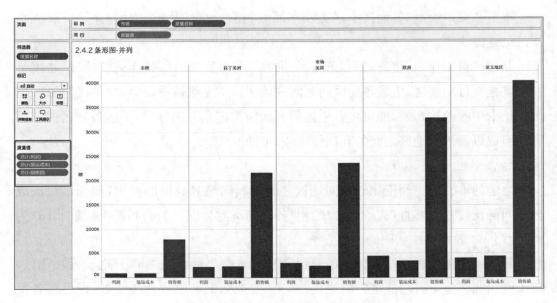

图 5-23　去除多余度量值的柱状图

从左侧数据窗口,将维度"度量名称"拖至标记卡中颜色按钮处;从左侧数据窗口,将度量"度量值"拖至标记卡中标签按钮处,并将字段"销售额""利润"以及"装运成本"的格式修改为零位小数、以千为单位的美元货币格式,见图5-24。

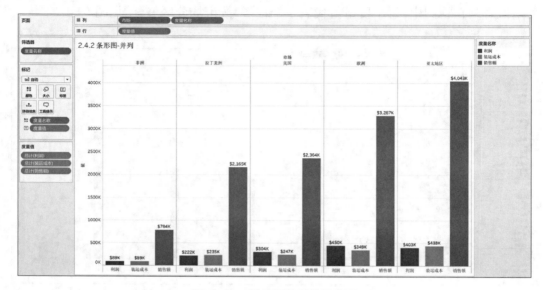

图5-24 最终调整后的柱状图

从该并列的柱状图中,既可了解各大市场的销售额、利润以及装运成本情况,也可进行横向之间的比较,掌握各大市场在该三个重要指标的异同优劣。

3. 条形图-堆叠

本节主要以绘制"各地区不同类别产品的利润分布柱状图"为例,介绍堆叠柱状图的创建方法。

新建一页工作表,重命名为"条形图-堆叠";将维度"地区"拖至列功能区,将度量"利润"拖至行功能区,生成各地区的利润柱状图。从左侧数据窗口,将维度"类别"拖至标记卡中颜色按钮处,即可将各地区的利润额按产品类别分层,了解各地区的产品利润组成以及不同地区之间的利润额比较,见图5-25。

4. 条形图-堆叠100%

之前的堆叠图更利于比较不同地区之间的利润绝对数值的差别,而利润组成成分之间的比较并不够直观。本节以绘制"各市场不同类别产品的利润组成柱状图"为例,介绍100%堆叠柱状图的创建方法。

新建一页工作表,重命名为"条形图-堆叠100%";将维度"市场"拖至列功能区,将维度"利润"拖至行功能区。将维度"类别"拖至标记卡中颜色按钮处,即可将各市场的利润额按产品类别分层,生成堆叠柱状图,见图5-26。

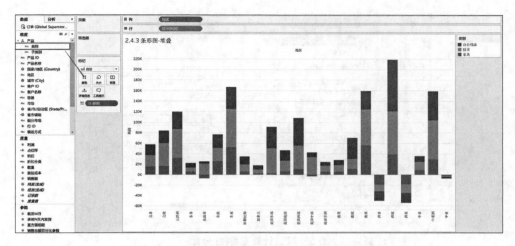

图 5‒25　各地区不同类别产品的利润分布柱状图

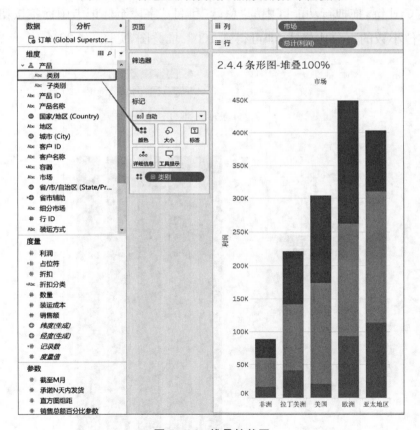

图 5‒26　堆叠柱状图

　　在行功能区中,右键单击"总计(利润)"或左键单击其右侧小三角,在下拉菜单中单击"添加表计算",在弹出的表计算窗口中,选择"总额百分比"的计算方式,"表(向下)"的计算依据,即可在各地区内计算总额百分比,见图 5‒27。

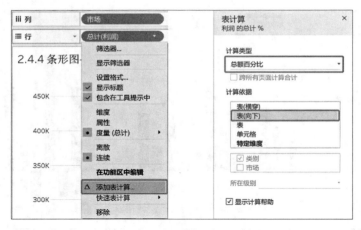

图 5‑27　计算总额百分比

　　按住 Ctrl 键,拖拽行功能区中的"总计(利润)"字段至标记卡中标签按钮处,并设置其为零位小数的百分比格式,即可得到 100％堆叠图,见图 5‑28。

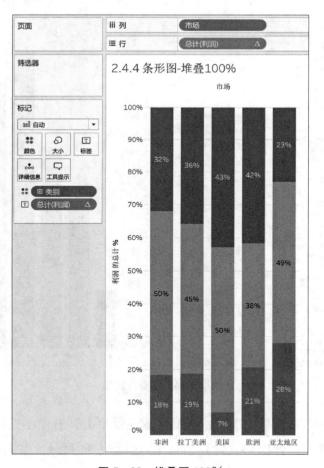

图 5‑28　堆叠图 100％

从图中可以非常直观地观察得出各市场中利润组成占比。如美国市场的利润总
额中,家具类产品仅占有 7% 比重的利润额;并就 5 个市场而言,技术类产品的利润额
都占据主导地位。

5.3　树　状　图

树状图,顾名思义,把这种图表中的数据想成一棵树:每根树枝都赋予一个矩形,
代表其包含的数据量。每一矩形再细分为更小的矩形(或者分枝),仍然以其相对于整
体的比例为依据。通过各个矩形的大小和色彩,往往可以在数据的各个部分间看到某
些模式,例如某个特定项目是否相关。树形图还能有效利用空间,便于一目了然地看到
整个数据集。通常以相对于整体的比例显示分层数据时,选择树状图进行数据可视化。

1. 树状图-基本

新建一页工作表,重命名为"树状图-基本";在标记卡中,将标记格式转换为"方
形";将维度"国家/地区(Country)"拖至标记卡中标签按钮处,将度量"销售额"拖至
标记卡中大小按钮处,则在视图中生成了大片矩形树状图,见图 5-29。

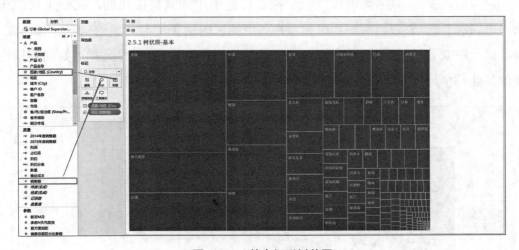

图 5-29　基本矩形树状图

在左侧数据窗口中,将维度"市场"拖至标记卡中颜色按钮处;则视图中根据五大
市场被分割成五块大树形,显示出市场与市场之间的销售额关系,以及各大市场层级
下各个国家在市场内所占的份额。

同时,在左侧数据窗口中,将度量"销售额"拖至标记卡中标签按钮处,并设置格
式为零位小数、以千为单位的美元货币格式,则可得到图 5-30。

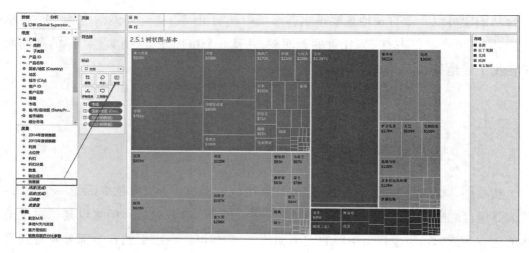

图 5-30　分市场树状图

树状图并不一定需要按层级表示,反映整体的比例显示分层数据,我们同样可以利用不同的颜色以及大小信息来反映不同维度的数据。

基于以上创建的基本树状图,我们将标记卡中的字段"国家/地区(Country)"以及"市场"移除,从左侧数据窗口中,将维度"地区"拖至标记卡中标签按钮处。

从左侧数据窗口中,将度量"利润"拖至标记卡中的颜色按钮处。在新生成的树状图中,我们可以直观地观察到该超市在各个地区内销售额与利润的信息。如西亚、西非以及中亚处于亏本状态;东南亚销售额虽然非常高,但盈利情况并不如同等销售额的其他几个地区,见图 5-31。

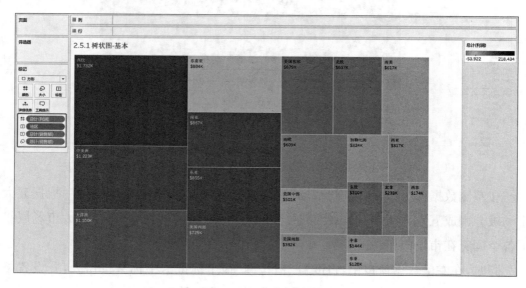

图 5-31　分地区树状图

2. 树状图-气泡

气泡图是树状图的一种变式,它将数据显示为圆形群集,而不是树状形式。维度字段中的每个值表示一个圆,而度量值表示这些圆的大小。气泡图不着重强调分层数据与整体的关系,而强调视觉上的直观感受,更多是定性的判断,而非定量。

新建一页工作表,重命名为"树状图-气泡";在标记卡中,将标记格式转换为"圆";将维度"国家/地区(Country)"拖至标记卡中标签按钮处,将度量"销售额"拖至标记卡中大小按钮处,则在视图中生成了大片圆形集群,见图 5-32。

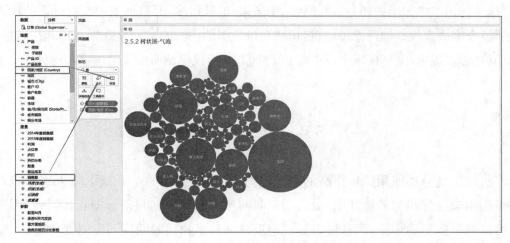

图 5-32　基本气泡图

在左侧数据窗口中,将维度"地区"拖至标记卡中颜色按钮处,则完成了气泡图的构建。由直观视觉认知不难发现,在众多地区的许多国家中,法国、澳大利亚、美国、中国的销售额位居前列,是该全球超市的主要客户,见图 5-33。

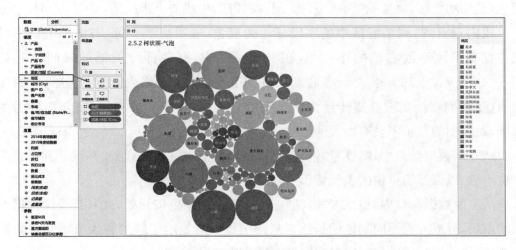

图 5-33　按颜色区分地区的气泡图

3. 树状图-词云

词云,又称文字云。简单来说就是对网络文本中出现频率较高的"关键词"予以视觉上的突出,形成"关键词云层"或"关键词渲染",从而过滤掉大量的文本信息,使浏览网页者只要一眼扫过文本就可以领略文本的主旨。该全球超市的订单数据中,并不包含大量的文本类信息,在本小节中,将利用中国国内省、市、自治区进行简单的词云绘制。

新建一页工作表,重命名为"树状图-词云";在标记卡中,将标记格式转换为"文本";将维度"省/市/自治区(State/Province)"拖至标记卡中标签按钮处,将度量"销售额"拖至标记卡中大小按钮处;由于数据中国家/地区过多,而数据集中没有合适的度量能够将众多国家很好地过滤掉,直接构造全量数据的词云的可视化效果并不理想,这里我们将维度"国家/地区(Country)"拖至筛选器卡中,仅保留所需要的国家和地区。

5.4 折线图

折线图是一种使用频率很高的图形,它是一种以折线的上升或下降来表示统计数量的增减变化趋势的统计图,最适用于时间序列的数据。与条形图相比,折线图不仅可以表示数量的多少,而且可以直观地反映同一事物随时间序列发展变化的趋势。

1. 折线图-基本

本小节以分析"该全球超市在 2012 年至 2015 年间的销售额变化趋势"为例,讲解绘制基本折线图的方法。

新建一页工作表,重命名为"折线图-基本";从左侧数据窗口中,将日期"订购日期"拖至列功能区,将度量"销售额"拖至行功能区,生成如下折线图,见图 5-34。

我们观察到,列功能区中的字段显示为蓝色,表示离散变量,右键单击该字段或左键单击该字段右侧的小三角,在下拉菜单中,有两部分类似的时间格式如图 5-35 所示,上部方框表示离散型的日期变量,下部方框表示连续型的日期变量,这里我们将该离散日期转换为连续型的日期,选择下部方框中的"年"(两者的选择,对视图的显示不会有太大的影响)。

从左侧数据窗口中,将度量"销售额"拖至标记卡中标签按钮处,并设置其格式为一位小数、以百万为单位的美元货币格式,见图 5-36。

从左侧数据窗口中,将维度"市场"拖至标记卡中颜色按钮处,此时折线图根据不同的市场,分成五根不同颜色的折线。从图中可以清楚地了解到各大市场每年的销售总额,并能观察其销售额随时间序列发展变化情况,见图 5-37。

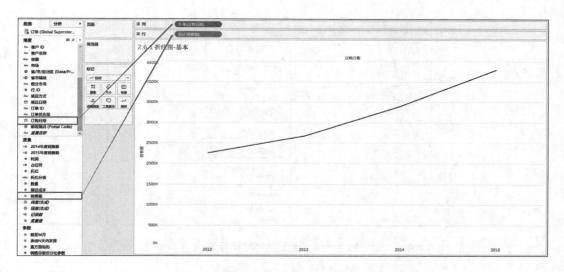

图 5 - 34　基本折线图

图 5 - 35　转换离散数据为连续数据

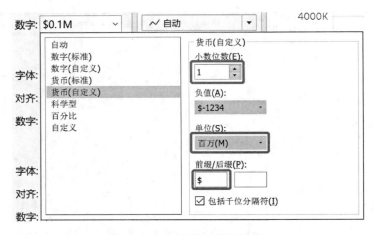

图 5 - 36　设置销售数据标签

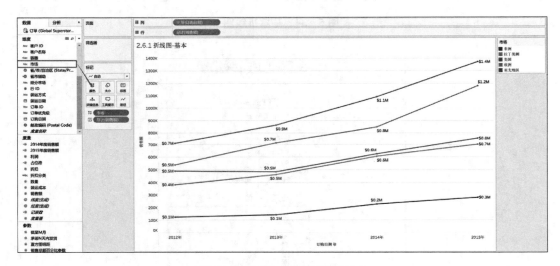

图 5 - 37　分市场销售额折线图

该全球超市在世界范围内的五大市场中,整体的销售额都是呈现积极上扬的态势。以亚太地区和欧洲市场为代表,美国市场在 2012 年至 2013 年间稍示疲软甚至与去年持平,但后续两年间的销售总额依旧强势拉升。

2. 折线图-哑铃图

在进行数据分析时,时间维度的分析必不可少,折线图往往是上佳之选。但我们也往往纠结于如何把多个维度展现得直观易懂,不至于版面凌乱。当面对较多的维度信息,将多条折线绘制在同一视图中,往往是下下之举,这里我们通过介绍一种折线图的变式——哑铃图,来提供一种新的折线图可视化思路。哑铃图是一种类似哑铃形状的图表,既美观,又可以清晰地比较不同时间序列的数据变化情况。以分析"各子类别产品的年度销售情况趋势"为例。

　　新建一页工作表,重命名为"折线图-哑铃图";从左侧数据窗口中,将维度"子类别"拖至行功能区,将度量"销售额"拖拽两份至列功能区,形成标记卡分区;在标记卡"总计(销售额)"中,将标记类型设置为"线";在标记卡"总计(销售额)(2)"中,将标记类型设置为"圆",见图 5 - 38。

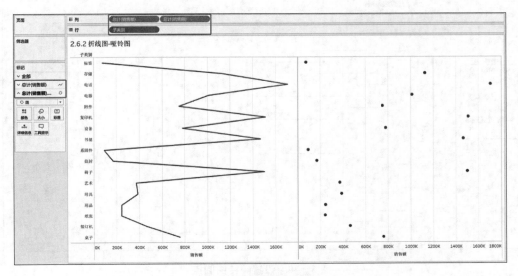

图 5 - 38　哑铃图准备工作

　　在标记卡"总计(销售额)"中,将维度"订购日期"拖至该标记卡中路径按钮处,该折线会转变为多行横线;在标记卡"总计(销售额)"中,将维度"订购日期"拖至该标记卡中颜色按钮处,该线段会填充上不同颜色,见图 5 - 39。

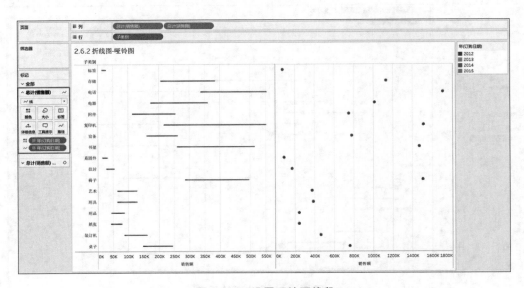

图 5 - 39　设置哑铃图线段

在标记卡"总计(销售额)(2)"中,将维度"订购日期"拖至该标记卡中颜色按钮处,视图中的圆点会分裂成不同年份的彩色圆点;在标记卡"总计(销售额)(2)"中,单击该标记卡中大小按钮,对于圆点的大小进行适当的调整,见图5-40。

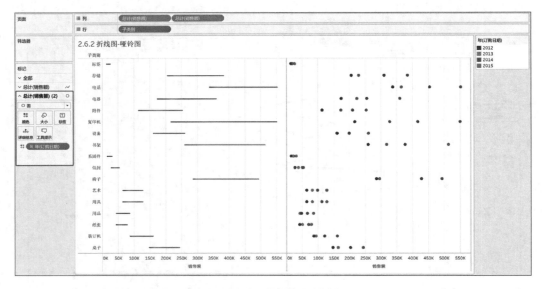

图 5 - 40　设置哑铃图圆点

在列功能区,右键单击第二个度量"总计(销售额)"或左键单击其右侧小三角,在弹出菜单中选择"双轴",将左侧的线段视图和右侧的圆点视图合并,得到哑铃图,见图5-41。

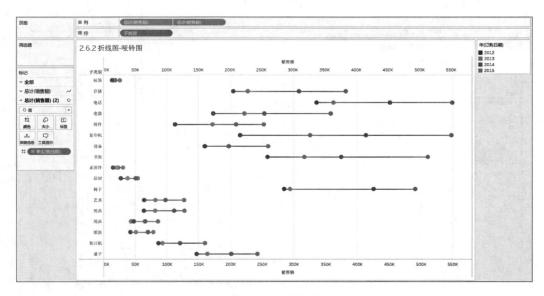

图 5 - 41　生成哑铃图

对于即便是有 17 个子类别的数据,我们也能够通过这种折线图将其美观而清晰地反映出来,对于该全球超市各个子类别产品的年度销售额、年度增长幅度,以及横向的比较情况都一目了然。

5.5　组　合　图

组合图,是在同一个表中分别用两个纵轴标记不同数据类型或数据范围的图。在上一节的视图创建中,很多视图已经用到了"组合"的原理与功能。本节会针对两种不同的分析案例,集合典型的两种组合图进行分析。

1. 组合图‑基本

本小节以分析"该全球超市 2015 年各月销售额即利润率情况"为例,讲解绘制基本组合图的方法。

新建一页工作表,重命名为"组合图‑基本";右键单击左侧数据窗口空白处,在弹出菜单中单击"创建计算字段",键入下图信息,得到计算字段"利润率",见图 5‑42。

图 5‑42　创建利润率字段

在左侧数据窗口中,将维度"订购日期"拖至筛选器卡中,在弹出窗口中选择"年",单击"下一步",在筛选器窗口中,仅勾选"2015",单击"确定",见图 5‑43。

在列功能区,右键单击维度"年(订购日期)"或左键单击其右侧小三角,在下拉菜单中选择上部的"更多",单击"自定义";在弹出的自定义日期窗口中,选择"年/月",见图 5‑44。

在左侧数据窗口中,将度量"销售额"和"利润率"拖至行功能区,在左侧标记卡中,将标记卡"总计(销售额)"的标记类型修改为"条形图",见图 5‑45。

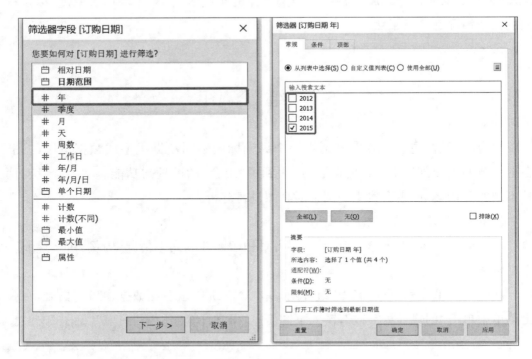

图 5 - 43 筛选字段

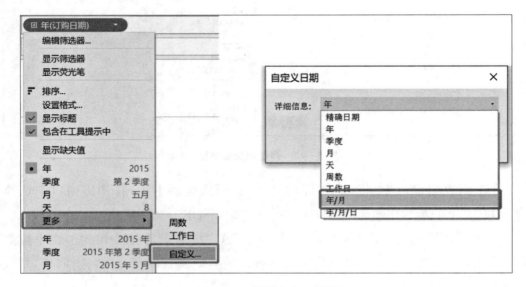

图 5 - 44 设置自定义日期

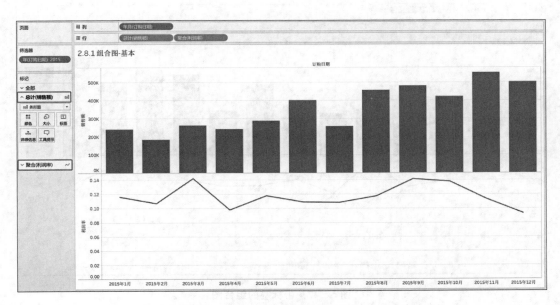

图 5 - 45　初始组合图

在左侧数据窗口中,将度量"销售额"拖至标记卡"总计(销售额)"中标签按钮处;并设置格式为零位小数、以千为单位的美元货币格式;再单击该标记卡下标签按钮,在弹出的窗口中,将"对齐"设置为"中部",见图 5 - 46。

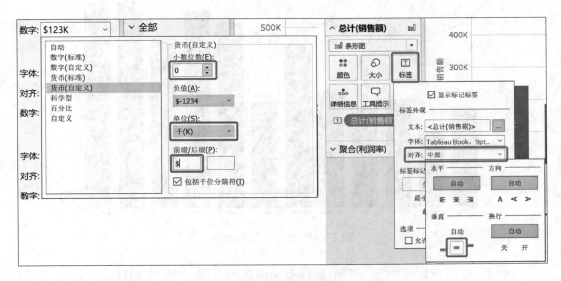

图 5 - 46　设置标签格式

在左侧数据窗口中,将度量"利润率"拖至标记卡"聚合(利润率)"中标签按钮处;并设置格式为一位小数的百分比,得到图 5 - 47。

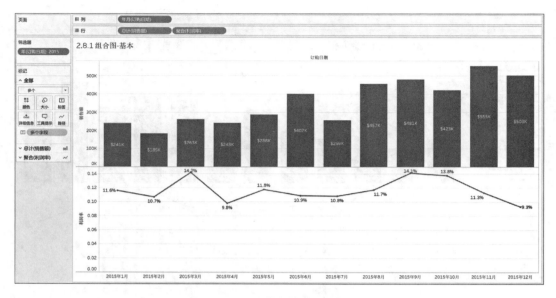

图 5 - 47 带标签的组合图

在行功能区中,右键单击度量"聚合(利润率)"或左键单击其右侧小三角,在下拉菜单中选择"双轴",将条形图和折线图进行合并,得到图 5-48。

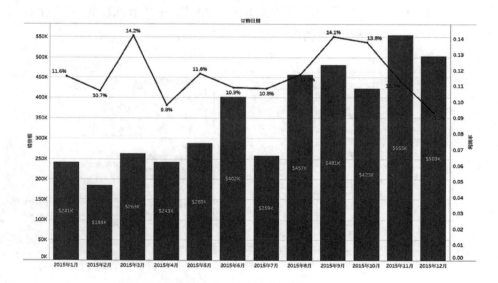

图 5 - 48 修改后的组合图

我们也可以在标记卡"全部"中进行不同颜色的分配,如销售额柱为"蓝色",利润率折线为"橙色",见图 5-49。

通过观察这个组合图,可以清晰地看到该全球超市各月的销售额以及利润率走势,是构建绩效追踪仪表盘的优良之选。

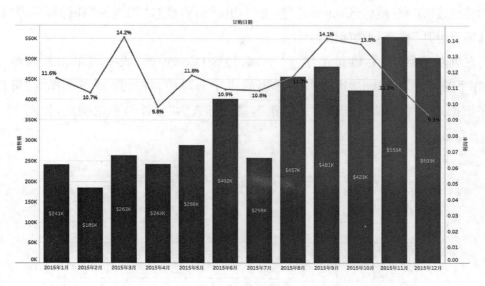

图 5 - 49　修改颜色

2. 组合图-帕累托初级

帕累托图是按照一定的类别根据数据计算出其分类所占的比例,用从高到低的顺序排列成举行,同时展示比例累计和的图形,主要用于分析导致结果的主要因素。帕累托图与帕累托法则(又称为"二八原理",即 80% 的结果是 20% 的原因造成的)一脉相承,通过图形体现两点重要的信息:"至关重要的极少数"和"微不足道的大多数"。

新建一页工作表,重命名为"组合图-帕累托初级";右键单击左侧数据窗口空白处,在弹出的菜单中单击"创建计算字段",键入下图信息,生成计算字段"销售额总额百分比",见图 5 - 50。

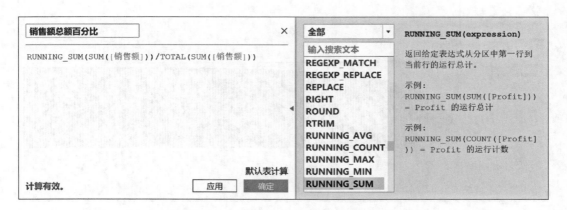

图 5 - 50　创建字段-销售额总额百分比

将维度"国家/地区(Country)"拖至列功能区,将度量"销售额"和计算字段"销售额总额百分比"拖至行功能区。

在列功能区中,右键单击维度"国家/地区(Country)"或左键单击其右侧小三角,在下拉菜单中,单击"排序";在弹出的排序窗口中,将排序顺序选择为"降序",排序依据选择"字段",并选择"销售额",聚合方式为"总计",单击确定,见图 5-51、图 5-52。

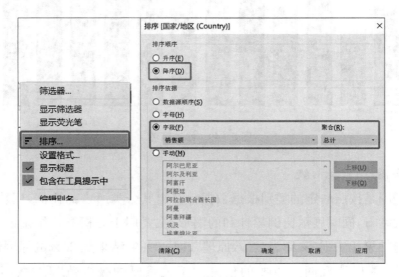

图 5-51 进行排序

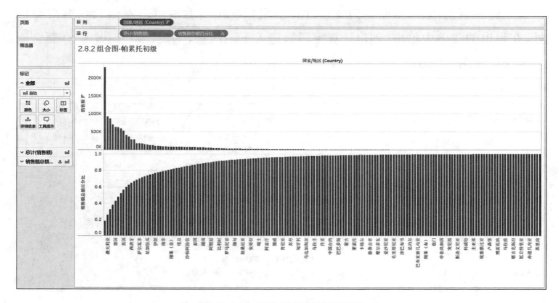

图 5-52 排序后的可视化双图

在标记卡"销售额总额百分比"中，将标记类型从"条形图"转换为"线"，见图 5-53。

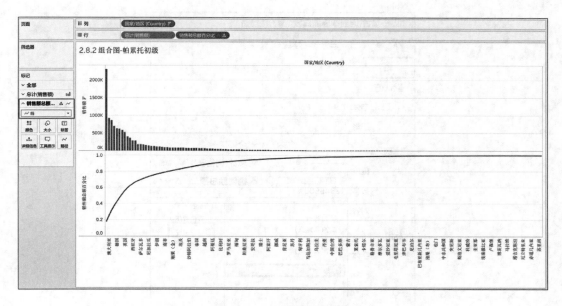

图 5-53　修改标记类型

在行功能区，右键单击计算字段"销售额总额百分比"或左侧单击其右侧小三角，在下拉菜单中选择"双轴"，将条形图与折线图合并，得到帕累托图雏形，见图 5-54。

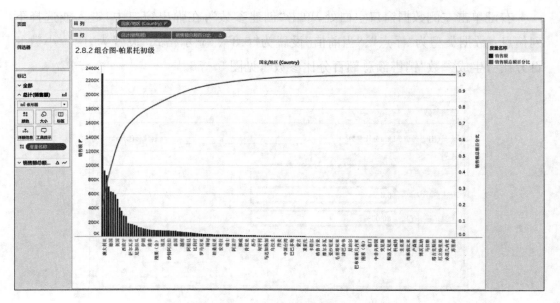

图 5-54　帕累托雏形

右键单击视图右侧轴,单击"设置格式",在左侧窗口中,选择"轴"选项卡,在"比例"部分,将数字格式设定为小数位数为零的百分比格式,见图5-55。

图5-55 编辑轴格式

右键单击左侧数据窗口空白处,单击"创建参数",在弹出窗口中,键入或选择下列信息:数据类型为"浮点"、"当前值"设置为"0.8"、"显示格式"设置为"两位小数的百分比";生成参数"销售额总额百分比参数",见图5-56。

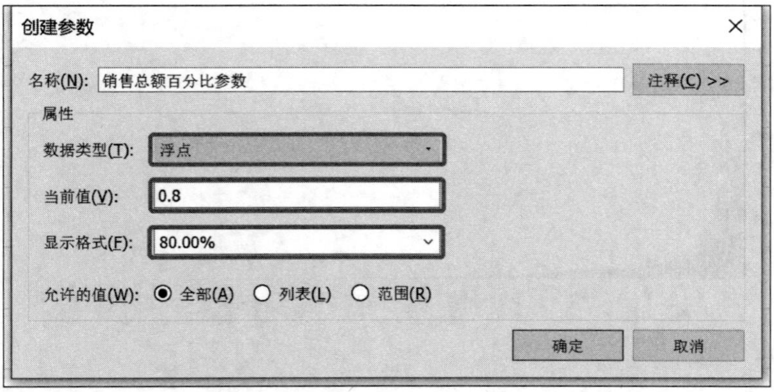

图5-56 创建参数

　　右键单击视图右侧轴,在弹出菜单中选择"添加参考线";在添加参考线窗口中,选择选项卡"线",将线的"值"选择为上步创建的参数"销售总额百分比参数",并将"标签"设置为"值",单击"确定",见图 5－57。

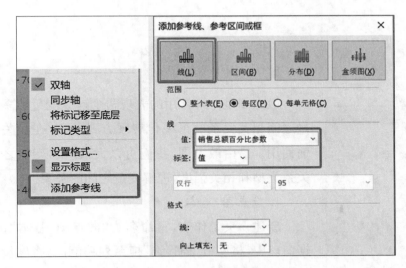

图 5－57　添加参考线

　　通过上述操作,则在视图中出现了一条 80％的横向参考线,是帕累托原则中的一条基准线。这是一个基本的帕累托图,根据帕累托原则,图中应该还有一条垂直的参考线表示"至关重要的极少数"的比例,该内容在此部分不做进一步绘制,见图 5－58。

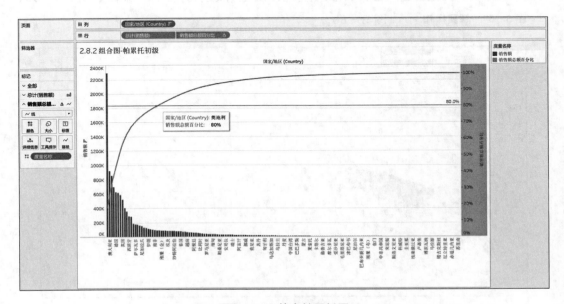

图 5－58　基本帕累托图

从图中可以得知,将 2012 年至 2015 年销售总额大于等于奥地利的国家的销售额全部加和,即能达到该全球超市 4 年内销售总额的 80%;也就是说销售额大于等于奥地利的国家,是该全球超市客户中"至关重要的极少数"。

5.6　散　点　图

分析(A)	地图(M)	设置格式(O)
显示标记标签(H)		
✓ 聚合度量(A)		
堆叠标记(M)		▶
查看数据(V)...		
显示隐藏数据(R)		
百分比(N)		▶
合计(O)		▶
预测(F)		▶
趋势线(T)		▶
特殊值(S)		▶
表布局(B)		▶
图例(L)		▶
筛选器(I)		▶
荧光笔(H)		▶
参数(P)		▶
创建计算字段(C)...		
编辑计算字段(U)		▶
周期字段(E)		
交换行和列(W)	Ctrl+W	

图 5-59　解聚操作

散点图是一种常用的表现两个连续变量或多个连续变量之间相关关系的可视化展现方式,通常在相关性分析之前使用。借由散点图,我们可以大致看出变量之间的相关关系类型和相关强度,理解变量之间的关系。

1. 散点图-基本

新建一页工作表,重命名为"散点图-基本";在左侧数据窗口中,将度量"销售额"拖至列功能区,将度量"利润"拖至行功能区。

在上部菜单栏中,单击"分析",在下拉菜单中单击"聚合度量",去掉前部的对勾符号。Tableau 默认的是进行聚合运算,在绘制散点图时,我们要将所有个体都展开,以点的形式呈现在图上,故进行"解聚"操作,见图 5-59、图 5-60。

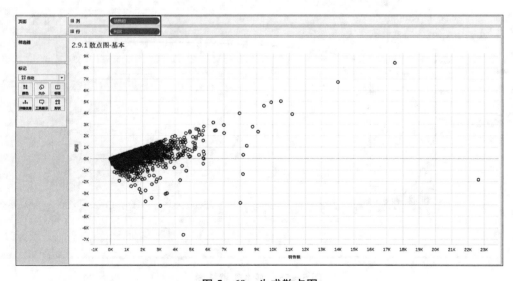

图 5-60　生成散点图

我们将该全球超市中的每一条交易记录都以一个圆点的形式呈现在散点图中,展示了该全球超市在四年内所有订单中销售额与利润的关系。

此外,我们同样也可以按照聚合的方式来呈现散点图。在上部菜单栏中,单击"分析"按钮,再单击"聚合度量",将其勾上。此时散点图回复到最初一个点的状态。

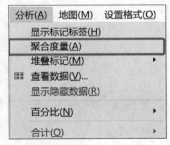

分析(A)	地图(M)	设置格式(O)
显示标记标签(H)		
聚合度量(A)		
堆叠标记(M)		▶
查看数据(V)...		
显示隐藏数据(R)		
百分比(N)		▶
合计(O)		▶

在左侧数据窗口中,将维度"国家/地区(Country)"拖至标记卡中详细信息处,则单个圆点分裂成以国家为单位的散点图,见图 5－61、图 5－62。

图 5－61　聚合度量

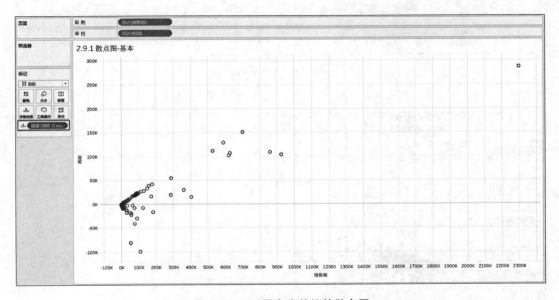

图 5－62　以国家为单位的散点图

右键单击最右上部的圆点,选择"添加注释",单击"标记...",此时会弹出注释内容的编辑窗口;Tableau 会自动根据在所有功能区中已经存在的维度而自动生成标记内容,用户可以根据自己实际需求而对注释进行编辑,见图 5－63。

同样对于离圆点集群距离较远的左下角的圆点进行标记,得到图 5－64。

将该全球超市在各个国家地区内的销售额和利润以散点的形式展开在图中,观察可得,该全球超市在美国的销售额和利润额都远超其他国家,是该全球超市非常关键的客户;而对于土耳其而言,该全球超市在其的销售额虽超过许多国家,但利润情况却处于负盈利状态,且亏损金额并不少。

2. 散点图-多维

上一小节对基本散点图的绘制进行了介绍,针对散点图,我们也可以利用颜色、

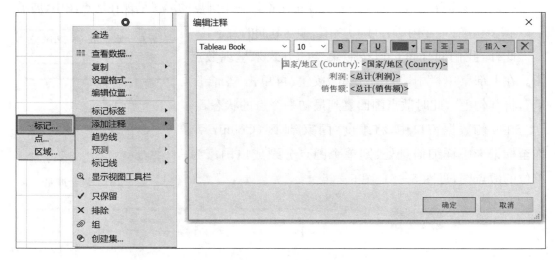

图 5-63 添加注释

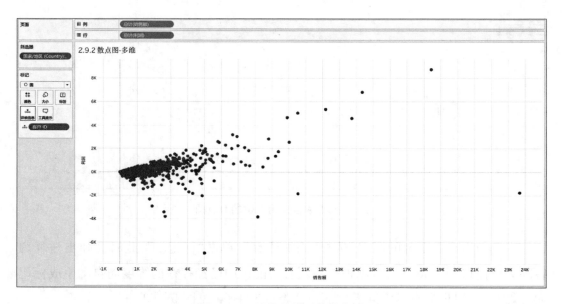

图 5-64 添加注释后的散点图

大小等的视觉元素来增加多维度的数据信息。本小节以分析该全球超市在美国的客户群中的折扣、装运成本、销售额以及之间的关系为例,讲解向散点图中添加多维度信息的方法。

新建一页工作表,重命名为"散点图-多维";将度量"销售额"拖至列功能区,将度量"利润"拖至行功能区;将维度"国家/地区(Country)"拖至筛选器卡中,并搜索"美国",仅勾选"美国",单击"确定",见图 5-65。

134

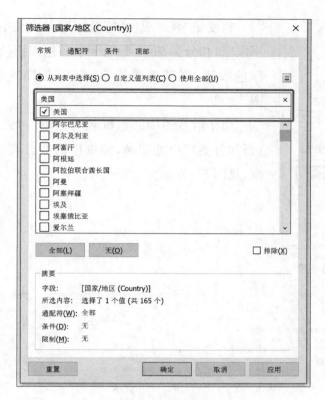

图 5-65　筛选国家

在标记卡中,将标记更换为"圆";将维度"客户 ID"拖至标记卡中详细信息按钮处,见图 5-66。

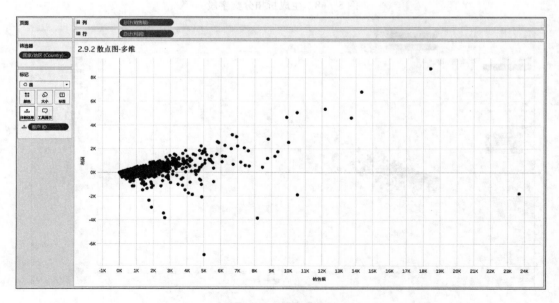

图 5-66　基本散点图

图 5 - 67　调节透明度

将度量"装运成本"拖至标记卡中大小按钮处；将计算字段"折扣分类"拖至标记卡中颜色按钮处；单击标记卡中颜色按钮，调节透明度至 80%，见图 5 - 67、图 5 - 68、图 5 - 69。

由于散点图中的点群较为密集，可以分别单击"聚合（折扣分类）"中的图例，使选中的部分高亮于图中进行观察，见图 5 - 70。

图 5 - 68　生成折扣分类字段

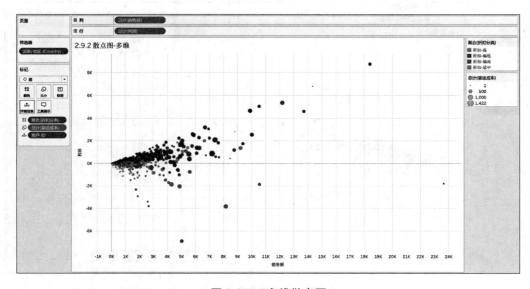

图 5 - 69　多维散点图

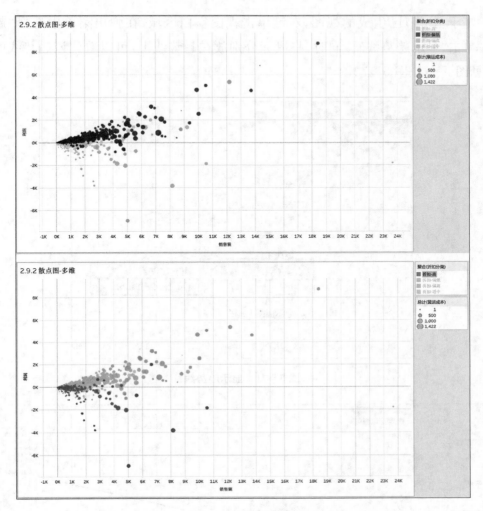

图 5 - 70　分类高亮

由此散点图可得,折扣分类与利润的关系较为明确,折扣力度偏低的点基本都位于散点图上部,而折扣力度大的基本位于散点图下方,且大多处于负盈利状态;就装运成本而言,偏大的圆点都位于散点图的右侧,即大额订单匹配于更高额的装运费用。

3. 散点图-预测

为了展示变量之间的相关关系和相关强度,我们可以利用 Tableau 向视图添加趋势线,此时 Tableau 将构建一个回归模型,即趋势线模型。通过趋势线模型可以对两个变量的相关性进行分析,通过相关系数及其显著性检验可以衡量相关关系的密切程度。显著性检验指两个变量之间是否真正存在显著的相关关系:只有显著性水平较高时,相关系数才是可信的;相关系数值越大,表示相关性越强。Tableau 内置了线性模型、对数模型、指数模型和多项式模型等趋势线模型。

基于上一节已生成的视图，右键单击视图空白区域，在弹出菜单中选择"趋势线"，单击"显示趋势线"。同时，将鼠标分别放在趋势线上，可以看到该趋势线的公式，见图 5-71、图 5-72。

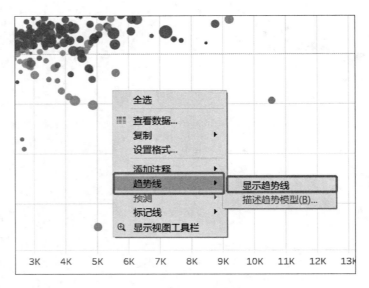

图 5-71　显示趋势线

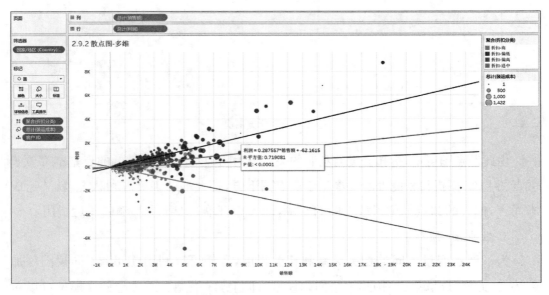

图 5-72　添加趋势线的多维散点图

右键单击视图空白处，在弹出菜单中选择"趋势线"，单击"描述趋势线模型"，可以在弹出的窗口中了解到该趋势线的显著性，即利润和销售额是否真正存在显著的趋势线所描述的相关关系，见图 5-73。

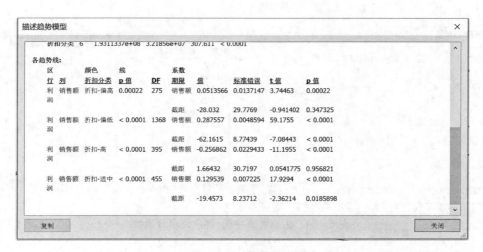

图 5 - 73　描述趋势模型

通常 p 值小于等于 0.05 时，则表明该模型有意义，即销售额于利润存在趋势线所描述的线性关系。由图 5 - 100 可知，各趋势线的 p 值都远小于 0.05，这表明，针对不同折扣力度的各条趋势线，都能较好地描述该折扣力度下销售额于利润的关系。

5.7　直　方　图

直方图由一系列高度不等的纵向条纹或线段表示数据分布的情况。一般用横轴表示数据类型，横轴宽度表示各组的组距，纵轴表示分布情况，代表每级样本数量的多少。为了构建直方图，通常第一步是将值的范围分段，即将整个值的范围分成一系列间隔，然后计算每个间隔中有多少值。这些值通常被指定为连续的、不重叠的变量间隔。间隔必须相邻，并且通常是（但不是必需的）相等的大小。

5.7.1　直方图-频数分布

本小节以分析"该全球超市客户订单频率分布"为例，讲解频数分布直方图的绘制方法。

新建一页工作表，重命名为"直方图-频数分布"；右键单击左侧数据窗口空白处，单击"创建计算字段"，键入下列信息，生成计算字段"客户订购订单数"，见图 5 - 74。（FIXED 函数用于固定其后所跟聚合函数的聚合维度，类似 SQL 中窗口函数的作用；如本计算字段表示：在每一个客户 ID 下，计算不同订单的计数量。）

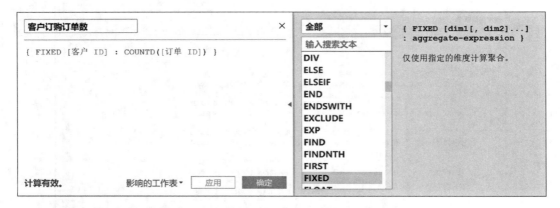

图 5 - 74　生成计算字段-客户订单订购数

在左侧数据窗口中,右键单击计算字段"客户订购订单数"或左键单击其右侧小三角,在下拉菜单中选择"创建",单击"数据桶"。在弹出的窗口中,键入"新字段名称"为"客户订单数分组","数据桶"大小修改为"1",单击"确定";在维度窗口中生成数据桶字段"客户订单数分组",该字段将值的范围分段,用于生成直方图横轴,见图 5 - 75。

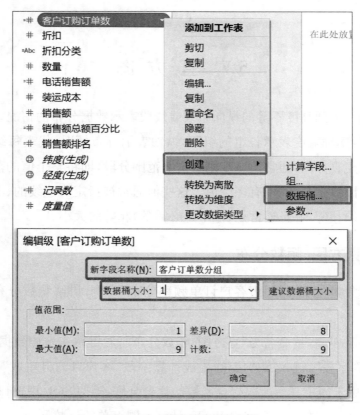

图 5 - 75　创建并编辑数据桶

右键单击左侧数据窗口空白处,单击"创建计算字段",键入下列信息,生成计算字段"客户数",见图 5-76。

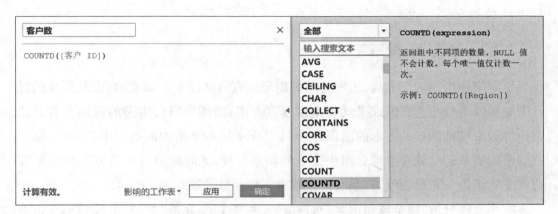

图 5-76　生成计算字段-客户数

在左侧数据窗口中,将数据桶字段"客户订单数分组"拖至列功能区;在左侧数据窗口中,将计算字段"客户数"拖至行功能区,以及标记卡中的标签按钮处。适当调节柱状宽度,得到如下频数直方分布图,见图 5-77。

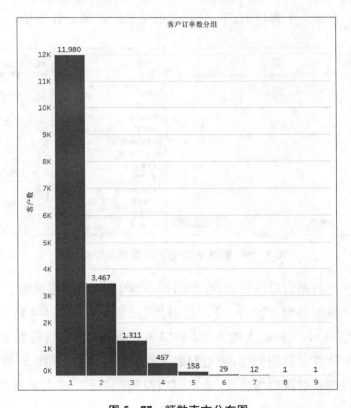

图 5-77　频数直方分布图

由该全球超市客户订单频率分布的频数直方分布图可知,客户订单数分组与客户数的分布呈现指数型分布;四年内该全球超市的一次性客户居多,约占总客户量17,416位的69%。

5.7.2　直方图-概率密度

以频率和组距的商为高、组距为底的矩形在直角坐标系上来表示,由此画成的统计图叫作频率分布直方图或平均频率密度直方图;该图中所有矩形的顶边与直方图两边界边及横轴围成的图形的面积等于1;当样本量不断增加而组距不断减小,每一组的平均频率密度就非常接近组中值处的频率密度,此时频率密度直方图的矩形顶边就非常接近一光滑曲线,该曲线就是频率密度函数曲线。

本小节以分析"该全球超市客户订购产品种类频率分布"为例,讲解频率分布直方图的绘制方法。

新建一页工作表,重命名为"直方图-概率密度";右键单击左侧数据窗口空白处,单击"创建计算字段",键入下列信息,生成计算字段"客户订购产品种类数";该计算函数会在后续章节中详细介绍,此处为了便于用户理解,做简单注释,见图5-78(该计算字段表示:在每一个客户ID下,计算其购买不同产品的计数量)。

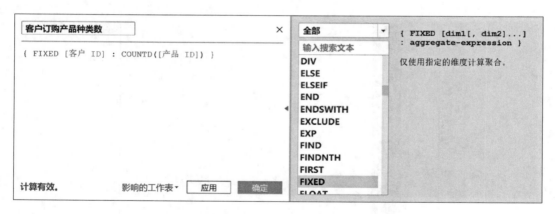

图 5-78　创建字段-客户订购产品种类数

右键单击左侧数据窗口空白处,在弹出的菜单中单击"创建参数",修改"名称"为"直方图组距","数据类型"为"浮点","当前值"设置为"2",并将"允许的值"选择为"范围",分别设置最小值和最大值为"0"和"100",单击"确定";得到参数"直方图组距",用于下一个计算字段的创建,为绘制概率密度图做准备,见图5-79。

右键单击左侧数据窗口空白处,单击"创建计算字段",键入下列信息,生成计算字段"频率/组距",见图5-80。

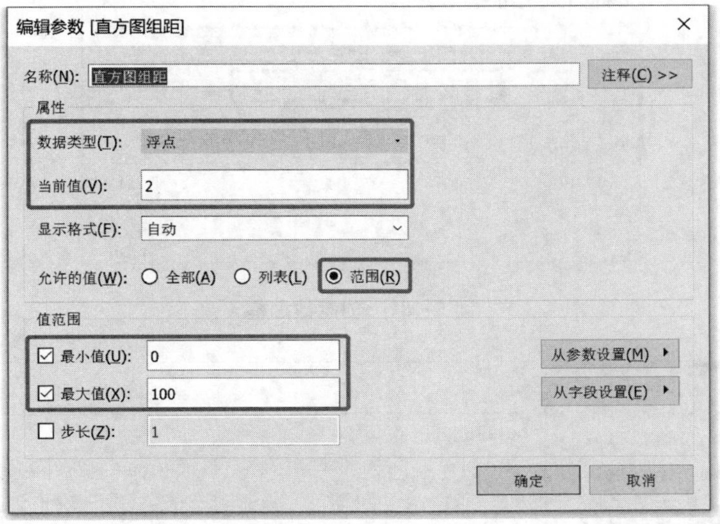

图 5-79　编辑参数

图 5-80　生成计算字段-频率/组距

　　右键单击左侧数据窗口种的计算字段"客户订购产品种类数"或左键单击其右侧小三角,在下拉菜单中选择"创建",单击"数据桶"。在弹出的窗口中,键入"新字段名称"为"客户订购产品种类数分组","数据桶"大小修改为参数"直方图组距",单击"确定";在维度窗口中生成数据桶字段"客户订购产品种类数分组",该字段将值的范围分段,用于生成直方图横轴,见图 5-81。

　　在左侧数据窗口中,将数据桶字段"客户订购产品种类数分组"拖至列功能区;在左侧数据窗口中,将计算字段"频率/组距"拖至行功能区。

　　由于数据桶字段默认生成的是区间的下级,为了避免误导读者或用户,右键单击下方轴,在弹出的菜单中单击"编辑别名",例如将"0"修改为"0-1","2"改为"2-3",以此类推,防止数据混淆,见图 5-82。

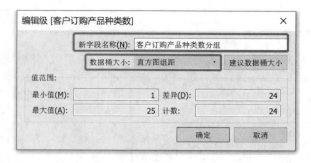

图 5-81　创建数据桶

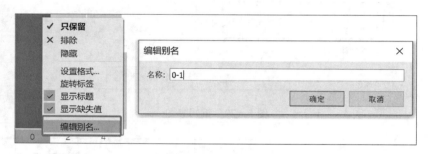

图 5-82　编辑别名

适当调节柱状宽度,得到如下频率分布直方图,见图 5-83。

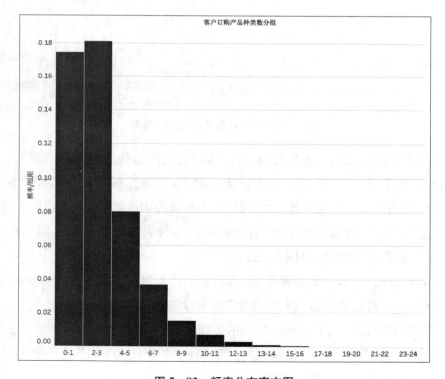

图 5-83　频率分布直方图

由该全球超市客户订单频率分布的频率直方分布图可知,客户订购产品种类数与客户数的分布类似卡方分布;寻求产品多样化的客户并不多,客户大多集中在订购过 1—3 类产品的区间内。

5.8　仪　表　盘

5.8.1　仪表板介绍

仪表板指显示在单一面板的多个工作表和支持信息的集合,它便于同时比较和检测各种数据,并可添加筛选器、突出显示、网页连接等操作,实现工作表之间层层下钻、更具交互性的工作成果展示。表 5-2 介绍了仪表板工作区中的主要部件。

表 5-2　仪表板工作区主要部件介绍

部 件 名 称	描　　　述
仪表板窗口	列出了在当前工作簿中创建的所有工作表,可以选中工作表并将其从仪表板窗口拖至右侧的仪表板区域中,一个灰色阴影区域将指示出可以放置该工作表的各个位置。在将工作表添加至仪表板后,仪表板窗口中会用复选标记来标记该工作表
仪表板对象窗口	包含仪表板支持的对象,如文本、图像、网页和空白区域。从仪表板窗口拖放所需对象至右侧的仪表板窗口中,可以添加仪表板对象
平铺和浮动	决定了工作表和对象被拖放到仪表板后的效果和布局方式。默认情况下,仪表板使用平铺布局,这意味着每个工作表和对象都排列到一个分层网格中。可以将布局更改为浮动以允许视图和对象重叠
布局窗口	以树形结构显示当前仪表板中用到的所有工作表及对象的布局方式
仪表板设置窗口	设置创建的仪表板的大小,也可以设置是否显示仪表板标题。仪表板的大小可以从预定义的大小中选择一个,或以像素为单位设置自定义大小
仪表板视图区	是创建和调整仪表板的工作区域,可以添加工作表及各类对象

在 Tableau 仪表板中,文本、图像、网页、空白等都可以被当作对象添加至仪表板中,以丰富展示内容,优化展示效果。

文本:通过文本对象,我们可以向仪表板添加文本块,以用于添加标题、说明等。文本对象将自动调整大小,以最佳的方式适应仪表板中的放置位置;用户也可以通过拖动文本对象的边缘手动调整其大小。默认情况下,文本对象是透明的,可以右击设置文本对象格式。

从左侧仪表板对象窗口中，拖拽文本对象至仪表板视图区；在弹出的窗口中键入"TABLEAU"，并修改字号为"24"，单击"加粗"以及"居中"符号，单击"确定"，则成功向仪表板视图区中添加了文本对象，见图 5‑84、图 5‑85 和图 5‑86。

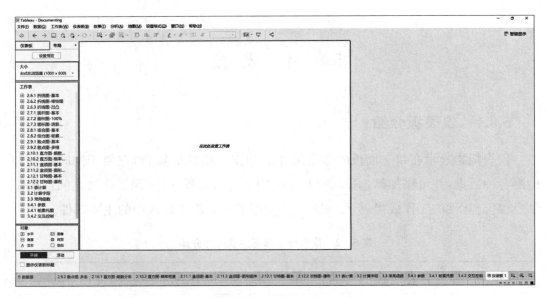

图 5‑84　仪表盘工作区

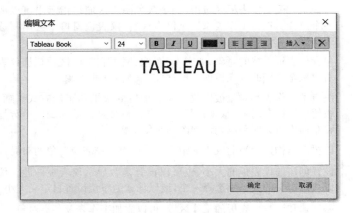

图 5‑85　编辑要添加的文本

图像：通过图像对象，我们可以向仪表板中添加静态图像文件，如 Logo 或描述性图表。在添加图像对象时，系统会提示从计算机中选择图像，此时可进一步调整图像的显示方式并允许为图像添加网页连接等。

从左侧仪表板对象窗口中，拖拽图像对象至仪表板视图区；在弹出的窗口中选择要添加的本地图片地址，单击"确定"，则成功向仪表板视图区中添加了图像对象，见图 5‑87。

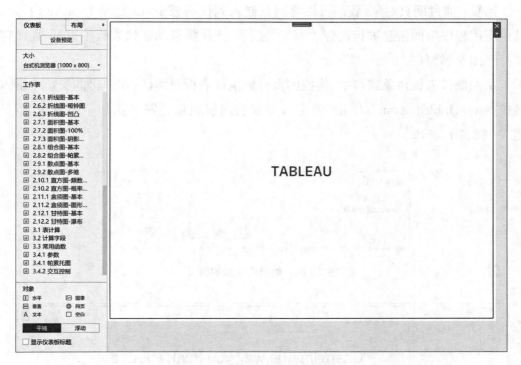

图 5 - 86　添加了文本的仪表盘

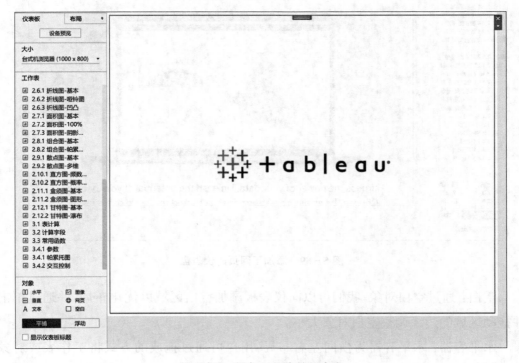

图 5 - 87　添加了图像的仪表盘

网页：通过网页对象，我们可以将网页嵌入到仪表板中，以便将 Tableau 内容与其他应用程序中的信息进行组合。添加完成后，连接将自动在仪表板中打开，而不需要打开浏览器窗口。

从左侧仪表板对象窗口中，拖拽网页对象至仪表板视图区；在弹出的窗口中键入链接"www.tableau.com"，单击"确定"，则成功向仪表板视图区添加了图像对象，见图 5‑88、图 5‑89。

图 5‑88　编辑要添加的网页

图 5‑89　添加了网页的仪表盘

空白：通过空白对象，我们可以向仪表板添加空白区域以优化布局，并通过单击并拖动区域的边缘调整空白对象大小。

水平容器：水平容器为横向左右布局，用户可通过拖放的方式将工作表或对象等添加至其中，添加完成后其宽度会自动调整，以均等填充容器宽度。

垂直容器：垂直容器为纵向上下布局，用户可通过拖放的方式将工作表或对象等添加至其中，添加完成后其高度会自动调整，以均等填充容器高度。

5.8.2　创建布局

利用在第 2 章中所创建的视图，我们进行仪表盘布局及内容的创建。

新建一页仪表板；将文本对象拖至视图区，当视图区为灰色阴影时，释放鼠标；在弹出的对话框中输入"某全球大型超市市场分析仪表板"，设置字体为"18""加粗"，并使其"居中"，见图 5 - 90。

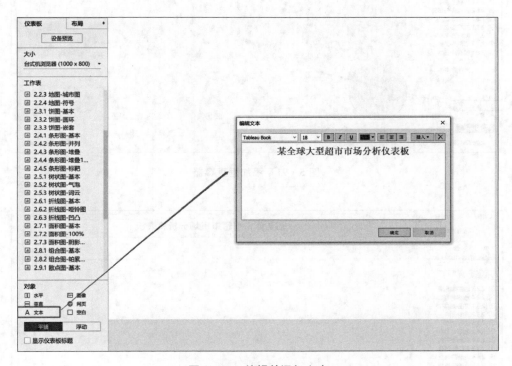

图 5‐90　编辑并添加文本

将垂直容器拖拽到视图区下方，至视图区一半呈现灰色阴影时，释放鼠标；得到上下切割的两块区域，见图 5 - 91。

拉动中间的分割线，将文本模块压缩变小，重复上一步操作，将下半部分的区域再按上下分割成两块区域，此时得到了 3 块垂直排列的视图块，见图 5 - 92。

将水平容器拖拽到视图区右上方，至视图区一半呈现灰色阴影时，释放鼠标；得到中部左右切割的两块区域，见图 5 - 93。

同样地，将水平容器拖拽到视图区右下方，至视图区一半呈现灰色阴影时，释放鼠标；得到下部左右切割的两块区域。

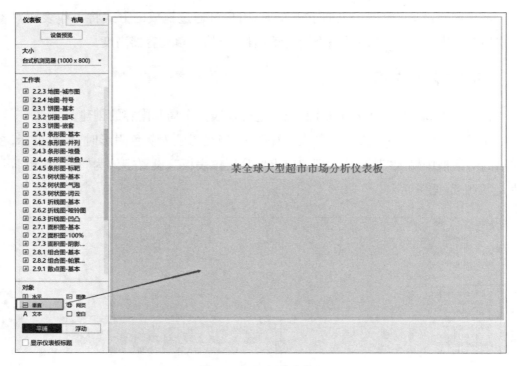

图 5‑91　添加垂直容器

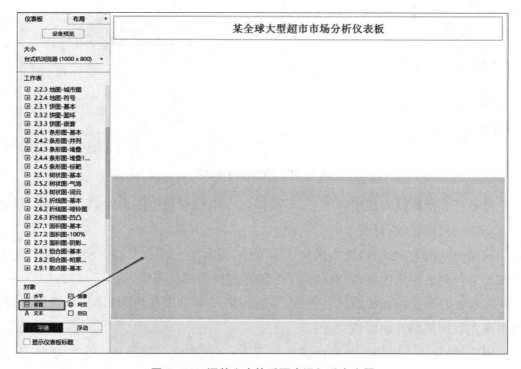

图 5‑92　调整文本块后再次添加垂直容器

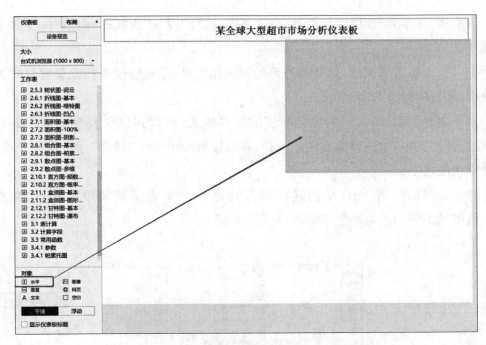

图 5 - 93　在上半区域添加水平容器

经过上述布局分割操作，我们已经将仪表板视图区分割成了如下图所示的结构，得到仪表板布局，见图 5 - 94。

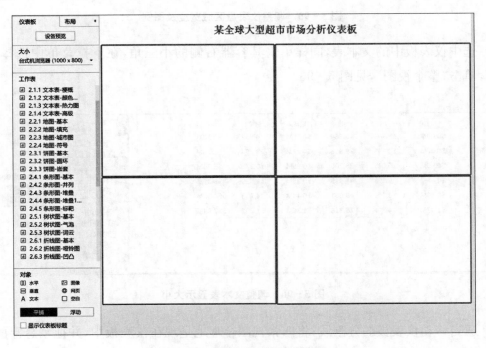

图 5 - 94　划分后的仪表盘布局

分别将"文本表-梗概""地图-填充""饼图-圆环"以及"折线图-凹凸"拖至对应的布局块中。

扩大仪表板区域宽度,以获得较好的可视化效果;在左侧仪表板设置窗口的大小模块中,将宽度修改为"1500px"。

对于右侧的图例,我们利用"浮动"的布局模式,使得其与仪表板中视图重合显示;在右侧图例中,单击容器右侧小三角,在下拉菜单中单击"浮动",此时两个图例已悬浮于视图之上。

对于悬浮的图例,同样单击其容器右侧的小三角,在下拉菜单中单击"取消容器",将市场图例与销售额色卡分离,见图5-95。

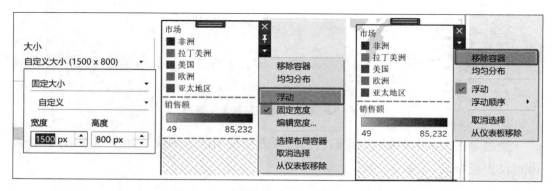

图5-95 调整仪表盘区域宽度及图例

选中仪表板中的文本表,同样单击其容器右侧的小三角,在下拉菜单中选择"适合",单击"整个视图",见图5-96。

市场	利润	平均值 折扣	数量	装运成本	记录数	销售额
非洲	$0.09M	15.7%	10,564	$0.09M	4,587	$0.78M
拉丁美洲	$0.22M	13.6%	38,526	$0.24M	10,294	$2.16M
美国	$0.30M	15.0%	38,706	$0.25M	10,378	$2.36M
欧洲	$0.45M	9.1%	41,919	$0.35M	11,729	$3.29M
亚太地区	$0.40M	18.1%	48,601	$0.44M	14,303	$4.04M
总计	$1.47M	14.3%	178,316	$1.36M	51,291	$12.64M

转到工作表(G)
复制工作表(P)
适合(F)
标题(I)
说明(C)
图例
筛选器(I)
荧光笔(H)
参数(E)
显示页面控件(A)
视图工具栏
用作筛选器(U)

标准(S)
适合宽度(W)
适合高度(H)
整个视图(E)

图5-96 调整文本表显示大小

适当移动仪表板的分割线,将四张视图合理地呈现在仪表板中,并拖动悬浮的图例至合适的位置,则得到相应的仪表板。

思考题

1. Tableau 支持绘制哪些类型的图表？

2. Tableau 仪表盘的作用是什么？

3. 在绘制可视化地图时，若部分国家地区信息未被 Tableau 正确识别匹配，我们该如何修正？

4. 对于数据源中未直接提供的数据（需根据现有数据计算得出），我们想直接在 Tableau 中处理，该如何操作？

5. 请简述哑铃图的作用和优点。

第 6 章
电话营销可视化分析示例

市场上,营销活动的数量在不断地激增,但每次营销的效果却截然不同,所以更精准、可衡量、高投入高回报的营销显得愈发重要。本章选用葡萄牙某银行针对其定期存款业务的市场营销活动进行一系列的分析,案例包括关于营销的客户行为数据以及一些宏观经济因素数据,通过实验组和对照组之间的用户画像比较,得到了一些影响客户转化率的重要结论。

6.1　案例数据

本节例子基于某银行的营销活动数据,目标是建立模型预测客户是否会响应电话营销,订阅该银行的定期存款产品,包含 3 000 个样本,每个样本包含 21 个属性,见表 6-1。

表 6-1　样本字段说明

字　　段	描　　述
年龄	客户年龄
职业	工作类型(行政,蓝领,企业家,家政,管理,退休,自由职业,服务业,学生,技术人员,失业人员,未知)
婚姻状况	婚否(离异/丧偶,已婚,单身,未知)
教育背景	学历(肄业,小学,初中,高中,专科,本科,未知)
信贷违约	有无信贷违约情况?(有,无,未知)
房贷情况	有无房屋贷款?(有,无,未知)
个人贷款	有无个人贷款?(有,无,未知)
联系方式	联系方式(手机,固定电话)

字　段	描　述
联系月份	上次联络月份
联系日	上次联络是一星期中的哪一天
最近一次电话营销时长	上次联络通话时长（以秒计算）
营销次数	本次营销活动联络次数
营销间隔	以前营销活动联络距离现在的时间（以天计算），值为 999 表明上次未联络
历史营销次数	以前营销活动联络次数
历史营销结果	以前营销活动响应情况（成功，失败，不存在）
就业变化率	就业变化率，季度指标
消费者价格指数	消费者价格指数，月度指标
消费者信心指数	消费者信心指数，月度指标
三月期欧元同业银行拆借利率	三月期欧元同业银行拆借利率，三月期利率，每日更新
定期存款认购	客户是否认购定期存款？（是，否）

6.2　连接数据源

打开 Tableau 客户端；在窗口左侧，选择连接到"Microsoft Excel"，见图 6-1。

图 6-1　链接数据源

弹出窗口,根据数据存放路径,选择要连接的 Excel 数据集。数据集的存放路径为:D:\data\marketing_cn\marketing.xlsx。连接建立后,将左侧中的"数据"选项卡中的内容拖拽到右侧提示处,见图 6-2、图 6-3。

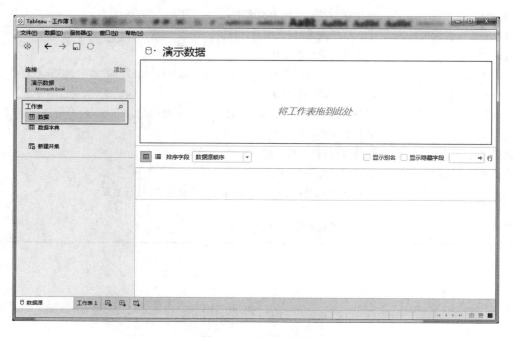

图 6-2　拖入数据表

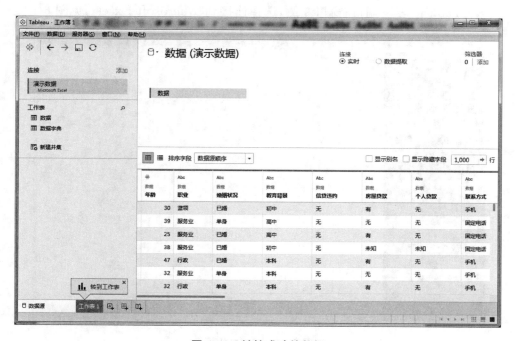

图 6-3　链接成功的数据

6.3　用户画像

比较两个对照组的属性时,我们希望将所有度量值都呈现在视图中,以进行一个较为全面的画像比较。

首先,右键"年龄",根据弹出菜单,将其"转换为度量",见图6-4。

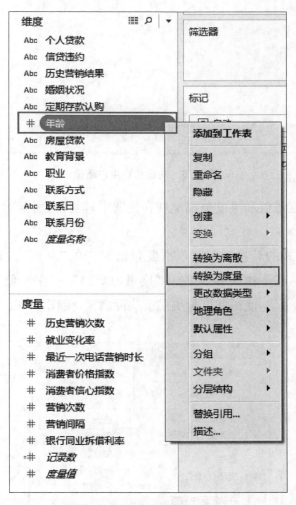

图6-4　将维度转换为度量

在维度窗口中,选择字段"度量名称",将其拖拽至列功能区上;在维度窗口中,选择字段"定期存款认购",将其拖拽至行功能区上;在度量窗口中,选择字段"度量值",将其拖拽至标记卡中的文本控件上,见图6-5。

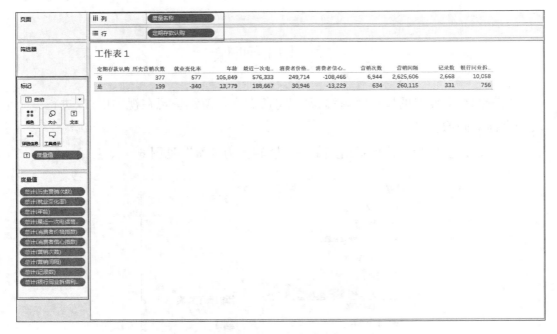

图 6-5　构建初始用户画像

此时,所有的度量值和维度值都呈现在视图中,但我们需要对部分度量值进行一定的修正。

度量值聚合方式的转换:左键单击度量值卡中的"总计(最近一次电话营销时长)"右侧的小三角,在下拉菜单中,选中"度量(总计)"→"平均值",将此变量的聚合方式由总计转换为平均,使得此度量更贴合实际意义,见图 6-6。

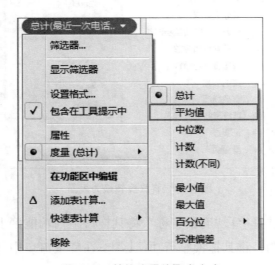

图 6-6　转换度量值聚合方式

同理,将"总计(年龄)""总计(营销次数)""总计(营销间隔)""总计(历史营销次数)""总计(就业变化率)""总计(消费者价格指数)""总计(消费者信心指数)"和"总计(银行同业拆借利率)"转换为平均值聚合方式的度量。

度量值格式的设置:左键单击度量值卡中的"平均值(银行同业拆借利率)"右侧的小三角,选中设置格式,见图 6-7。

图 6-7　设置度量值格式

工作区左侧会显示度量值的当前格式,我们根据需要进行一定的修改,例如将拆借利率的格式由数字转换为百分比(原始数据中,拆借利率呈现为直接去除百分比号的数值型变量,而非数值与百分比的换算,故此处做添加后缀操作,而未选择百分比),见图 6-8。

定期存款认购	平均值 历史营..	平均值 就业变化率	平均值 年龄	平均值 最近一..	平均值 消费者..	平均值 消费者..	平均值 营销次数	平均值 营销间隔	记录数	平均值 银行同..
否	0	0	40	216	94	-41	3	984	2,668	3.77%
是	1	-1	42	570	93	-40	2	786	331	2.28%

图 6-8　将拆借利率的格式转换为百分比

同理,将"平均值(营销次数)""平均值(历史营销次数)""平均值(就业变化率)""平均值(消费者价格指数)"和"平均值(消费者信心指数)"转换为 2 位小数的度量值。

按照度量值之间的联系,在度量值选项卡中,通过拖拽,调整显示顺序,如主观营销行为的度量放在一起,宏观经济因素的度量放在一起,将选项卡更名为"用户画像"。得到第一张视图,见图 6-9。

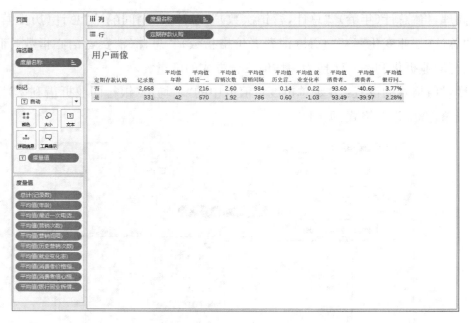

图 6-9　用户画像

6.4　客户群的年龄分布

针对不同年龄段的客户群体，可以考虑将年龄分级为不同的年龄组，对各年龄组客户群体进行统计，并观察与转化率之间的关系。

新建工作表 2，在数据窗口中选择度量"年龄"，单击鼠标右键，在菜单中选择"创建"→"数据桶"，见图 6-10。

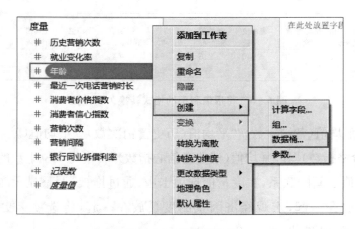

图 6-10　创建数据桶

在弹出的"编辑级"窗口中,编辑数据桶大小,即确定组距。可以直接填如桶大小(例如 10),也可创建新的参数,形成常量值的动态占位符。此处,我们选择创建一个参数。参数创建,设置"当前值"为 10,允许的值选择"范围",最小值为 1,最大值 20,步长 1,名称"年龄组组距",单击确定,即可得到一个年龄组距的参数。弹回"编辑级"窗口,见图 6-11。

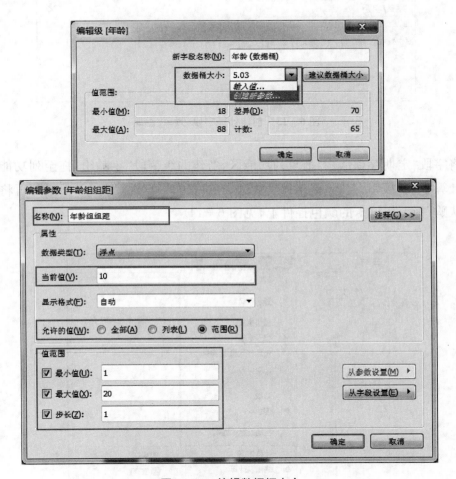

图 6-11 编辑数据桶大小

新字段名称编辑为"年龄",再单击"编辑级"窗口中的"确定",得到一个新的维度变量"年龄组(数据桶)",见图 6-12。

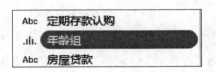

图 6-12 生成新的维度变量-年龄组

161

创建直方图纵轴字段"频率/组距"，右键单击左侧数据窗口空白处，菜单中选择"创建计算字段"，在弹出窗口中输出下图公式，并命名字段为"频率/组距"，见图 6-13。

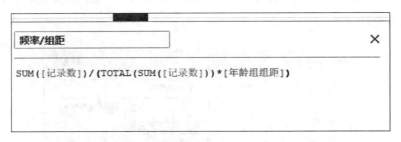

图 6-13　创建计算字段-频率/组距

将字段"定期存款认购"拖至列功能区，新建的级字段"年龄组"拖至列功能区，将新建计算字段"频率/组距"拖至行功能区，并选择"计算依据"为"年龄组"，再将"定期存款认购"拖至标记卡的颜色控件上，见图 6-14。

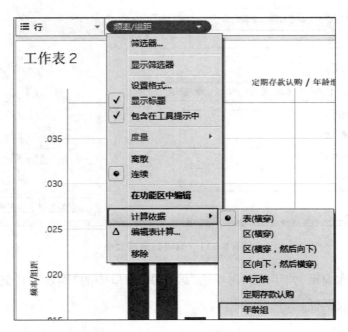

图 6-14　修改计算依据

单击标记卡上的"大小"控件，略微调整"大小"控件上的滑动块，将"工作表 2"更名为"客户群的年龄分布"即可得到直方图，见图 6-15。

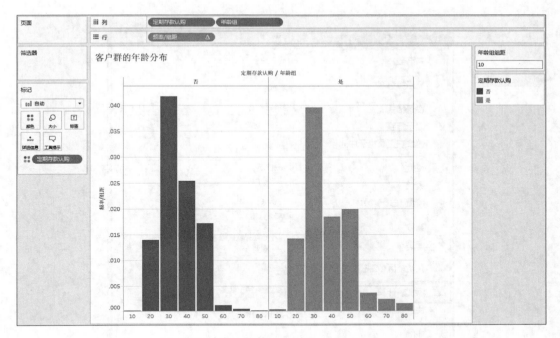

图 6‑15　客户群的年龄分布

6.5　转化率与职业的关系

针对不同职业的客户群体,挖掘认购定期存款客户与职业的关系。

新建工作表 3,将字段"职业"拖至列功能区,将度量"记录数"拖至行功能区,将字段"定期存款认购"拖至标记卡颜色控件上。

对记录数进行表计算,右键位于行功能区的"总计(记录数)",选择"添加表计算",在表计算窗口中选择计算类型为"总额百分比",计算依据"特定维度",仅勾选"定期存款认购"字段,即可得到各职业中认购了定期存款和未认购定期存款人数的占比条形图,见图 6‑16。

再将字段"记录数"添加至标记卡的标签控件处,对此处的"总计(记录数)"进行和上一步同样的表计算,即可在图上显示对应的值,将"工作表 3"更名为"转化率与职业的关系",见图 6‑17。

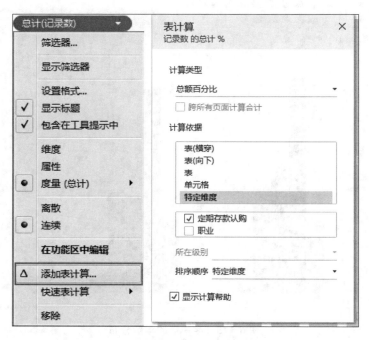

图 6 - 16 添加表计算

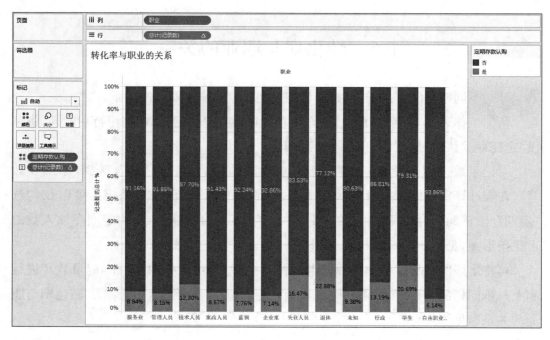

图 6 - 17 转化率与职业的关系

6.6　转化的一致性

针对历史营销结果和此次营销结果,可以考虑观察营销结果对于某些客户是否有一致性。具体步骤如下。

在标记卡的下拉菜单中选择饼图,见图 6‒18。

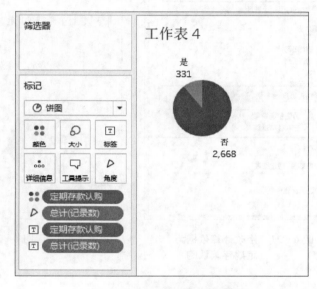

图 6‒18　选择标记类型　　　　　　**图 6‒19　设置标记和标签**

将字段"定期存款认购"拖拽两次,分别至颜色控件和标签控件上。将字段"记录数"拖拽两次,分别至标签控件和角度控件上,见图 6‒19。

将字段"历史营销结果"拖至列功能区,然后单击列功能区的"历史营销结果",选择"筛选器",仅保留"成功""失败",见图 6‒20。

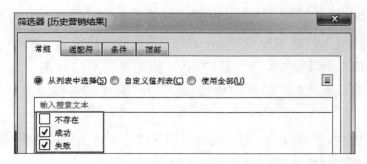

图 6‒20　添加筛选条件

对标记卡中,标签控件上的"总计(记录数)"进行表计算。选择计算类型为"总额百分比",计算依据为在"特定维度"上,勾选"定期存款认购",再将"工作表4"更名为"转化的一致性",即可得到图6-21、图6-22。

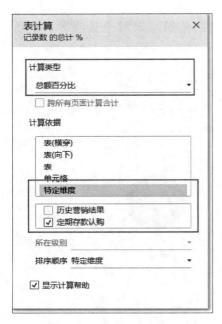

图6-21 修改计算依据为
定期存款认购

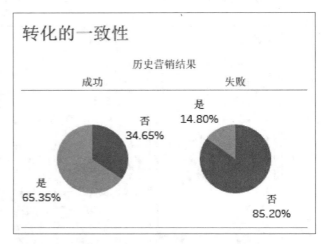

图6-22 转化的一致性

6.7 宏观经济因素分析

针对宏观经济因素的影响,我们可以利用两个宏观经济变量画出一个散点图,观察转化客户和未转化客户的分布。具体步骤如下。

新建工作表5,将度量字段"银行同业拆借利率"拖至列功能区,并将聚合模式转换为"平均值";将度量字段"就业变化率"拖至行功能区。同样,将聚合模式转换为"平均值",将字段"教育背景""职业"拖至标记卡的详细信息控件处,并将字段"定期存款认购"拖至颜色控件处,更名为"宏观经济因素分析",即可得到图6-23。

每一个视图中,都可以写下对于图的说明或结论。右键空白处将"说明"勾选,即可在出现的说明窗口中编辑结论,见图6-24。

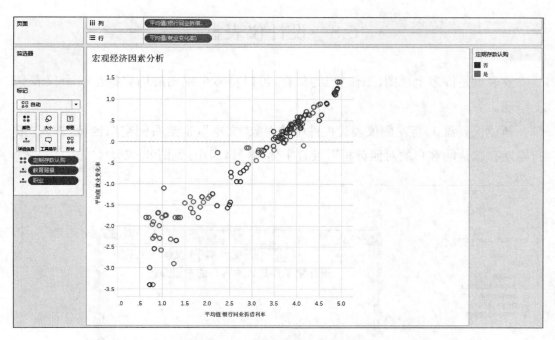

图 6‑23　初始宏观经济分析表

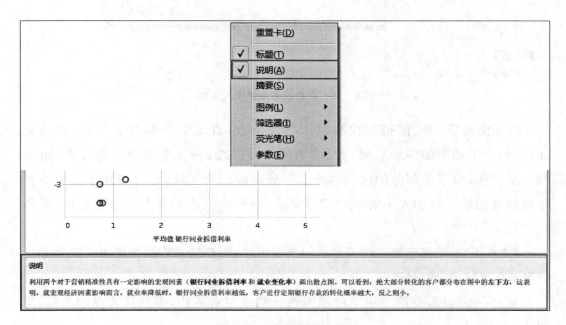

图 6‑24　添加并编辑说明

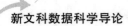

6.8　设计仪表盘

仪表盘是许多个视图（工作表）的集合，可以将多个视图的内容拖至一个仪表盘上呈现。

新建仪表盘 1，将左侧仪表盘控件中的对象"文本"，拖至右侧空白区域，输入"银行定期存款认购客户的对照分析"，设置字体 18 号，居中，见图 6-25。

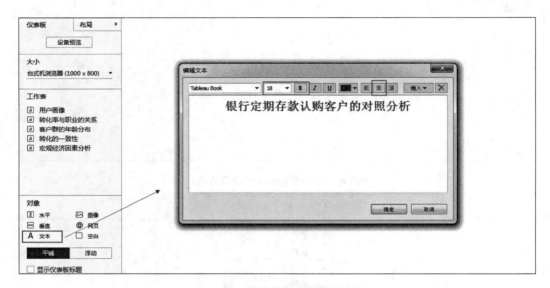

图 6-25　新建仪表盘并插入文本

将左侧对象"垂直"拖至仪表盘工作区下方，直至下半部分变灰色，释放鼠标，得到上下切割的两块区域。拉动中间的分割线，将文本模块压缩变小，重复上一步操作，将下半部分的区域再按上下分割成两块区域，此时得到了 3 块垂直排列的视图块。再加入一块"垂直"对象后，后形成三块无文本的空视图块，见图 6-26。

将"水平"对象拖至第二块无文本的空视图块，直至区域变成如图 6-27 所示的一半灰色区域，释放鼠标。

与上一步同理，将第三块空白视图块分割成左右两块，得到仪表盘的布局，见图 6-28。

分别将各个视图从左侧"工作表"中拖至已经事先分割好的布局当中，见图 6-29。

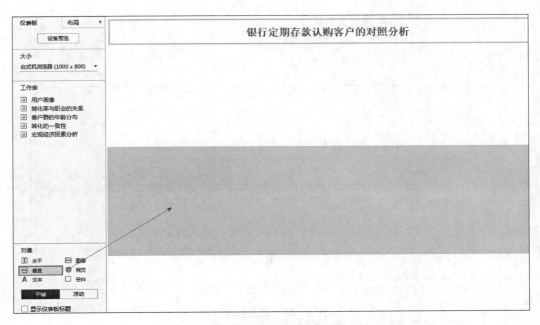

图 6‑26　多次加入垂直容器并调整

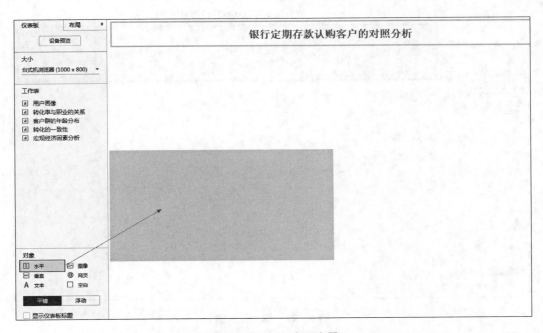

图 6‑27　加入水平容器

图 6 – 28　仪表盘布局

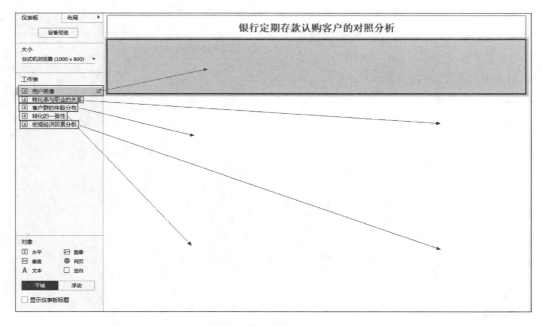

图 6 – 29　填充仪表盘

再进行细微调整，例如关闭参数显示，见图 6 - 30。

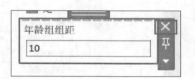

图 6 - 30　关闭参数显示

使视图适应整个区域大小，显示视图中的结论，见图 6 - 31。

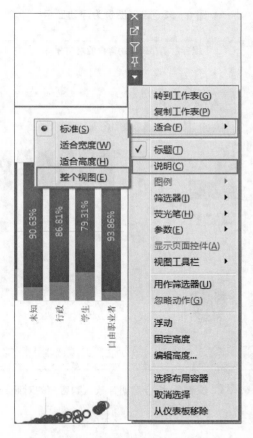

图 6 - 31　调整视图大小并显示结论

将图例设置为浮动，拖放在合适的位置，见图 6 - 32。

调整之后，得到最终仪表盘"银行定期存款认购客户的对照分析"，见图 6 - 33。

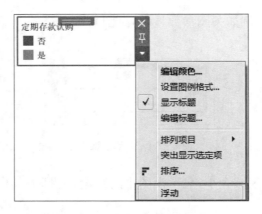

图 6 - 32　设置图例为浮动显示

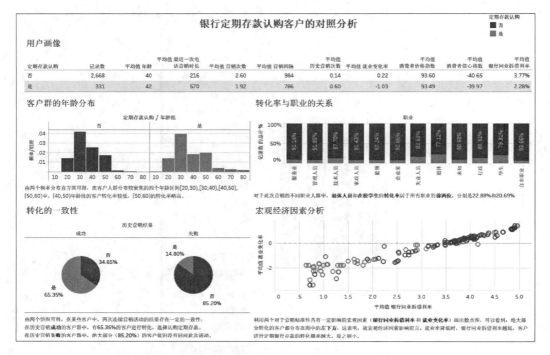

图 6 - 33　仪表盘-银行定期存款认购客户的对照分析

思考题

　　1. 从电话营销数据中,你还可以通过可视化分析得到什么结论?

　　2. 尝试用爬取到的电影高分榜单数据进行可视化分析。

本篇参考文献

　　[1] 姚海鹏,王露瑶,刘韵洁. 大数据与人工智能导论[M].北京:人民邮电出版

社，2017.

[2] 林子雨.大数据技术原理与应用[M].北京：人民邮电出版社,2017.

[3] 任磊，杜一，马帅，张小龙，戴国忠.大数据可视分析综述[J].软件学报，2014，25(09)：1909-1936.

[4] 程学旗，靳小龙，王元卓，郭嘉丰，张铁赢，李国杰.大数据系统和分析技术综述[J].软件学报，2014，25(09)：1889-1908.

[5] 李清泉，李德仁.大数据 GIS[J].武汉大学学报(信息科学版)，2014，39(06)：641-644+666.

[6] 刘智慧，张泉灵.大数据技术研究综述[J].浙江大学学报(工学版)，2014，48(06)：957-972.

[7] 杨彦波，刘滨，祁明月.信息可视化研究综述[J].河北科技大学学报，2014，35(01)：91-102.

[8] 刘勘，周晓峥，周洞汝.数据可视化的研究与发展[J].计算机工程，2002(08)：1-2+63.

[9] Iliinsky N，Steele J. Designing data visualizations：Representing informational Relationships[M]. O'Reilly Media，Inc.，2011.

[10] Bylinskii Z，Kim N W，O'Donovan P，*et al*. Learning visual importance for graphic designs and data visualizations[C]//Proceedings of the 30th Annual ACM symposium on user interface software and technology. 2017：57-69.

[11] 蒋晓宇.基于 Tableau 可视化业务报表设计与实现[J].数字通信世界，2017(02)：224-225.

[12] 石昊苏，韩丽娜.数据可视化技术及其应用展望[C]//中国自动化学会，江苏省自动化学会，中国自动化学会应用专业委员会，中国金属学会冶金自动化分会.全国自动化新技术学术交流会会议论文集(一)，2005：185-188.

数据建模篇

第 7 章
机器学习的一般流程

机器学习要从业务的角度分析,然后提取相关的数据进行探查,发现其中的问题,再依据各算法的特点选择合适的模型进行实验验证,评估各模型的结果,最终选择合适的模型进行应用。其一般流程包括确定分析目标、收集数据、整理数据、预处理数据、训练模型、评估模型、优化模型、上线部署等步骤。

7.1 机器学习概述

7.1.1 机器学习简介

机器学习(Machine Learning,ML)是计算机科学的子领域,也是人工智能的一个分支和实现方式。专门研究计算机如何模拟或实现人类的学习行为,以获取新的知识或技能,重新组织已有的知识结构,使之不断改善自身的性能。它是人工智能的核心,是使计算机具有智能的根本途径。美国学者汤姆 · 米切尔(Tom Mitchell)在1997 年出版的《机器学习》(*Machine Learning*)一书中给出了形式化的描述:对于某类任务 T 和性能度量 P,如果一个计算机程序在 T 上以 P 衡量的性能随着经验 E 而自我完善,那么就称这个计算机程序从经验 E 学习。

人类在成长、生活过程中积累了很多的历史与经验。人类定期地对这些经验进行"归纳",获得了生活的"规律"。当人类遇到未知的问题或者需要对未来进行"预测"的时候,人类使用这些"规律",对新的问题与未来进行"预测",从而指导自己的生活和工作。机器学习中的"训练"与"预测"过程可以对应到人类的"归纳"和"预测"过程。通过这样的对应,发现机器学习的思想并不复杂,仅仅是对人类在生活中学习成长的一个模拟。由于机器学习不是基于编程形成的结果,因此它的处理过程不是因果的逻辑,而是通过归纳思想的出的相关性结论。用简短的词汇来总结人脑学习就是总结经验、发现规律、预测未来,机器学习则是训练数据、建立模型、预测未知属性(见图 7 - 1)。

图 7 - 1　机器学习与人脑学习的异同

　　机器学习是一门不断发展的学科,虽然在近几年才成立为一个独立学科,但其起源可以追溯到 20 世纪 50 年代以来人工智能的符号演算、逻辑推理、自动化模型、启发式搜索、模糊数学、专家系统以及神经网络的反向传播 BP 算法等。机器学习的发展分为知识推理期、知识工程期和机器学习时期。20 世纪 50 年代,人工智能主要经历了"推理期",主要通过专家系统赋予机器逻辑推理能力使机器获得智能,当时的 AI 程序能够证明一些著名的数学定理,例如英国哲学家伯特兰·罗素(Bertrand Russell)和其老师怀特海(Alfred North Whiehead)合著《数学原理》(*Principia Mathematica*)中的 52 条定理。但是由于缺乏知识,远不能实现真正的智能。20 世纪 70 年代起,人工智能的发展进入"知识期",将人类的知识总结出来教给机器使机器获得智能,即专家系统,在很多领域获得了大量进展,但是由于人类知识量巨大,人工无法将所有知识都总结出来教给计算机系统,所以这一阶段的人工智能面临知识获取的瓶颈。

　　不难发现,前两个时期机器都是按照人类设定的规则和总结的知识运作,并且人力成果过高。于是,一些学者想到,如果机器能够解决自我学习问题,那么一切问题便可迎刃而解。因此,机器学习方法应运而生,人工智能进入"机器学习时期"。"机器学习时期"也分为三个阶段:80 年代,连接主义较为流行,代表工作有感知机和神经网络;90 年代,统计学习方法开始占据主流舞台,代表性方法有支持向量机;进入 21 世纪,深度神经网络被提出,连接主义卷土重来,随着数据量和计算能力的不断提升,以深度学习为基础的诸多 AI 应用逐渐成熟。

最近几年,机器学习在各个领域都取得了突飞猛进的发展。新的机器学习算法面临的主要问题更加复杂,机器学习的应用领域从广度向深度发展,这对模型训练和应用都提出了更高的要求。

7.1.2 典型机器学习应用领域

机器学习作为工科技术,在学习之前,读者必须了解机器学习这一技术工具能够解决什么问题,能够应用于哪些相关行业,以及现有的成功的技术应用有哪些,从而激发学习热情。

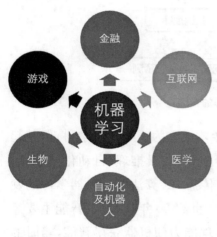

图7-2 机器学习的应用领域

机器学习是一种通用性的数据处理技术,其包含大量的学习算法,且不同的算法在不同的行业及应用中能够表现出不同的性能和优势。它能够显著提高企业的智能水平,增强企业的竞争力。目前,机器学习已经成功应用于以下领域(见图7-2):

1. 金融领域

机器学习正在对金融行业产生重大的影响,在金融领域最常见的应用是过程自动化,该技术可以替代体力劳动,从而提高生产力。摩根大通推出了利用自然语言处理技术的智能合同的解决方案,该解决方案可以从文件合同中提取重要数据,大大节省了人工劳动成本。机器学习还可以应用于风控领域,银行通过大数据技术,监控账户的交易参数,分析持卡人的用户行为,从而判断持卡人的信用级别。此外,数据挖掘方法可帮助网络监视系统锁定欺诈活动的警告信号,然后消除它们。一些金融机构已经与科技公司合作,利用机器学习的优势提高工作效率等。

2. 互联网领域

机器学习在互联网领域的应用主要涉及搜索、广告、推荐三个方面,在机器学习的参与下,搜索引擎能够更好地理解语义,对用户搜索的关键词进行匹配,同时它可以对单击率与转化率进行深度分析,更有利于用户选择符合自己需求的商品。此外,有的网站还配备了虚拟助手或会话聊天机器人,它们利用机器学习、自然语言处理和自然语言理解来自动化客户购物体验。

3. 医学领域

普通医疗体系并不能永远保持精准且快速的诊断。在目前的研究阶段中,结束人员利用机器学习对上百万个病例数据库的医学影像进行图像识别及分析,并训练模型,帮助医生做出更为精准高效的判断。机器学习算法甚至可以让医学专家更准确地预测患有致命疾病患者的寿命。

4. 自动化及机器人领域

机器学习最令人兴奋的应用之一是自动驾驶汽车。机器学习在自动驾驶汽车中发挥着重要作用。众多头部车企都在开发自动驾驶技术。它使用无监督学习方法训练汽车模型在驾驶时检测人和物体。比如上海大学在新冠肺炎疫情发生的时候采用自动驾驶汽车送餐。

5. 生物领域

机器学习技术能够利用复杂的算法在大规模、异质性数据集中进行运行,在生物医学方面、人类基因组项目、癌症全基因组项目等项目上都表现出了巨大的潜力,收集并分析与医学疗法和患者预后相关的大量数据集或能将医学转化称为一种数据驱动、以结果为导向的学科,其对于疾病的检测、诊断都有着非常深远的影响。

6. 游戏领域

具体游戏场景中,机器学习可以应用在三个方面。第一个是创建 NPC(Non-Player Character,NPC),NPC 已经学习了很多人类行为,这会让与人类的交互更为自然。第二个是游戏本身,AI 能够为优化玩家的乐趣进行学习,而不是为开发者的乐趣而进行优化,对于玩家来说,会有更多个性化和定制化的东西。第三个就是可以用机器学习在游戏发布前测试游戏,确保使用代理代替人类玩家进行游戏时,能够了解游戏是否能顺利进行。

7.1.3 机器学习的一般流程

机器学习的一般流程包括确定分析目标、收集数据、整理数据、预处理数据、训练模型、评估模型、优化模型、上线部署等步骤(见图 7 - 3)。首先要从业务的角度分析,然后提取相关的数据进行探查,发现其中的问题,再依据各算法的特点选择合适的模型进行实验验证,评估各模型的结果,最终选择合适的模型进行应用。

1. 定义分析目标

应用机器学习解决实际问题,首先要明确目标任务,这是机器学习算法选择的关键。明确要解决的问题和业务需求,才可能基于现有数据设计或选择算法。例如,在监督式学习中对定性问题可用分类算法,对定量分析可用回归方法。在无监督式学习中,如果有样本细分则可应用聚类算法;如需找出各数据项之间的内在联系,可应用关联分析。

2. 收集数据

数据要有代表性并尽量覆盖领域,否则容易出现过拟合或欠拟合。对于分类问

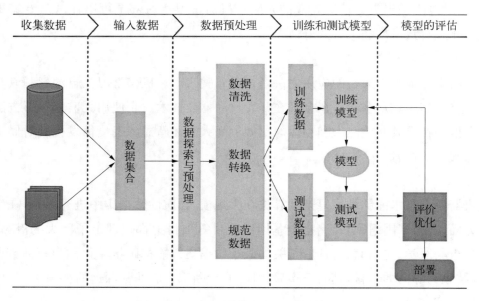

收集数据 〉 输入数据 〉 数据预处理 〉 训练和测试模型 〉 模型的评估

图 7-3　机器学习的一般流程

题,如果样本数据不平衡,不同类别的样本数量比例过大,都会影响模型的准确性。还要对数据的量级进行评估,包括样本量和特征数,可以估算出数据以及分析对内存的消耗,判断训练过程中内存是否过大,否则需要改进算法或使用一些降维技术,或者使用分布式机器学习技术。

3. 整理预处理

获得数据以后,不必急于创建模型,可先对数据进行一些探索,了解数据的大致结构、数据的统计信息、数据噪声以及数据分布等。在此过程中,为了更好地查看数据情况,可使用数据可视化方法或数据质量评价对数据质量进行评估。

通过数据探索,可能发现不少问题,如数据缺失、数据不规范、数据分布不均衡、数据异常、数据冗余等。这些问题都会影响数据质量。为此,需要对数据进行预处理。这部分工作在机器学习中非常重要,特别是在生产环境中的机器学习,数据往往是原始、未加工和处理过的,数据预处理常常占据整个机器学习过程的大部分时间。归一化、离散化、缺失值处理、去除共线性等,是机器学习的常用预处理方法。

4. 训练和测试模型

应用特征选择方法,可以从数据中提取出合适的特征,并将其应用于模型中,得到较好的结果。筛选出显著特征需要理解业务,并对数据进行分析。特征选择是否合适,往往会直接影响模型的结果,对于好的特征,使用简单的算法也能得出良好、稳定的结果。

训练模型前,一般会把数据集分为训练集和测试集,或对训练集再细分为训练集和验证集,从而对模型的泛化能力进行评估。模型本身并没有优劣。在模型选择时,一般不存在对任何情况都表现很好的算法,因此在实际选择时,一般会用几种不同方法来进行模型训练,然后比较它们的性能,从中选择最优的一个。不同的模型使用不同的性能衡量指标。

在模型训练过程中,需要对模型超参进行调优。如果对算法原理理解不够透彻,往往无法快速定位能决定模型优劣的模型参数。所以在训练过程中,对机器学习算法原理的要求较高,理解越深入,就越容易发现问题的原因,从而确定合理的调优方案。

5. 模型评估

使用训练数据构建模型后,需使用测试数据对模型进行测试和评估,测试模型对新数据的泛化能力。如果测试结果不理想,则分析原因并进行模型优化,如采用手工调节参数等方法。如果出现过拟合,特别是在回归类问题中,则可以考虑正则化方法来降低模型的泛化误差。可以对模型进行诊断以确定模型调优的方向与思路,过拟合、欠拟合判断是模型诊断中重要的一步。常见的方法有交叉验证、绘制学习曲线等。过拟合的基本调优思路是增加数据量,降低模型复杂度。欠拟合的基本调优思路是提高特征数量和质量,增加模型复杂度。

误差分析是通过观察产生误差的样本,分析误差产生的原因,一般的分析流程是依次验证数据质量、算法选择、特征选择、参数设置等,其中对数据质量的检查最容易忽视,常常在反复调参很久后才发现数据预处理没有做好。一般情况下,模型调整后,需要重新训练和评估,所以机器学习的模型建立过程就是不断地尝试,并最终达到最优状态。在工程实现上,提升算法准确度可以通过特征清洗和预处理等方式,也可以通过模型集成的方式。

6. 模型应用

模型应用主要与工程实现的相关性比较大。工程上是结果导向,模型在线上运行的效果直接决定模型的好坏,不单纯包括其准确程度、误差等情况,还包括其运行的速度(时间复杂度)、资源消耗程度(空间复杂度)、稳定性是否可接受等方面。

7.2　特征工程

特征工程就是一个从原始数据属性提取特征的过程,目标是使这些特征能表征数据的本质特点,并且利用它们建立的模型在未知数据上的表现性能可以达到最优(或者接近最佳性能)(见图7-4)。属性是数据本身具有的维度,特征是数据中所呈现出来的某一种重要的特性,通常是通过属性的计算、组合或转换得到的。比如主成分分析就是将大量的数据属性转换为少数几个特征的过程。某种程度而言,好的数据以及特征往往是一个性能优秀模型的基础。也就是说,数据特征会直接影响模型的预测性能,其重要性表现在特征越好,灵活性越强;特征越好,构建的模型越简单;特征越好,模型的性能越出色。

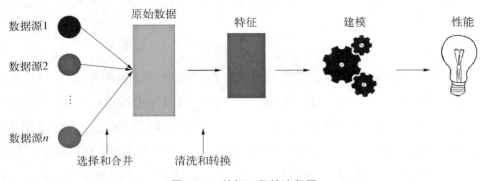

图7-4 特征工程的流程图

特征工程的主要工作就是对特征的处理,包括数据采集、数据预处理、特征选择,甚至降维技术等跟特征有关的工作。

7.2.1 数据预处理

数据清洗是指发现并纠正数据文件中可识别的错误,以及通过处理得到建模过程需要数据处理的过程。通过特征提取可以得到未经处理的特征,此时特征可能有以下五种问题:

(1)不属于同一量纲:特征的规格不一样,不能够放在一起比较。

(2)信息冗余:对于某些定量特征,其包含的有效信息为区间划分,可用离散化处理。

(3)定性特征不能直接使用:某些机器学习算法和模型只能接收定量特征的输入,那么需要将定性特征转换为定量特征,可使用one-hot编码。One-hot编码是分类变量作为二进制向量的表示。这首先要求将分类值映射到整数值,然后,每个整数值被表示为二进制向量,除了整数的索引之外,它都是零值。

(4)存在缺失值:缺失值需要补充。

(5)信息利用率低:不同的算法和模型对数据中信息的利用是不同的,在线性模型中,使用定性特征哑编码可以达到非线性的效果。类似地,对定量变量多项式化等转换都可达到非线性的效果。

数据规范化处理是数据挖掘的一项基础工作。不同的评价指标往往具有不同的量纲,数值间的差别可能很大,不进行处理可能会影响到数据分析的结果。为了消除指标之间的量纲和取值范围差异的影响,需要进行标准化处理,将数据按照比例进行缩放,使之落入一个特定的区域,便于进行综合分析。存在以下四种处理方法:

(1) 标准化。将数据按比例缩放,使之落入一个小的特定区间,去除单位的限制,将其转化为无量纲的纯数值,便于不同单位或量级的指标能够进行比较和加权。标准化方法是将变量的每个值与其平均值之差除以该变量的标准差,无量纲化后变量的平均值为 0,标准差为 1。使用该方法无量纲化后不同变量间的均值和标准差都相同,即同时消除了变量间变异程度上的差异。标准化公式为

$$x'_i = \frac{x_i - \bar{x}}{s}$$

(2) 极值化。极值化方法通常使用过变量取值的最大值和最小值将原始数据转换为特定范围内的数据,从而消除量纲和数量级的影响,这种方法十分依赖两个极端值。通常情况下极值化方法有三种方式。

第一种方法是将变量的值除以该变量的全距,标准化后每个变量的取值范围为 $[-1,1]$,公式为

$$x'_i = \frac{x_i}{x_{max} - x_{min}} = \frac{x_i}{R}$$

第二种方法是将变量值与最小值之差除以该变量的全距,标准化后取值范围在 $[0,1]$,公式为

$$x'_i = \frac{x_i - x_{min}}{x_{max} - x_{min}} = \frac{x_i - x_{min}}{R}$$

第三种方法是将变量值除以该变量的最大值,标准化后变量的最大取值为 1,公式为

$$x'_i = \frac{x_i}{x_{max}}$$

(3) 均值化。均值化方法是将变量值直接除以该变量的平均值,跟标准化方法不同的是,均值化方法能够保留变量间取值差异程度的信息,公式为:

$$x'_i = \frac{x_i}{\bar{x}_i}$$

（4）标准差化。标准差化是标准化方法的一种变形，标准差化是直接将变量值除以标准差，而不是减去均值后再除以标准差。标准差化方法无量纲化后变量的均值为原始变量均值与标准差的比值，而不是 0，公式为：

$$x'_i = \frac{x_i}{s}$$

7.2.2　特征选择

特征选择（Feature Selection）也称特征子集选择（Feature Subset Selection，FSS），或属性选择（Attribute Selection），是指从已有的 M 个特征（Feature）中选择 N 个特征使得系统的特定指标最优化，是从原始特征中选择出一些最有效特征以降低数据集维度的过程，是提高学习算法性能的一个重要手段，也是模式识别中关键的数据处理步骤。常见的有皮尔森（Pearson）相关系数、基尼指标、信息增益等。下面以皮尔森相关系数为例，它的计算方式如下：

$$r = \left| \frac{\sum\limits_{i=1}^{n} (x_i - \bar{x})(y_i - \bar{y})}{\sqrt{\sum\limits_{i=1}^{n} (x_i - \bar{x})^2} \cdot \sqrt{\sum\limits_{i=1}^{n} (y_i - \bar{y})^2}} \right|$$

其中，x 属于 X，X 表示一个特征的多个观测值，y 表示这个特征观测值对应的类别列表，分别是 x、y 的平均值。皮尔森相关系数的取值在 0-1，如果使用这个评价指标来计算所有特征和类别标号的相关性，得到这些相关性之后，将它们从高到低进行排列，然后选择其中一个子集作为特征子集，接着用这些特征进行训练，并对效果进行验证。

特征选择的过程是通过搜索候选的特征子集，对其进行评价，最简单的办法是穷举所有特征子集，找到错误率最低的子集，但是此方法在特征数较多时效率非常低。按照评价标准的不同，特征选择可分为过滤法、包装法和嵌入法（见图 7-5）。

1. 过滤法（Filter）选择特征

过滤法主要基于特征间的相关性作为标准实现特征选择，即特征与目标类别相关性要尽可能大，因为一般来说相关性越大，分类准确率越高。优点是计算时间上较高效，对于过拟合问题也具有较高的鲁棒性；缺点是倾向于选择冗余的特征，因为它

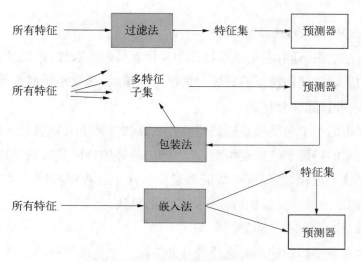

图 7 - 5　特征选择的三种方法

们不考虑特征之间的相关性,有可能某一个特征的分类能力很差,但是它和某些其他特征组合起来会得到不错的效果。特征过滤是选定一个指标来评估特征,根据指标值来对特征进行重要性排序,去掉达不到指标的特征,评级指标包含方差、相关性、假设检验等。

(1) 方差筛选法。使用方差选择法,先要计算各个特征的方差,然后根据阈值,选择方差大于阈值的特征。方差的大小实际上表示的是变量所含有的信息量,方差越大的特征,那么我们可以认为它是比较有用的。如果方差较小,比如小于 1,那么这个特征可能变量的取值比较单一,对我们区分目标变量的用处不大,因而可以选择剔除。最极端的是,如果某个特征方差为 0,即所有的样本该特征的取值都是一样的,那么它对我们的模型训练没有任何作用,可以直接舍弃。在实际应用中,我们会指定一个方差的阈值,当方差小于这个阈值的特征就会被筛掉。

(2) 相关系数,这个主要用于输出连续值的监督学习算法中。我们分别计算所有训练集中各个特征与输出值之间的相关系数,设定一个阈值,选择相关系数较大的部分特征,即使用相关系数法,先要计算各个特征对目标值的相关系数以及相关系数的 P 值,选择显著性高的特征。

(3) 假设检验法(卡方检验、F 检验、t 检验)。卡方检验可以检验某个特征分布和输出值分布之间的相关性。经典的卡方检验是检验定性自变量对定性因变量的相关性。假设自变量有 N 种取值,因变量有 M 种取值,考虑自变量等于 i 且因变量等于 j 的样本频数的观察值与期望的差距。我们还可以使用 F 检验和 t 检验,它们都是使用假设检验的方法,只是使用的统计分布不是卡方分布,而是 F 分布和 t 分布而已。

2. 包装法（Wrapper）选择特征

包装法与过滤法不同，它不单看特征和目标直接的关联性，而是从添加这个特征后模型最终的表现来评估特征的好坏。根据目标函数，通常是预测效果评分，每次选择部分特征，或者排除部分特征。

目前主要用的一个包装法是递归消除特征算法。其主要思想是不断使用从特征空间中抽取出来的特征子集构建模型，从中选出最好的特征并放到一边，然后在剩余的特征上重复这个过程，直到所有特征都遍历。这个过程中特征被消除的次序就是特征的排序，这是一种寻找最优特征子集的贪心算法。

3. 嵌入法（Embedded）选择特征

嵌入法是在模型构建的同时选择最好的特征。先使用某些机器学习的算法和模型进行训练，得到各个特征的权值系数，根据权值系数从大到小来选择特征。基于惩罚项的特征选择法，除了筛选出特征外，同时也进行了降维。

最常用的一个嵌入法是正则化。正则化就是把额外的约束或者惩罚项加到已有模型的损失函数上，以防止过拟合并提高泛化能力。正则化分为 L1 正则化（Lasso）和 L2 正则化（Ridge 回归）。正则化惩罚项越大，那么模型的系数就会越小。当正则化惩罚项大到一定的程度的时候，部分特征系数会变成 0，当正则化惩罚项继续增大到一定程度时，所有的特征系数都会趋于 0。但是我们会发现一部分特征系数会更容易先变成 0，这部分系数就是可以筛掉的。也就是说，我们选择特征系数较大的特征。

常用的 L1 正则化和 L2 正则化来选择特征的基学习器是逻辑回归，它们的图像解释见图 7-6。L1 正则化是将所有系数的绝对值之和乘以一个系数作为惩罚项加到损失函数上，现在模型寻找最优解的过程中，需要考虑正则项的影响，即如何在正则项的约束下找到最小损失函数。若损失函数为

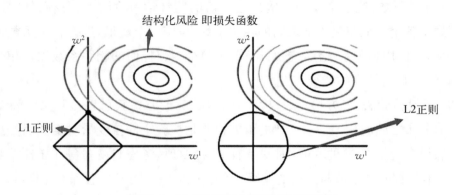

图 7-6　L1 正则和 L2 正则的图像解释

$$loss = \min \sum (y_i - w^{\mathrm{T}} x_i)^2,$$

那么 L1 正则化的公式为

$$newloss = loss + \lambda \|w\|_1 = \min \sum (y_i - w^{\mathrm{T}} x_i)^2 + \lambda \|w\|_1,$$

同样的 L2 正则化也是将一个惩罚项加到损失函数上,不过惩罚项是参数的平方和,即

$$newloss = loss + \lambda \|w\|_2^2 = \min \sum (y_i - w^{\mathrm{T}} x_i)^2 + \lambda \|w\|_2^2.$$

L1 惩罚项降维的原理在于保留多个对目标值具有同等相关性的特征中的一个,所以没选到的特征不代表不重要。因此,可结合 L2 惩罚项来优化。具体操作为:若一个特征在 L1 中的权值为 1,选择在 L2 中权值差别不大且在 L1 中权值为 0 的特征构成同类集合,将这一集合中的特征平分 L1 中的权值,故需要构建一个新的逻辑回归模型。

7.2.3 特征降维

当特征选择完成后,可以直接训练模型了,但是可能由于特征矩阵过大,导致计算量大、训练时间长,因此降低特征矩阵维度是必不可少的。降维的本质是学习一个映射函数 $f: x \rightarrow y$（x 是原始数据点的表达,目前最多的是用向量来表示,y 是数据点映射后的低维向量表达）。降维的作用包括:

（1）降低时间的复杂度和空间复杂度。

（2）去掉数据集中夹杂的噪声。

（3）较简单的模型在小数据集上有更强的鲁棒性。

（4）当数据能有较少的特征进行解释,我们可以更好地解释数据。

（5）实现数据可视化。

常见的降维方法除了以上提到的基于 L1 惩罚项的模型以外,另外还有主成分分析法（Principal Component Analysis,PCA）、线性判别分析法（Linear Discriminant Analysis,LDA）等。

主成分分析法是一种多变量统计方法,它是最常用的降维方法之一,通过正交变换将一组可能存在相关性的变量数据,转换为一组线性不相关的变量,转换后的变量被称为主成分。其基本思想是寻找数据的主轴方向,由主轴构成一个新的坐标系,这里的维数可以比原维数低,然后数据由原坐标系向新坐标系投影,这个投影的过程就

是降维的过程(见图7-7)。具体来说,找到第一个坐标,数据集在该坐标的方差最大(方差最大也就是我们在这个数据维度上能更好地区分不同类型的数据),然后找到第二个坐标,该坐标与原来的坐标正交。该过程会一直重复,直到新坐标的数目和原来的特征个数相同,这时候我们会发现数据的大部分方差都在前面几个坐标上表示,即主成分。可以使用两种方法进行主成分分析,分别是特征分解或奇异值分解。

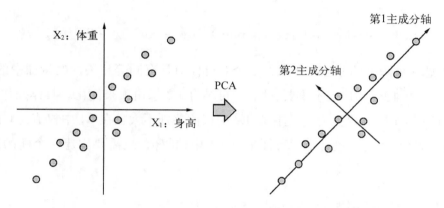

图 7-7   主成分分析法示例

主成分分析法将 n 维输入数据缩减为 r 维,其中 $r < n$。 这里使用奇异值分解方法进行主成分分析降维,假定有 $p \times n$ 维数据样本 X,共有 p 个样本,每行是 n 维,$p \times n$ 实矩阵可以分解为:

$$X = U \sum V^{\mathrm{T}}$$

这里,正交阵 U 的维数是 $p \times n$ 正交阵 V 的维数是 $n \times n$(正交阵满足:$UU^{T} = V^{T}V = 1$),Σ 是 $n \times n$ 的对角阵。接下来,将 Σ 分割成 r 列,记作 Σr;利用 U 和 V 便能够得到降维数据点 Y_r:

$$Y_r = U \sum_r$$

主成分分析的算法步骤概括如下:

(1) 去平均值,对每一个特征减去各自的平均值。

(2) 计算协方差矩阵。

(3) 计算协方差矩阵的特征值及对应的特征向量。

(4) 将特征向量按对应特征值从大到小进行排序,取靠前的 k 个特征向量。

(5) 将数据转换到 k 个特征向量构建的新空间中,即为降维到 k 维后的数据。

线性判别分析法,也叫 fisher 线性判别,是模式识别中的经典算法。是一种监督学习的降维技术,它的数据集的每个样本是有类别输出的。其思想非常简单,给定训练样例集,设法将样例投影到一条直线上,使得同类样例的投影点尽可能接近,异样样例的投影点尽可能远离;在对新样本进行分类时,将其投影到同样的直线上,再根据投影点的位置来确定新样本的类别(见图 7-8)。

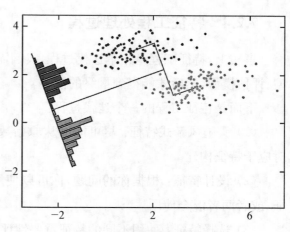

图 7-8　线性判别分析示例

线性判别分析给定数据集 $D = \{(x_i, y_i)\}_{i=1}^{m}$, $y_i \in \{0,1\}$,令 x_i、μ_i、Σ_i 分别表示 $i \in \{0,1\}$ 类示例的集合、均值向量、协方差矩阵。若将数据投影到直线 ω 上,则两类样本的中心在直线上的投影分别为 $\omega^{\mathrm{T}} \mu_0$ 和 $\omega^{\mathrm{T}} \mu_1$;若将所有样本点都投影到直线上,则两类样本的协方差分别为 $\omega^{\mathrm{T}} \Sigma_0 \omega$ 和 $\omega^{\mathrm{T}} \Sigma_1 \omega$。由于直线处于一维空间,因此 $\omega^{\mathrm{T}} \mu_0$、$\omega^{\mathrm{T}} \mu_1$、$\omega^{\mathrm{T}} \Sigma_0 \omega$、$\omega^{\mathrm{T}} \Sigma_1 \omega$ 均为实数。

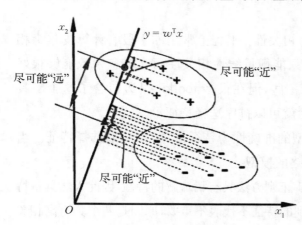

图 7-9　线性判别公式解释图像

要使得同类样例的投影点尽可能接近,所以应让同类样例投影点的协方差尽可能小,即 $\omega^{\mathrm{T}} \Sigma_0 \omega + \omega^{\mathrm{T}} \Sigma_1 \omega$ 尽可能小(见图 7-9)。

要使得异类样例的投影点尽可能地远,则让类中心之间的距离尽可能大,即 $\|\omega^{\mathrm{T}} \mu_0 - \omega^{\mathrm{T}} \mu_1\|_2^2$ 尽可能大(见图 7-9)。同时考虑两者,则需要得到的最大化目标为:

$$J = \frac{\|\omega^{\mathrm{T}} \mu_0 - \omega^{\mathrm{T}} \mu_1\|_2^2}{\omega^{\mathrm{T}} \Sigma_0 \omega + \omega^{\mathrm{T}} \Sigma_1 \omega} = \frac{\omega^{\mathrm{T}} (\mu_0 - \mu_1)(\mu_0 - \mu_1)^{\mathrm{T}} \omega}{\omega^{\mathrm{T}} (\Sigma_0 + \Sigma_1) \omega} \text{。}$$

LDA 算法既可以用来降维,也可以用来分类,但是目前来说,主要还是用于降维。和主成分分析类似,线性判别分析降维基本也不用调参,只需要指定降维到的维数即可。

7.2.4 特征工程处理过程

事实上,特征工程是一个迭代过程,我们需要不断地设计特征、选择特征、建立模型、评估模型,然后才能得到最终的模型。

下面是特征工程的一个迭代过程:

(1)头脑风暴式特征:尽可能的从原始数据中提取特征,暂时不考虑其重要性,对应于特征构建。

(2)设计特征:根据你的问题,你可以使用自动地特征提取,或者是手工构造特征,或者两者混合使用。

(3)选择特征:使用不同的特征重要性评分和特征选择方法进行特征选择。

(4)评估模型:使用选择的特征进行建模,同时使用未知的数据来评估你的模型精度。

通常而言,特征选择是指选择获得相应模型和算法最好性能的特征集,工程上常用的方法有以下六种:

(1)计算每一个特征与响应变量的相关性:工程上常用的手段有计算皮尔森相关系数和互信息系数,皮尔森相关系数只能衡量线性相关性而互信息系数能够很好地度量各种相关性,但是计算相对复杂一些,但在很多 toolkit 里边包含了这个工具(如 sklearn 的 MINE),得到相关性之后就可以排序选择特征了。

(2)构建单个特征的模型,通过模型的准确性为特征排序,借此来选择特征。当选择到了目标特征之后,再用来训练最终的模型。

(3)通过 L1 正则项来选择特征:L1 正则方法具有稀疏解的特性,因此天然具备特征选择的特性。但是要注意,L1 没有选到的特征不代表不重要,原因是两个具有高相关性的特征可能只保留了一个,如果要确定哪个特征重要应再通过 L2 正则方法交叉检验。

(4)训练能够对特征打分的预选模型:随机森林(Random Forest)和逻辑回归(Logistic Regression)等都能对模型的特征打分,通过打分获得相关性后再训练最终模型。

(5)通过特征组合后来选择特征:如对用户 id 和用户特征组合来获得较大的特征集,再来选择特征。这种做法在推荐系统和广告系统中比较常见,这也是所谓亿级甚至十亿级特征的主要来源。原因是用户数据比较稀疏,组合特征能够同时兼顾全局模型和个性化模型。

(6)通过深度学习来进行特征选择:目前这种手段正在随着深度学习的流行而成为一种手段,尤其是在计算机视觉领域。原因是深度学习具有自动学习特征的能力,这也是深度学习又叫无监督学习(Unsupervised Learning)的原因。从深度学习模型中选择某一神经层的特征后，就可以用来进行最终目标模型的训练了。

一般情况下，机器学习中所使用特征的选择有两种方式：一是在原有特征基础上创造新特征，比如决策树中信息增益、基尼系数，或者 LDA 模型中的各个主题；二是从原有特征中筛选出无关或者冗余特征，将其去除后保留一个特征子集。

7.3　可视化建模工具

可视化建模(Visual Modeling)是利用围绕现实想法组织模型的一种思考问题的方法。模型对于了解问题、与项目相关的每个人(客户、行业专家、分析师、设计者等)沟通、模仿企业流程、准备文档、设计程序和数据库来说都是有用的。建模促进了对需求更好地理解、有更清晰的设计、更加容易维护的系统。可视化建模可以有效提升作业人员的工作效率。

7.3.1　H2O Flow

H2O Flow 是 H2O 的开源用户界面。它是一个基于 Web 的交互式环境，可以在单个文档中组合代码执行、文本、数学、图解和富媒体，其操作界面见图 7-10。

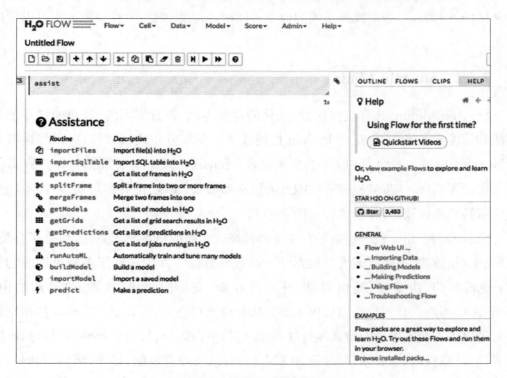

图 7-10　H2O 操作界面

使用 H2O Flow 可以捕获、重新运行、注释、呈现和共享工作流程。H2O Flow 允许交互使用 H2O 来导入文件,构建模型并迭代地改进它们。根据模型,可以在 Flow 基于浏览器的环境中进行预测并添加富文本来创建工作。

Flow 的混合用户界面将命令行计算与现代图形用户界面无缝地融合在一起。但是,Flow 并没有以纯文本形式显示输出,而是为每个 H2O 操作提供了一个单击式用户界面。它允许以组织良好的表格数据的形式访问任何 H2O 对象。

H2O Flow 将命令作为可执行步骤发送到 H2O。可以修改,如重新排列或将步骤保存到库中。每个步骤都包含一个输入字段,可以输入命令、定义函数、调用其他函数以及访问页面上的其他步骤或对象。执行步骤时,输出是一个图形对象,可以检查该图形对象以查看其他详细信息。

尽管 H2O Flow 支持 REST API、R 脚本和 CoffeeScript,但运行 H2O Flow 不需要任何编程经验。可以单击任何 H2O 操作来完成操作,而无须编写任何代码。甚至可以仅使用 GUI 禁用输入步骤以运行 H2O Flow。H2O Flow 旨在通过提供输入提示、交互式帮助和示例流程来指导你的每一步。

要获得其他帮助,可以单击"帮助>Assist Me",或单击"帮助我"菜单下方的按钮行中的按钮。也可以在一个空白步骤中输入"assist",然后按"Ctrl + Enter"。显示常见任务列表,以帮助找到正确的命令。同时,"帮助"侧栏中有多种资源可以帮助使用 Flow。

7.3.2　Smartbi Mining

Smartbi Mining 具有流程化、可视化的建模界面,内置实用的、经典的统计挖掘算法和深度学习算法,并支持 Python 扩展算法。基于分布式云计算,可以将模型发送到 Smartbi 统一平台,与 BI 平台完美整合。Smartbi Mining 通过提供基于 Web 的可视化的界面,每一步流程通过功能点的拖动和参数(属性)配置即可实现,简单拖拉拽就可轻松完成预测,建模流程见图 7-11。

Smartbi Mining 数据挖掘平台支持多种高效实用的机器学习算法,包含了分类、回归、聚类、预测、关联这五大类机器学习的成熟算法。其中包含了多种可训练的模型:逻辑回归、决策树、随机森林、朴素贝叶斯、支持向量机、线性回归、K 均值、DBSCAN、高斯混合模型。除提供主要算法和建模功能外,Smartbi Mining 数据挖掘平台还提供了必不可少的数据预处理功能,包括字段拆分、行过滤与映射、列选择、随机采样、过滤空值、合并列、合并行、JOIN、行选择、去除重复值、排序、增加序列号、增加计算字段等。

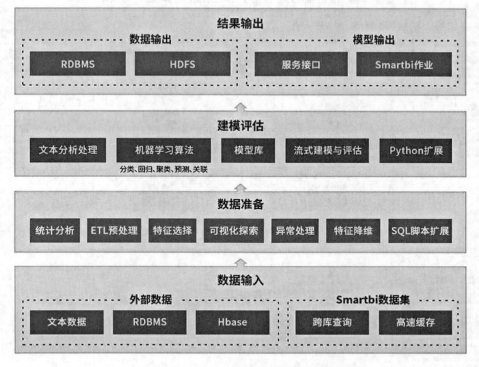

图 7 - 11　Smartbi Mining 建模流程图

7.3.3　RapidMiner

RapidMiner 提供了多种功能,使其成为顶级数据建模软件选项之一,全球约有 4 万家企业使用。其中一些功能包括构建机器学习模型,并将数据建模转变为规定性行为的能力。

对于以前从未使用过数据建模工具的用户来说,可通过预先设置的案例模板和教程来简化此过程。对于数据科学家而言,将会发现该软件与自定义 Python 和 R 代码集成在一起,并提供 1 500 种原生算法和功能。

RapidMiner 通过在图像化界面拖拽建模(操作界面见图 7 - 12),轻松实现数据准备、机器学习和预测模型部署,无须编程。

7.3.4　Apache Spark

如果企业有大型数据库,并且需要查找用于多个任务的逻辑数据建模工具,那么 Apache Spark 是满足企业需求的理想选择。通过平台内置的高级操作员构建并行应用程序。此开放源代码选项的一些好处包括使用集群,并且运行速度比其他解决方

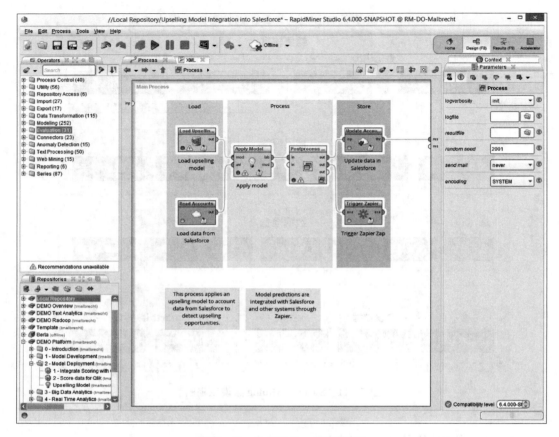

图 7 - 12   RapidMiner 操作界面

案快约 100 倍。Apache 与 Hadoop 数据集成，并且还与 MLib、GraphX 和 Spark Streaming 等库一起使用。

Apache Spark 是一个分布式计算框架，相比上一代计算框架 MapReduce 速度更快，且提供更多更方便的接口和函数实现。

Spark 包括 Spark Core、Spark Sql、Spark Structured Streaming、Spark Streaming、Spark MLib、Spark GraghX。

（1）Spark Core 里包含任务调度、内存管理、错误恢复、与存储系统交互等模块。还包括 RDD（Resilient Distributed Dateset 弹性分布式数据集）的定义。

（2）Spark Sql 是 Spark 提供的处理结构化数据的包，通过 Spark Sql 可以使用 SQL 或 hive sql 来查询数据。

（3）Spark Structured Streaming 是 Spark 提供的以 SQL 的方式处理流式数据的包。

（4）Spark Streaming 是 Spark 提供的处理流式数据的包。

（5）Spark MLib 是 Spark 封装好的机器学习包，封装了一些算法。

（6）Spark GraghX 是 Spark 提供的处理图数据的包。

思考题

1. 简述机器学习的研究问题、研究侧重点以及未来的发展趋势。

2. 简述数据预处理的方法和内容。

3. 简述什么是特征选择，为什么需要它。

4. 简述如何解决数据不平衡问题。

5. 在年度百花奖评奖揭晓之前，一位教授问电影系的 80 个学生，8 个奖项（如最佳导演、最佳男女主角等）获得者分别可能是谁。评奖结果揭晓后，该教授计算了每个学生的猜中率，同时也计算了 80 个学生投票的结果。他发现所有人投票选出来的奖项获得者正确率几乎比任何一个学生单独的结果正确率都高。这种提高是偶然的吗？请解释原因。

第 **8** 章
机器学习算法

机器学习算法被描述为学习一个目标函数 f，它最好地将输入变量 x 映射到输出变量 y：$y = f(x)$。最常见的机器学习类型是学习映射 $y = f(x)$ 以针对新 x 预测 y。这称为预测建模或预测分析，目标就是要做出最准确的预测。

8.1 分类算法

很多时候我们接触业务问题是个分类问题，比如金融领域的信用风险管理中客户是否存在欺诈、社交媒体领域的用户是否留存、快消领域的客户是否购买等问题。分类算法是监督学习，已经有非常成熟的算法应用。分类算法通过对已知类别训练集的计算和分析，从中发现类别规则并预测新数据的类别。下面针对目前使用率较高的几个分类算法做应用层的概述介绍。

8.1.1 决策树分类算法

决策树算法是一种逼近离散函数值的方法。它是一种典型的分类方法，是在已知各种情况发生概率的基础上，通过构成决策树来求取净现值的期望值大于等于零的概率，评价项目风险，判断其可行性的决策分析方法，是直观运用概率分析的一种图解法。由于这种决策分支画成图形很像一棵树的枝干，故称决策树。

图 8-1 是一个预测一个人是否能被批准贷款的决策树，利用这棵树，我们可以对新记录进行分类。从根节点（年龄）开始，如果某个人的年龄为青年，并且已有房产，那么无论他是否仍然有贷款需要偿还，银行都会批准其贷款；如果是中年人则需要进一步判断是否仍有贷款，直到叶子结点可以判定记录的类别。

决策树算法构造决策树来发现数据中蕴含的分类规则，如何构造精度高、规模小

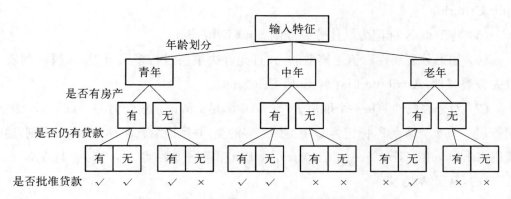

图 8‑1　决策树示例——能否被批准贷款

的决策树是决策树算法的核心内容。决策树是一种树形结构,其中每个内部节点表示一个属性上的测试,每个分支代表一个测试输出,每个叶节点代表一种类别。决策树构造可以分两步进行。第一步,决策树的生成:由训练样本集生成决策树的过程。一般情况下,训练样本数据集是根据实际需要有历史的、有一定综合程度的,用于数据分析处理的数据集。第二步,决策树的剪枝:决策树的剪枝是对上一阶段生成的决策树进行检验、校正和修下的过程,主要是用新的样本数据集(称为测试数据集)中的数据校验决策树生成过程中产生的初步规则,将那些影响预衡准确性的分枝剪除。以下为决策树算法的基本思想:

● 算法:Generate Decision Tree(D,Attribute List)根据训练数据记录 D 生成一棵决策树。

● 输入:

(1) 数据记录 D,包含类标的训练数据集。

(2) 属性列表 Attribute List,候选属性集,用于在内部结点中做判断的属性。

(3) 属性选择方法 Attribute Selection Method(),选择最佳分类属性的方法。

● 输出:一棵决策树

● 过程:

(1) 构造一个节点 N。

(2) 如果数据记录 D 中的所有记录的类标都相同(记为 C 类),则将节点 N 作为叶子结点标记为 C,并返回节点 N。

(3) 如果属性列表为空,则将节点 N 作为叶子结点标记为 D 中类标最多的类,并返回 N。

(4) 调用 Attribute Selection Method(D,Attribute List)选择最佳的分裂准则

Split Criterion。

（5）将节点 N 标记为最佳分裂准则 Split Criterion。

（6）如果分裂属性取值是离散的，并且允许决策树进行多叉分裂，从属性列表中减去分裂属性，Attribute List = Split Criterion。

（7）对分裂属性的每一个取值 j：记 D 中满足 j 的记录集合为 D_j，如果 D_j 为空，则新建一个叶子结点 F，标记为 D 中类标最多的类，并且把结点 F 挂在 N 下；否则，递归调用 Generate Decision Tree（D_j，Attribute List）得到子树结点 N_j，将 N_j 挂在 N 下。

（8）返回结点 N。

决策树算法有一个好处，那就是它可以产生人能直接理解的规则，这是贝叶斯、神经网络等算法没有的特性；决策树的准确率也比较高，而且不需要了解背景知识就可以进行分类，是一个非常有效的算法。

8.1.2　k 近邻法

k 近邻算法是一种基本分类和回归方法。即是给定一个训练数据集，对新的输入实例，在训练数据集中找到与该实例最邻近的 K 个实例，这 K 个实例的多数属于某个类，就把该输入实例分类到这个类中。

如图 8-2 所示，有两类不同的样本数据，分别用小正方形和小三角形表示，而图正中间的那个圆点所标示的数据则是待分类的数据。下面根据 k 近邻的思想来给圆点进行分类。

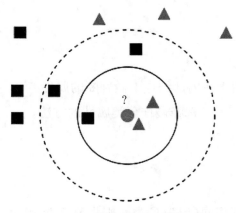

● 如果 $K=3$，圆点的最邻近的 3 个点是 2 个小三角形和 1 个小正方形，少数从属于多数，基于统计的方法，判定这个待分类点属于三角形一类。

● 如果 $K=5$，圆点的最邻近的 5 个邻居是 2 个三角形和 3 个正方形，还是少数从属于多数，基于统计的方法，判定圆点的这个待分类点属于正方形一类。

图 8-2　k 最近邻法的图像解释

从 KNN 的算法描述中可以发现，有三个元素很重要，分别是距离度量，k 的大小和分类规则，这便是 KNN 模型的三要素。距离度量有很多种方式，要根据具体情况选择合适的距离度量方式。常用的是欧式距离、余弦距离、切比雪夫距离等。k 的选择会对算法的结果产生重大影响，一般选取一个较小的数值，通常采取交叉验证法来选取最优的 k 值。

将样本数据按照一定比例,拆分出训练用的数据和验证用的数据,例如按 6∶4 拆分出部分训练数据和验证数据,从选取一个较小的 k 值开始,不断增加 k 的值,然后计算验证集合的方差,最终找到一个比较合适的 k 值。通过交叉验证计算方差后大致会得到图 8-3。

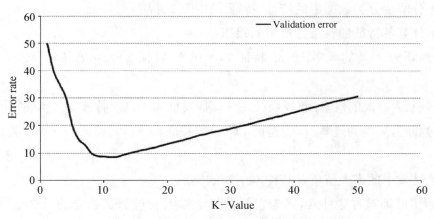

图 8-3　交叉验证法下不同 k 的方差误差

KNN 可能需要大量内存或空间来存储所有数据,但仅在需要预测时才及时执行计算(或学习)。这期间可以随着时间的推移更新和管理训练实例,以保持预测的准确性。

8.1.3　朴素贝叶斯分类算法

贝叶斯分类算法是一大类分类算法的总称,以样本可能属于某类的概率来作为分类依据。朴素贝叶斯是一种简单但极为强大的预测建模算法,叫它朴素贝叶斯分类是因为这种方法的思想真的很"朴素"。朴素贝叶斯的思想基础是:对于给出的待分类项,求解在此项出现的条件下各个类别出现的概率,哪个最大,就认为此待分类项属于哪个类别。该模型由两种类型的概率组成,可以直接从训练数据中计算出来,分别是每个类别的概率和给定每个 x 值的每个类的条件概率。计算后,概率模型可用于使用贝叶斯定理对新数据进行预测。当数据是实值时,通常假设是高斯分布(钟形曲线),以便可以轻松估计这些概率。

如果一个事物在一些属性条件发生的情况下,事物属于 A 的概率>属于 B 的概率,则判定事物属于 A。其蕴含的数学原理如下:

$$P(类别 \mid 特征) = P(特征 \mid 类别) \times P(类别) / P(特征)$$

其算法步骤如下:

(1) 分解各类先验样本数据中的特征。

(2) 计算各类数据中,各特征的条件概率。

(3)(比如:特征 1 出现的情况下,属于 A 类的概率 p(A|特征 1),属于 B 类的概率 p(B|特征 1),属于 C 类的概率 p(C|特征 1)…)。

(4) 分解待分类数据中的特征(特征 1、特征 2、特征 3、特征 4…)。

(5) 计算各特征的各条件概率的乘积:

① 判断为 A 类的概率:p(A|特征 1) * p(A|特征 2) * p(A|特征 3) * p(A|特征 4)…

② 判断为 B 类的概率:p(B|特征 1) * p(B|特征 2) * p(B|特征 3) * p(B|特征 4)…

③ 判断为 C 类的概率:p(C|特征 1) * p(C|特征 2) * p(C|特征 3) * p(C|特征 4)…

……

(6) 结果中的最大值就是该样本所属的类别。

朴素贝叶斯被称为朴素,因为它假设每个输入变量都是独立的。这是一个强有力的假设,对于真实数据来说是不现实的,然而,该技术在处理大量复杂问题时非常有效。

8.1.4 基于支持向量机的分类器

支持向量机分类器(Support Vector Machine,SVM)可能是最受欢迎和谈论最多的机器学习算法之一,是一种有监督学习的分类方法,通过样本数据的训练形成感知模型,通过模型对测试样本进行分类预测。

SVM 将每个样本数据表示为空间中的点,使不同类别的样本点尽可能明显地区分开。通过将样本的向量映射到高维空间中,寻找最优区分两类数据的超平面,使各类到超平面的距离最大化,距离越大表示 SVM 的分类误差越小。SVM 学习算法就是要找到能让超平面对类别有最佳分离的系数。超平面和最近的数据点之间的距离被称为边界,有最大边界的超平面是最佳之选。同时,只有这些离得近的数据点才和超平面的定义和分类器的构造有关,这些点被称为支持向量,它们支持或定义超平面。在具体实践中,我们会用到优化算法来找到能最大化边界的系数值。

在分类问题中给定输入数据和学习目标:$X = \{X_1, \cdots, X_N\}, y = \{y_1, \cdots, y_N\}$,其中输入数据的每个样本都包含多个特征并由此构成特征空间(feature space):$X_i = [x_1, \cdots, x_n] \in \chi$,而学习目标为二元变量 $y \in \{-1, 1\}$ 表示负类(negative class)和正类(positive class)。若输入数据所在的特征空间存在作为决策边界的超平面将学习目标按正类和负类分开,并使任意样本的点到平面距离大于 1(见图 8-4):

决策边界：$\omega^{\mathrm{T}}X+b=0$

点到平面的距离：$y_i(\omega^{\mathrm{T}}X_i+b)\geqslant 1$

则称该分类问题具有线性可分性，参数 ω,b 分别为超平面的法向量会让截距。满足该条件的决策边界实际上构造了 2 个平行的超平面作为间隔边界以判别样本的分类：

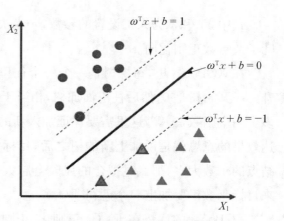

$$\omega^{\mathrm{T}}X_i+b\geqslant+1,\Rightarrow y_i=+1$$

$$\omega^{\mathrm{T}}X_i+b\leqslant-1,\Rightarrow y_i=-1$$

图 8-4 支持向量机公式的图像解释

所有在上间隔边界上方的样本属于正类，在下间隔边界下方的样本属于负类。两个间隔边界的距离 $d=\dfrac{2}{\|\omega\|}$ 被定义为边距（margin），位于间隔边界上的正类和负类样本为支持向量（support vector）。

通常 SVM 用于二元分类问题，对于多元分类可将其分解为多个二元分类问题，再进行分类，主要的应用场景有图像分类、文本分类、面部识别、垃圾邮件检测等领域。

8.1.5 XGBoost

XGBoost 是一个优化的分布式梯度增强库，旨在实现高效、灵活和便携。它在 Gradient Boosting 框架下实现机器学习算法。XGBoost 提供并行树提升（也称为 GBDT，GBM），可以快速准确地解决许多数据科学问题。

XGBoost 是对梯度提升算法的改进，求解损失函数极值时使用了牛顿法，将损失函数泰勒展开到二阶，另外损失函数中加入了正则化项。训练时的目标函数由两部分构成，第一部分为梯度提升算法损失，第二部分为正则化项。损失函数定义为

$$L(\phi)=\sum_{i=1}^{n}l(y_i',y_i)+\sum_{k}\Omega(f_k)$$

其中 n 为训练函数样本数，1 是对单个样本的损失，假设它为凸函数，y_i' 为模型对训练样本的预测值，y_i 为训练样本的真实标签值。正则化项定义了模型的复杂程度

$$\Omega(f)=\gamma T+\frac{1}{2}\lambda\ \|\omega\|^2$$

式中，γ 和 λ 为人工设置的参数，ω 为决策树所有叶子节点值形成的向量，T 为叶子节点数正则化向。

在 XGBoost 里，每棵树是一个一个往里面加的，每加一个都是希望效果能够提升。一开始树是 0，然后往里面加树，相当于多了一个函数，再加第二棵树，相当于又多了一个函数，等等，这里需要保证加入新的函数能够提升整体对表达效果。提升表达效果的意思就是说加上新的树之后，目标函数（就是损失）的值会下降。如果叶子结点的个数太多，那么过拟合的风险会越大，所以这里要限制叶子结点的个数，在原来目标函数里要加上一个惩罚项（f_k）。

XGBoost 的优势在于：① 正则化，正则化对减少过拟合是有帮助的。② 并行处理，XGBoost 可以实现并行处理。③ 高度的灵活性，XGBoost 允许用户定义自定义优化目标和评价标准。④ 缺失值处理，XGBoost 内置处理缺失值的规则，用户需要提供一个和其他样本不同的值，然后把它作为一个参数传进去，以此来作为缺失值的取值。⑤ 剪枝，当分裂时遇到一个负损失时，XGBoost 会一直分裂到指定的最大深度（max_depth），然后回过头来剪枝。如果某个节点之后不再有正值，它会去除这个分裂。当一个负损失（如 −2）后面有个正损失（如 +10）的时候，发现这两个分裂综合起来会得到 +8，因此会保留这两个分裂，这种做法的优点就显现出来了。⑥ 内置交叉验证，XGBoost 允许在每一轮 boosting 迭代中使用交叉验证，可以方便地获得最优 boosting 迭代次数。⑦ 在已有的模型基础上继续，XGBoost 可以在上一轮的结果上继续训练。

8.2 聚类算法

聚类算法是无监督的学习算法，而分类算法属于监督的学习算法。聚类是一个将数据集中在某些方面相似的数据成员进行分类组织的过程，聚类就是一种发现内在结构的技术。在聚类算法中根据样本之间的相似性，将样本划分到不同的类别中，对于不同的相似度计算方法，会得到不同的聚类结果。

8.2.1 K-Means 算法

K-Means 算法中的 K 代表类簇个数，means 代表类簇内数据对象的均值（这种均值是一种对类簇中心的描述），因此，K-Means 算法又称为 K -均值算法。K-Means 算法是先随机选取 K 个对象作为初始的聚类中心。然后计算每个对象与各个种子聚类中心之间的距离，把每个对象分配给距离它最近的聚类中心（见图 8-5）。聚类中心以及分配给它们的对象就代表一个聚类。一旦全部对象都被分配了，每个聚类的聚类中心会根据聚类中现有的对象被重新计算。这个过程将不断重复直到满足某个终止条件。终止条件可以是没有（或最小数目）对象被重新分配给不同的聚类，没有（或最小数目）聚类中心再发生变化，误差平方和局部最小。

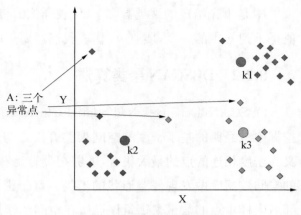

图 8-5　K-Means 图像解释

K-Means 算法聚类过程中，每次迭代，对应的类簇中心需要重新计算（更新）：对应类簇中所有数据对象的均值，即为更新后该类簇的类簇中心。K-Means 算法需要不断地迭代来重新划分类簇，并更新类簇中心。一般情况，有两种方法来终止迭代：一种方法是设定迭代次数 T，当到达第 T 次迭代，则终止迭代，此时所得类簇即为最终聚类结果；另一种方法是采用误差平方和准则函数。

K-Means 算法思想可描述为：首先初始化 K 个类簇中心；然后计算各个数据对象到聚类中心的距离，把数据对象划分至距离其最近的聚类中心所在类簇中；接着根据所得类簇，更新类簇中心；继续计算各个数据对象到聚类中心的距离，把数据对象划分至距离其最近的聚类中心所在类簇中；根据所得类簇，继续更新类簇中心；一直迭代，直到达到最大迭代次数 T，或者两次迭代 J 的差值小于某一阈值时，迭代终止，得到最终聚类结果。

具体算法描述如下：

（1）随机选取 k 个聚类质中心为 $\mu_1, \mu_2, \cdots, \mu_k \in \mathrm{R}^n$。

（2）重复下面过程直到收敛 {

对于每一个样例 i，计算其应该属于的类

$$c^{(i)} := \arg\min_j \| x^{(i)} - \mu_j \|^2$$

对于每一个类 j，重新计算该类的质心

$$\mu_j := \frac{\sum_1^m 1\{c^{(i)} = j\} x^{(i)}}{\sum_1^m 1\{c^{(i)} = j\}}$$

}

K 是事先给定的聚类数，$c^{(i)}$ 代表样例 i 与 k 个类中距离最近的那个类，$c^{(i)}$ 的值是 1 到 k 中的一个，质心 μ_j 代表我们对属于同一个类的样本中心点的猜测。

8.2.2 DBSCAN 聚类算法

DBSCAN(Density-Based Spatial Clustering of Applications with Noise) 是数据挖掘中最经典的基于密度的空间聚类算法。与划分和层次聚类方法不同，它将簇定义为密度相连的点的最大集合，能够把具有足够高密度的区域划分为簇，并可在噪声的空间数据库中发现任意形状的聚类。基于密度的聚类算法的核心，是通过某个点邻域内样本点的数量来衡量该点所在空间的密度。和 K-Means 算法不同的是，可以不需要事先指定簇的个数，还可以找出不规则形状的簇。

同一类别的样本，它们之间的紧密相连的，也就是说，在该类别任意样本周围不远处一定有同类别的样本存在。通过将紧密相连的样本划为一类，这样就得到了一个聚类类别。通过将所有各组紧密相连的样本划为各个不同的类别，则我们就得到了最终的所有聚类类别结果。

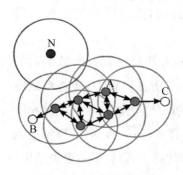

图 8-6 DBSCAN 算法思想的图像解释

DBSCAN 算法思想可描述为：从一个未被访问的任意的数据点开始。这个点的邻域是用距离 epsilon 来定义（即该点 ε 距离范围内的所有点都是邻域点）。r 表示某点邻域的阈值，minPoints 表示某点 r 邻域范围内样本点的数量。若某点 r 邻域内样本点的数量不小于 minPoints，则该点就是核心点。图 8-6 所示，圆圈代表 r 邻域，红色点为核心点，B、C 为边界点，而 N 为噪声点。

如果在该邻域内有足够数量的点（根据 minPoints 的值），则聚类过程开始，并且当前数据点成为新簇中的第一个点。否则，该点将被标记为噪声（稍后，这个噪声点可能成为聚类中的一部分）。在这两种情况下，该点都会被标记为"已访问"。对于新簇中的第一个点，它的 ε 距离邻域内的点也会成为同簇的一部分。这个过程使 ε 邻域内的所有点都属于同一个簇，然后对才添加到簇中的所有新点重复上述过程。直到确定了聚类中的所有点才停止，即访问和标记了聚类的 ε 邻域内的所有点。一旦我们完成了当前的聚类，就检索和处理新的未访问的点，就能进一步发现新的簇或者是噪声。重复上述过程，直到所有点被标记为已访问才停止。由于所有点已经被访问完毕，每个点都被标记为属于一个簇或是噪声。该算法的本质是一个发现类簇并不断扩展类簇的过程。

8.2.3 谱聚类算法

谱聚类算法是从图论中演化出来的算法,后来在聚类中得到了广泛的应用。它具有能在任意形状的样本空间上聚类且收敛于全局最优解的优点。它的主要思想是把所有的数据看作空间中的点,这些点之间可以用边连接起来。距离较远的两个点之间的边权重值较低,而距离较近的两个点之间的边权重值较高。通过对所有数据点组成的图进行切图,让切图后不同的子图间边权重和尽可能的低,而子图内的边权重和尽可能的高,从而达到聚类的目的(见图 8-7)。

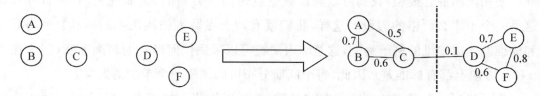

图 8-7 谱聚类算法思想示例

算法流程:

(1)生成邻接矩阵(权重矩阵/相似度矩阵),用高斯函数度量样本之间的距离,距离越远,权重越小:

$$w[i,j] = \mathrm{e}^{-\frac{\| x_i - x_j \|_2^2}{2\sigma^2}}$$

(2)生成度量矩阵 D, $m * m$, $D = np.\mathrm{diag}(np.\mathrm{sum}(W, \mathrm{axis}=1))$、拉普拉斯矩阵 L: $L = D - W$。

(3)标准化拉普拉斯矩阵,Ncut 切图: $L\_norm = D^{-0.5} L D^{-0.5}$,注意:这里是矩阵叉乘。

(4)生成标准化拉普拉斯矩阵对应的特征值和特征向量,对特征值排序(升序),选取前 k 个最小的特征值对应的特征向量,组成 $m * k$ 矩阵数据。

(5)对降维后的矩阵 data 使用 K-Means、GMM 或其他聚类方法来聚类。

该算法首先根据给定的样本数据集定义一个描述成对数据点相似度的亲和矩阵,并且计算矩阵的特征值和特征向量,然后选择合适的特征向量聚类不同的数据点。谱聚类算法最初用于计算机视觉、VLSI 设计等领域,最近才开始用于机器学习中,并迅速成为国际上机器学习领域的研究热点。

8.2.4 GMM-高斯混合模型聚类算法

高斯混合模型(Gaussian Mixture Model,GMM)是一种概率生成模型,模型通过学习先验分布后推导后验分布来实现聚类。当我们做聚类任务的时候,可以根据距离最近原则,将样本聚类到距离其最近的聚类中心,如 K-Means 算法,或者将样本聚类到距离某个簇边缘最近的簇,如 DBSCAN 算法,而 GMM 是假设样本每个类的特征分布遵循高斯分布,即整个数据集可由不同参数的高斯分布线性组合来描述,GMM 算法可以计算出每个样本属于各个簇的概率值并将其聚类到概率值最大的簇。

从中心极限定理可知,只要给定类个数 k 足够大,模型足够复杂,样本量足够多,每一块小区域就可以用高斯分布描述。而且高斯函数具有良好的计算性能,所以 GMM 被广泛地使用。

使用高斯混合模型,我们可以假设数据点是高斯分布的,比如说它们是循环的,这是一个不那么严格的假设。这样,我们就有两个参数来描述聚类的形状:平均值和标准差。以二维的例子为例,这意味着聚类可以采用任何形式的椭圆形状(因为在 x 和 y 方向上都有标准差),因此,每个高斯分布可归属于一个单独的聚类。

为了找到每个聚类的高斯分布的参数(例如平均值和标准差),将使用一种叫作期望最大化(EM)的优化算法,具体步骤如下:

(1) 初始化参数:$p(y_k)$,u_k,cov_k,根据估计参数计算给定数据点 x_i 属于 y_k 类别的概率(后验概率)

$$p(y_k \mid x_i) = \frac{p(x_i, y_k)}{p(x_i)} = \frac{p(y_k)p(x_i \mid y_k)}{p(x_i)} = \frac{p(y_k)N(X_i \mid \mu_k, \mathrm{cov}_k)}{\sum_{k=1}^{K} p(y_k)N(x_i \mid \mu_k, \mathrm{cov}_k)}$$

(2) 最大化步骤:对代价函数求偏导,根据第一步得到的 $p(y_k \mid x_i)$ 来更新每一个参数,$p(y_k)$,u_k,cov_k

$$\underset{\mu_k, \mathrm{cov}_k}{\mathrm{argmax}} \sum_{i=1}^{m} \log\left(\sum_{k=1}^{K} p(y_k)N(x_i \mid \mu_k, \mathrm{cov}_k) \right)$$

$$\theta_k(p(y_k), \mu_k, \mathrm{cov}_k) = \begin{cases} p(y_k) = \dfrac{1}{m} \sum_{k=1}^{m} p(y_k \mid x_i) \\[3mm] \mu_k = \dfrac{1}{\sum_{i=1}^{m} p(y_k \mid x_i)} \sum_{i=1}^{m} x_i p(y_k \mid x_i) \\[3mm] \mathrm{cov}_k = \dfrac{1}{\sum_{i=1}^{m} p(y_k \mid x_i)} \sum_{i=1}^{m} p(y_k \mid x_i)(x_i - \mu_k)^{\mathrm{T}}(x_i - \mu_k) \end{cases}$$

(3) 重复(1)、(2)步骤,直到算法收敛。

8.3　模型评估与选择

8.3.1　过拟合与欠拟合

我们总是会努力降低学习器的训练误差,因此,学习器会尽可能挖掘出训练样本的内在规律。

欠拟合是指模型在训练集、验证集和测试集上均表现不佳的情况(见图 8 - 8),其产生的原因在于模型复杂度过低以及特征量过少。

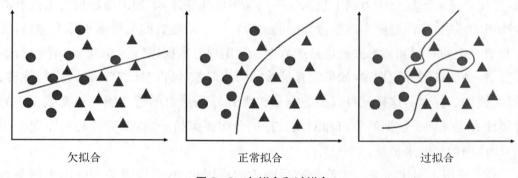

欠拟合　　　　　　　　　正常拟合　　　　　　　　　过拟合

图 8 - 8　欠拟合和过拟合

过拟合是指模型在训练集上表现很好,到了验证和测试阶段就很差,即模型的泛化能力很差。其产生的原因包括:建模样本选取有误,选取的样本数据不足以代表预定的分类规则;样本噪声干扰过大,使得机器将部分噪声认为是特征从而扰乱了预设的分类规则;假设的模型无法合理存在,或者说假设成立的条件实际并不成立;参数太多,模型复杂度过高。

解决欠拟合(高偏差)的方法包括:

(1) 模型复杂化:

• 对同一个算法复杂化,例如回归模型添加更多的高次项,增加决策树的深度,增加神经网络的隐藏层数和隐藏单元数等。或者弃用原来的算法,使用一个更加复杂的算法或模型,例如用神经网络来替代线性回归,用随机森林来代替决策树等。

• 增加更多的特征,使输入数据具有更强的表达能力。

• 特征挖掘十分重要,尤其是具有强表达能力的特征,往往可以抵过大量的弱表达能力的特征。特征的数量往往并非重点,具有强表达能力的特征最重要。对于能否挖掘出具有强表达能力的特征,在于对数据本身以及具体应用场景的深刻理解,往往依赖于经验。

(2)调整参数和超参数。超参数包括神经网络中的:学习率、学习衰减率、隐藏层数、隐藏层的单元数、Adam 优化算法中的贝塔 1 和贝塔 2 参数、batch_size 数值等;随机森林的树数量;K-Means 中的 cluster 树,正则化参数 lianmuda 等。

(3)降低正则化约束。正则化约束是为了防止模型过拟合,如果模型压根不存在过拟合而是欠拟合了,那么就考虑是否降低正则化参数 lianmuda 或者直接去除正则化项。

解决过拟合(高方差)的方法:

(1)增加训练集数据量。发生过拟合最常见的现象就是数据量太少而模型太复杂,过拟合是由于模型学习到了数据的一些噪声特征导致,增加训练数据的量能够减少噪声的影响,让模型更多地学习数据的一般特征。增加数据又可能不那么容易,需要花费一定的时间和精力去搜集处理数据。利用现有数据进行扩充也是一个可行的好方法,例如在图像识别中,如果没有足够的图片训练,可以对已有的图片进行旋转、拉伸、镜像、对称等,这样就可以把数据量扩大到好几倍而不需要额外补充数据。另外要注意保证训练数据的分布和测试数据的分布要保持一致,二者要是分布完全不同,那模型预测效果极差。

(2)使用正则化约束。代价函数后面添加正则化项,可以避免训练出来的参数过大从而使模型过拟合。使用正则化缓解过拟合的手段广泛应用,不论是在线性回归还是在神经网络的梯度下降计算过程中,都应用到了正则化的方法。常用的正则化有 L1 正则和 L2 正则,具体使用哪个视具体情况而定,一般 L2 正则应用比较多。

(3)减少特征数。欠拟合需要特征数,那么过拟合自然就要减少特征数。去除那些非共性特征,可以提高模型的泛化能力。

(4)降低模型的复杂度。欠拟合要增加模型的复杂度,那么过拟合正好反过来。

(5)使用 Dropout。这一方法只适用于神经网络,即按一定的比例去除隐藏层的神经单元,使神经网络的结构简单化。

(6)提前结束训练,即 early stopping,在模型迭代训练精度(或损失)和验证精度(或损失)。如果模型训练的效果不再提高,比如训练误差一直在降低但是验证误差却不再降低甚至上升,这时候便可以结束模型训练了。

8.3.2 评估方法

一般来说,复杂的模型会具有更强的学习力,意味着具有更高的过拟合风险。理想状态下,我们应该选择泛化误差最小的模型,但是由于我们无法直接观察到泛化误差,而训练误差又因为无法反映出是否过拟合,所以不是一个合适的评价标准。因此,模型选择必须有一套合适的评估方法。

比较好的一种办法就是将已有的数据集拆分成训练集和测试集,要求是训练集和测试集互斥,即测试样本尽量不在训练集中出现、未在训练过程中使用过。几种常见的从样本中产生训练集和测试集的方法如下:

(1) 留出法。

直接将数据集 D 分为训练集 S 和测试集 T(按照一定的比例来划分),在 S 集上训练模型,然后使用 T 进行评估其测试误差,作为对泛化误差的估计。需要注意的地方:

• 训练集和测试集尽可能保持数据分布的一致。分类任务中,训练集和测试集的类别比例应该保持相似。如果训练集中有 500 个正样本、1 000 个负样本,则测试集也最好拥有一样的正负样本比例。

• 不同的训练集和测试集会产生不同的模型评估结果,因此,不能把一次划分的结果作为模型评估的结果,一般采用多次的模型划分后训练模型评估模型,最后取平均值作为评估结果。

• 所用于训练的训练集数量较少,不能完全代表数据集 D 的特征,则学习器所学到的规律不能完全表达出 D 的规律。若用于测试的训练集数量少,则测试结果不具有参考性。因此,训练集和测试集的划分比例要控制好,要视数据集的大小而定,一般将数据集中的 $\frac{2}{3}-\frac{4}{5}$ 的数据作为训练集,剩下的作为测试集。

(2) 交叉验证法。

将数据集 D 以分层抽样分为 k 个互斥的子集,使用其中的 $k-1$ 个子集训练模型,剩下的 1 个作为测试集,循环使用则可以训练 k 次,最终返回 k 次测试的均值。交叉验证法评估结果的稳定性和保真性在很大程度上取决于 k 的取值,因此交叉验证法也称为 k 折交叉验证。

与留出法相似,将数据集划分为 k 个子集同样存在多种划分方式,为减少因为样本划分不同而引入的差别,k 折交叉验证通常要随机使用不同的划分重复 p 次,最终评估结果是这 p 次 k 折交叉验证结果的均值。

假定有 m 个样本,留其中的 1 个样本作为测试集,这样的交叉验证称为"留一法",优点在于评估的结果较为准确,缺点在于数据集较大的时候计算开销巨大,而且评估也未必一定比其他的方法准确。

（3）自助法。

我们希望评估的是用 D 训练出来的模型，但是在留出法和交叉验证法中，由于保留了一部分样本用于测试，因此实际评估的模型所使用的训练集比 D 小，这必然会引入一些因为训练样本规模不同而导致的估计偏差，留一法虽然受到训练样本规模变化的影响较小，但是计算复杂度太高。

自助法是一个比较好的解决方案，它直接以自主采样法（bootstrap sample）为基础。给定包含 m 个样本集的数据集 D，对其采取有放回的随机抽样，产生包含 m 个样本的数据集 D$'$，显然 D 中会有一部分数据被重复采样，也有一部分数据不会被采样。可以估计出，不被采样到的概率是 $\left(1-\dfrac{1}{m}\right)^m$，取极限估计概率为

$$\lim_{m \to +\infty}\left(1-\frac{1}{m}\right)^m = \frac{1}{e} \approx 0.368$$

即大概有 $\dfrac{1}{3}$ 的样本没有出现在 D$'$ 中，使用 D$'$ 作为训练集，原始数据集 D 作为测试集。这种测试结果也称为"包外估计"（out-of-bag estimate）。

这种方法在大数据集上应用会引入估计偏差，因为对大数据来说 $\dfrac{1}{3}$ 的数据量足以改变数据的分布。因此，自助法在小样本上很有用。自助法在数据集较小，难以有效划分训练集、测试集时很有用；在初始数据量足够时，留出法和交叉验证法更常用一些。

（4）调参与最终模型。

模型的参数配置不同，模型的性能有显著差别，因此，在进行模型评估与选择时，除了要对使用学习算法进行选择，还需要对算法参数进行设定。

学习算法的很多参数是在实数范围内取值，因此遍历进行参数选择是不行的。现实中，常对每个参数选定一个范围和变化步长。这样选定的参数值往往不是最佳值，但这是在计算开销和性能估计之间进行折中的结果。但即使这样的折中，参数选择仍然是困难的。

另外，需要注意的是，通常把模型在实际使用中遇到的数据称为测试数据。为了加以区分，模型评估与选择中用于测试的数据集常称为"验证集"。例如，在研究对比不同算法的泛化性能时，我们用测试集上的判别结果估计模型在实际使用时的泛化能力。把训练数据划分为训练集和验证集，基于验证集上的性能进行模型选择和调参。

8.3.3　模型评价标准

我们需要模型的评价标准才能满足模型选择,以二分类为例分别介绍精确率、准确率、召回率、F1、ROC 和 AUC。

表 8 - 1　以二分类为例的样本分类

缩　写	全　　称	中文解释
TP	True Positive	真正例
FP	False Positive	假正例
TN	True Negative	真反例
FN	False Negative	假反例

根据表 8 - 1,TP+FP+TN+FN=总样本集。

(1) 精确率(Precision)。

$$P = \frac{TP}{TP + FP}$$

精确率是对预测结果而言,表示预测为正的结果中有多少是真正例。

(2) 召回率(Recall)。

$$R = \frac{TP}{TP + FN}$$

召回率是对于样本而言,共有 $TP + FN$ 个样本,其中被正确分类的有多少。

(3) 准确率(Accuracy)。

$$A = \frac{TP + TN}{TP + TN + FN + FP}$$

准确率指的是在所有的分类样本中,分类正确的有多少。

(4) F1。

精确率和召回率是一对矛盾的指标。召回率高意味着其中的一类被尽可能地分出来了。那么极端情况下,学习器把正负两类全分为正例,此时正例全部被区分出来,召回率很高,但是精确率很低。因此单纯使用一种指标并不是很好的模型评价策略,因此提出 F1 值。

$$F1 = \frac{2 * P * R}{P + R} = \frac{2 * TP}{样本总数 + TP - TN}$$

F1 值为精确率和召回率的调和平均值。

（5）ROC 与 AUC。

受试者工作特征曲线（Receiver Operating Characteristic Curve，ROC 曲线），又称为感受性曲线（Sensitivity Curve）。ROC 曲线的纵轴是"真正例率"（TPR），正例被正确区分出来的概率；横轴是"假正例率"（FPR），反例中被错误分类的概率。

$$TPR = \frac{TP}{TP + FN}$$

$$FPR = \frac{FP}{TN + FP}$$

我们希望真正例率越大越好，也就是正例被正确区分出来的概率越大越好，即 $TPR=1$。同时，我们也希望假正例率越低越好，因为如果模型把所有样本都分成正例，此时 TPR 为 1，也就是所有的正例都被正确区分出来了，但是所有的反例都被错误的分成了正例，因此假正例率也为 1，位于 ROC 坐标中的右上角（1,1）。这样的模型并不是我们需要的，我们需要正例和反例都尽量被正确地区分出来，所以 TPR 应该尽量大，FPR 尽量小。

对于不同的模型，ROC 曲线被另一个学习器完全包住，则说明后一个学习器性能优于前一个。若两个学习器的 ROC 曲线交叉，则不能断言谁更优秀。因此使用 ROC 曲线下面积作为评价标准。ROC 曲线下面积称为 AUC（Area Under ROC Curve）。如图 8-9 所示。

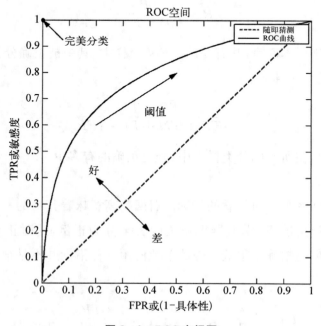

图 8-9 ROC 空间图

8.4 H2O 数据建模分析实例

1. 案例数据

该案例基于某贷款机构脱敏后的历史业务数据,数据中包含贷款违约。目标是建立模型评估贷款人是否有贷款资格及贷款额度上限值,原始数据存储在 4 张表格中,共包含 57 个字段。表格名称如表 8-2 所示。

表 8-2 原始数据的 4 张表格名

英 文 表 名	中 文 表 名
basic	基础表
bureau_loan	人行征信报告贷款记录表
bureau_card	人行征信报告贷记卡记录表
bureau_query	人行征信报告咨询记录表

2. 导入和解析数据

首先上传数据文件,单击“数据→上传文件…”按钮,如图 8-10 所示。

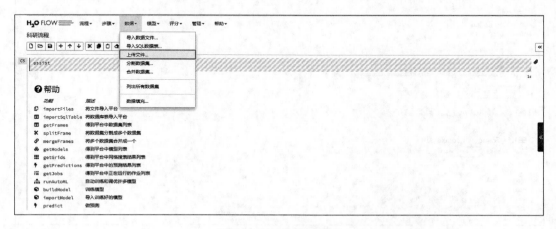

图 8-10 上传文件

修改目标变量字段“y”的类型为“Enum”,意为枚举类型。单击“解析”按钮,如图 8-11 所示。

单击“查看”按钮,并进一步单击“分割”按钮,如图 8-12 所示。

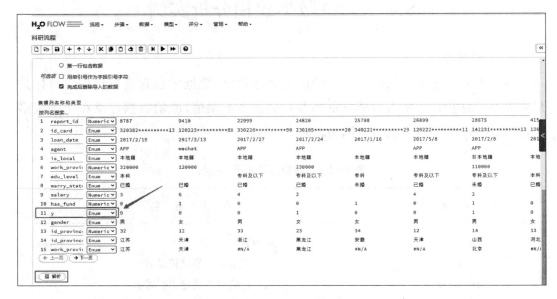

图 8 - 11　解析数据

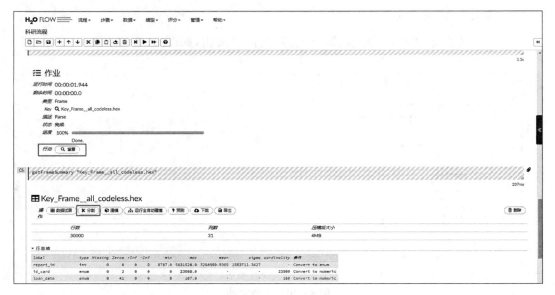

图 8 - 12　分割数据集

将数据分割成训练集、验证集和测试集。单击"添加一个新的划分"链接,在"比例"中分别填写 0.7 和 0.15,最后一行的 0.150 将自动显示,在"名称"中分别填写"training""validation"和"testing",在"种子"中填写 123 作为随机数种子,最后单击"创建"按钮,如图 8-13 所示。

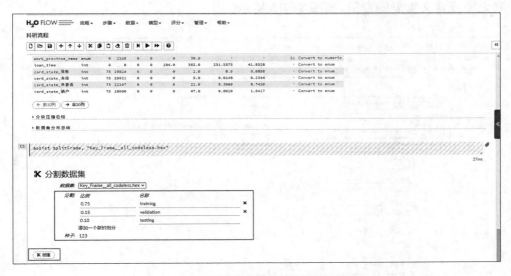

图 8-13　分割数据集的操作步骤

3. 建立梯度提升机模型

首先建立梯度提升机(Gradient Boosted Machine,GBM)模型,单击"模型→梯度提升机…"按钮,如图 8-14 所示。

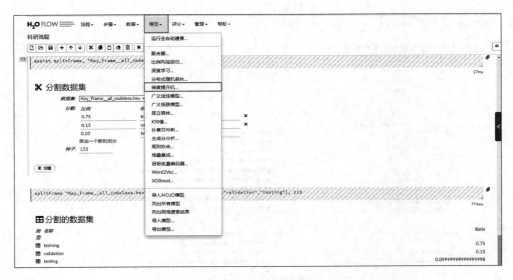

图 8-14　建立提度提升机

在显示的对话框中，训练集（training_frame）选择"training"，验证集（validation_frame）选择"validation"，即刚刚分割的70％和15％数据集。响应字段选择"y"，表示目标变量为用户是否逾期。训练时忽略的字段选择"report_id""id_card""loan_date""id_province""work_province"（单击"后10个"按钮翻页显示字段），忽略这些与信用预测无关或意义重复的变量，如图8-15所示。

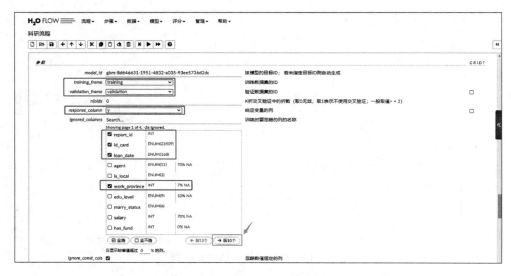

图8-15　建立提度提升机详情页

进一步配置模型参数，树的数量设置为"10；20；30"，树的最大深度设置为"3；4；5"，并勾选行末的复选框，行和列采样率都设置为0.7，如图8-16所示。

图8-16　模型参数配置

单击该对话框最下面的"建模"按钮,等待若干秒建模完成,单击最下面的"查看"按钮,得到模型训练和验证结果,如图 8-17 所示。

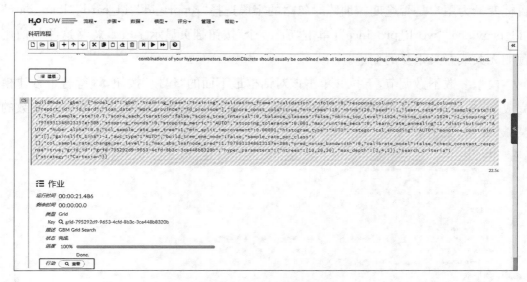

图 8-17　建立模型

通过定义的参数共训练出 9 个不同的 GBM 模型,如图 8-18 所示。

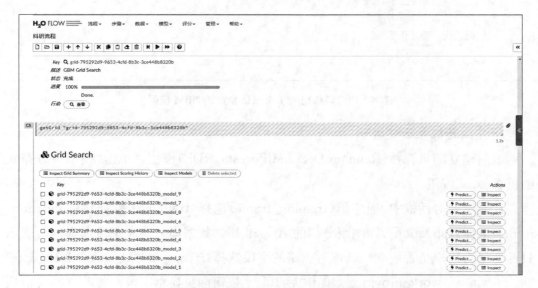

图 8-18　训练出的 9 个不同的 GBM 模型列表

4. 建立朴素贝叶斯模型

其次建立朴素贝叶斯(Naive Bayesian Model,NBM)模型。单击"模型→朴素贝叶斯…"按钮。

在显示的对话框中,训练集(training_frame)选择"training",验证集(validation_frame)选择"validation",即刚刚分割的70%和15%数据集。响应字段选择"y",表示目标变量为用户是否逾期。训练时忽略的字段选择"report_id""id_card""loan_date""id_province""work_province"(单击"后10个"按钮翻页显示字段),忽略这些与信用预测无关或意义重复的变量。

模型参数不做调节,下拉并单击该对话框最下面的"建模"按钮,等待若干秒建模完成,单击最下面的"查看"按钮,得到模型训练和验证结果。训练出1个默认参数的NBM模型,见图8-19。

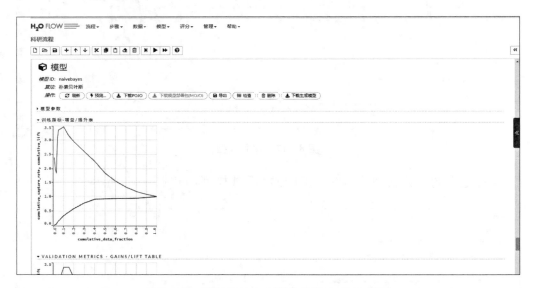

图 8-19   训练出的 1 个默认参数的 NBM 模型

5. 建立随机森林模型

最后建立随机森林(Random Decision Forests,RDF)模型。单击"模型→分布式随机森林…"按钮。

在显示的对话框中,训练集(training_frame)选择"training",验证集(validation_frame)选择"validation",即刚刚分割的70%和15%数据集。响应字段选择"y",表示目标变量为用户是否逾期。训练时忽略的字段选择"report_id""id_card""loan_date""id_province""work_province"(单击"后10个"按钮翻页显示字段),忽略这些与信用预测无关或意义重复的变量。

进一步配置模型参数,树的数量设置为"50;30",树的最大深度设置为"20;10;5",并勾选行末的复选框,其他参数保持默认。

单击该对话框最下面的"建模"按钮,等待若干秒建模完成,单击最下面的"查看"

按钮,得到模型训练和验证结果。通过定义的参数共训练出 6 个不同的 DRF 模型,见图 8 - 20。

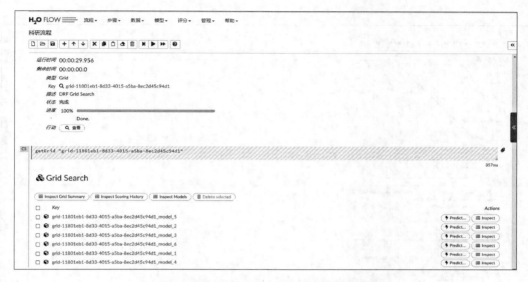

图 8 - 20 训练出的 6 个不同的 DRF 模型列表

6. 模型评估

使用数据集的最后 15% 测试集对模型做一次性公正的评估。单击"评分→预测…"按钮,模型选择之前训练好的模型之一,数据集选择"testing",单击"预测"按钮,如图 8 - 21 所示。

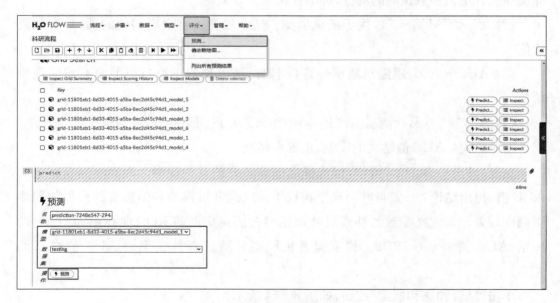

图 8 - 21 模型评估

可以看到模型在测试集上的 ROC 曲线图,以及在测试集上的 R2(r2)、损失函数(logloss)和 roc 曲线下面积(AUC),见图 8 - 22。

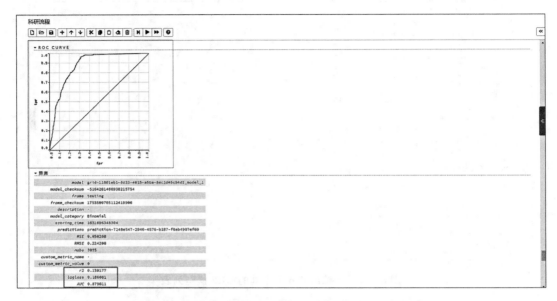

图 8 - 22　测试集上的 ROC 曲线图、R2、损失函数和 AUC

图 8 - 22 上的 AUC 值为 0.879611,从 AUC 值判断预测模型优劣的标准如下:

(1) AUC = 1,是完美分类器,采用这个预测模型时,存在至少一个阈值能得出完美预测。绝大多数预测的场合,都不存在完美分类器。

(2) 0.5 < AUC < 1,优于随机猜测。这个模型妥善设定阈值的话,具有预测价值。

(3) AUC = 0.5,跟随机猜测一样(例如扔硬币预测正反),模型没有实际预测价值。

(4) AUC < 0.5,比随机猜测还差,但如果总是反预测而行,就会优于随机猜测。

简单地说:AUC 值越大的模型,正确率越高。

重复"评分→预测…"操作,但选择之前训练好的其他模型。观察不同模型下的 AUC 值,得出结论:朴素贝叶斯模型相较于梯度提升机模型和随机森林模型的预测正确率较差。未定义参数的朴素贝叶斯模型在测试集上的 ROC 曲线图如图 8 - 23 所示,AUC 值为 0.807 278。梯度提升机模型和随机森林模型的 AUC 值在 0.85 左右。

单击"结合预测和框架"按钮,如图 8 - 24 所示。

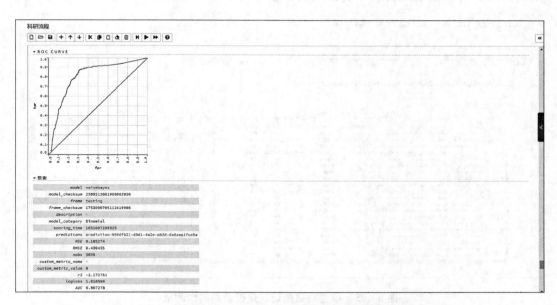

图 8-23　未定义参数的朴素贝叶斯模型在测试集上的 ROC 曲线图

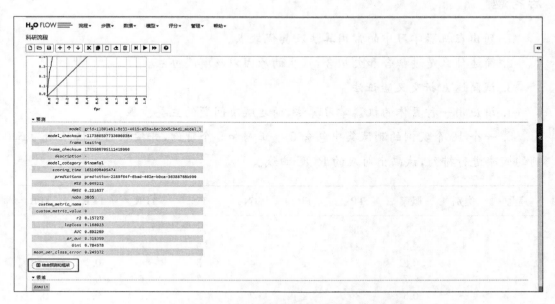

图 8-24　单击"结合预测和框架"按钮

单击"查看数据集"按钮。在显示的对话框中进一步单击"数据试图"按钮。得到该模型对于每条记录是否逾期的预测值在第1列中显示,如图8-25所示。

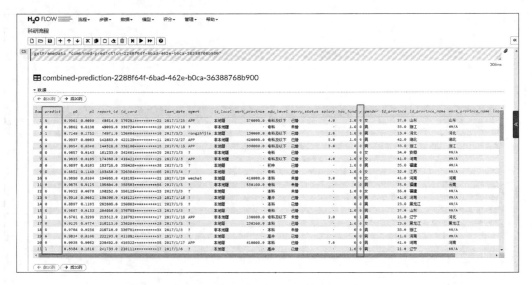

图 8-25 模型对每条记录是否逾期的预测值

思考题

1. 列出在机器学习中的常用算法及其优缺点。

2. 简述什么是过拟合和欠拟合,产生的原因以及解决办法。

3. 试简述 k 折交叉验证法。

4. 请应用一种具体的机器学习算法,简述解决问题的主要步骤。

5. 一个10个实例的测试集中包含5个正例和5个负例,并按照它们被预测为正例的概率进行排列,试画出对应的 ROC 曲线。

序号	类别	概率	TP	FP	TN	FN	TPR	FPR	TPR
1	+	0.95	1	0	5	4	0.2	0	0.2
2	+	0.9	2	0	5	3	0.4	0	0.4
3	−	0.8	2	1	4	3	0.4	0.2	0.4
4	+	0.7	3	1	4	2	0.6	0.2	0.6
5	−	0.6	3	2	3	2	0.6	0.4	0.6
6	+	0.5	4	2	3	1	0.8	0.4	0.8
7	−	0.4	4	3	2	1	0.8	0.6	0.8
8	−	0.3	4	4	1	1	0.8	0.8	0.8
9	+	0.2	5	4	1	0	1	0.8	1
10	−	0.1	5	5	0	0	1	1	1

第9章
社交网络分析

社交网络分析的主要研究内容：研究人，从点到面，从对个人兴趣的分析到社会关系分析，直至社会网络分析；研究信息，从对信息内容的解析到话题发现、话题传播；研究人和信息的属性，属性包括倾向性、可信度和影响力。社交网络分析针对文字、图片和视频带来的信息内容，跟自然语言处理和信息检索密切相关，包括社会的结构和信息传播时的传播网络结构，要想网络科学、复杂系统学习。其分析与心理学和管理学相关。

9.1　概　述

在线社交网络有着迅捷性、蔓延性、平等性与自组织性等四大特点。正因为这些特性，其在互联网出现的短短数十年内已经拥有数十亿用户，并对现实社会的方方面面产生着影响。为了利用好社交网络的特性，产生价值，消除危害，所以产生了社交网络分析这门科学。根据社交网络的特性，其主要研究三大内容：结构与演化，群体与互动，信息与传播。

9.1.1　社交网络分析概念及价值

社交网络，又称社交网络服务(Social Network Service)，是基于互联网为用户提供各种联系、交流的交互通路，是为一群拥有相同兴趣与活动的人创建的在线社区，允许用户分享兴趣爱好和日常活动。社交网络源自网络社交，网络社交的起点是电子邮件。互联网本质上就是计算机之间的联网，早期的 E-mail 解决了远程的邮件传输的问题，至今它也是互联网上最普及的应用，同时也是网络社交的起点。社交网络的发展验证了"六度分隔理论"(Six Degrees of Separation)，即最多通过六个人，你可以认识任何陌生人(见图9-1)。"六度分隔"说明了社会中普遍存在的"弱纽带",但是却发挥着非常强的作用。有很多人在找工作时体会到这种弱纽带的效果,通过弱纽带,人与人之间的距离变得非常"相近"。

图9-1 六度分隔理论

社交网络分析(Social Network Analysis,SNA)是指基于信息学、数学、社会学、管理学、心理学等多学科的融合理论和方法,为理解人类各种社交关系的形成、行为特点分析以及信息传播的规律提供的一种可计算的分析方法,是最近非常流行的一种社会科学研究方法。当然,这种分析思想不仅仅是社会科学领域,其实很多自然科学领域也在研究网络。过去的研究数据基本上都是属性数据,例如性别、年龄、收入、态度、价值观等等。我们都是生活在一个特定社会环境中,行为都受到其他人的影响。常规统计分析处理的都是属性数据,社交网络分析处理的则是关系数据,其分析单位是"关系",是从关系角度出发研究社会现象和社会结构,从而捕捉由社会结构形成的态度和行为。从商业角度,SNA可以通过分析个人的网络地图,为企业建立可视化、可测量的模型,来挖掘人们在联络、信息流动与价值交换等互动过程中潜藏的商业智能。

9.1.2 社交网络结构分析与建模

在线社交网络是一种在信息网络上由社会个体集合及个体(也称为节点)之间的连接关系构成的社会性结构,包含关系结构(载体)、网络群体(主体)与网络信息及其传播(客体)三个要素。

（1）社交网络中的"关系结构"为网络群体互动行为提供了底层平台，使社交网络的载体。社交网络的关系结构是社会个体成员之间通过社会关系结成的网络系统。

（2）"网络群体"直接推动网络信息传播，并反过来影响关系结构，社交网络的主体。网络社会群体行为是指网络个体就某个事件在某个虚拟空间聚合或集中，相互影响、作用、依赖，有目的性地以类似方式进行的行为。

（3）"网络信息及其传播"是社交网络的出发点和归宿，也是群体行为的诱因和效果，同样影响关系结构的变化，使社交网络的客体。基于社交网络的信息传播是指社交网络中的个体与个体之间、个体与群体之间、群体与群体之间的信息传递。

社交网络分析方法基于一个直觉性的观念，即行动者嵌入其中的社会关系的模式对于它们的行动结果有着重要的影响。社交网络分析者则力求揭示不同类别的模式。社交网络分析源自联系社会行动者的关系基础之上的结构性思想，它以系统的经验数据为基础，非常重视关系图性的绘制，依赖数学或计算模型的使用。

社交网络结构分析是通过统计方法来分析网络中节点（度）的分布规律、关系紧密程度、相识关系的紧密程度，某一个用户对于网络中所有其他用户对之间传递信息的重要程度等诸多统计特性。社交网络建模是针对社交网络的特性，采用结构建模的方法来研究产生这些特性的机制，以此来深刻认识社交网络的内在规律和本质特征。

社交网络模型许多概念来自图论，最早的学者是多温·卡特赖特（Dorwin Cartwright）和弗兰克·哈拉里（Frank Harary）采用数学图论的方法研究社会互动，推动了社交网络研究从描述性研究转向分析性研究。社交网络模型本质上是一个由节点（社会行动者）和边（行动者之间的关系）组成的图，该图包含以下概念：

（1）度（Degree）：与该节点相连的边的数目。在有向图中，所有指向某节点的边的数量叫作该节点的入度，所有从该节点出发指向别的节点的边的数量叫作该节点的出度（见图 9 - 2）。网络平均度反映了网络的疏密程度，而通过度分布则可以刻画不同节点的重要性。

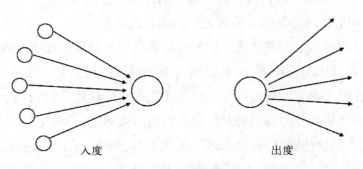

图 9 - 2　入度和出度

（2）网络密度（Density）：用于刻画节点间相互连边的密集程度，定义为网络中实际存在边数与可容纳边数上限的比值，常用来测量社交网络中社交关系的密集程度及演化趋势。

（3）聚类系数（Clustering Coefficient）：用于描述网络中与同一节点相连的节点间也互为相邻节点的程度。其用于刻画社交网络中一个人朋友们之间也互相是朋友的概率，反映了社交网络中的聚集性。

（4）介数（Betweeness）：为图中某节点承载整个图所有最短路径的数量，通常用来评价节点的重要程度，比如在连接不同社群之间的中介节点的介数相对于其他节点来说会非常大，也体现了其在社交网络信息传递中的重要程度。

9.1.3 社交网络分析发展现状及应用

社交网络的三个研究对象为社交网络本身的结构特性、社交网络中的群体及其行为，以及社交网络中的信息及其传播。由此延伸出在结构、群体、信息三个方面的研究问题：

（1）在线社交网络的结构特性与演化机理。

- 社交网络的表达方式是什么？
- 什么样的表示方式既能反映社交网络的本质，又能支持计算和分析？
- 什么样的计算方法能够准确刻画社交网络结构的演化？

（2）在线社交网络群体行为形成与互动规律。

- 在社交网络中如何刻画群体的存在及其形成方式？
- 群体间的交互影响如何进行表示与度量？
- 群体间的交互过程对群体的演变所产生的影响应该如何计算？

（3）在线社交网络信息传播规律与演化机理。

- 信息的内涵如何以可计算的形式来表达？
- 信息在社交网络上的传播过程与态势的计算方法是什么？
- 如何刻画信息内涵与信息传播之间的相互关系？

在结构分析方面，中国科学院计算所的程学旗等人分析了社区结构的特性，改进了网络层次重叠社区的发现方法，能够同时揭示网络的层次化和重叠社区结构。群体特性方面，合肥工业大学杨善林等人利用元胞自动仿真从众行为，发现当群体出现完全从众行为时，从众行为的结果对初始状态相当敏感，不同的初始状态就可能有不同的演化结果。信息传播方面，北京理工大学邢修三提出了以表述信息演化规律的信息熵演化方程为核心的非平衡统计信息理论，从定量的角度对信息演化机理进行了有益的探索。

在线社交正在改变着人们的行为模式和社会形态,而在线网络数据也正在成为最成熟的大数据。通过研究和分析这一技术,人们有望对在线社交网络大数据背后的用户行为、社会现象的理解达到空前的深度。

目前社交网络分析的应用主要体现在社交推荐、舆情分析、隐私保护、用户画像、可视化等方面。

(1) 社交推荐。社交推荐顾名思义是利用社交网络或者结合社交行为的推荐,具体表现为推荐 QQ 好友、微博根据好友关系推荐内容等。在线推荐系统最早被亚马逊用来推荐商品,如今,推荐系统在互联网已无处不在,目前大热的概念"流量分发是互联网第一入口",支撑这个概念有两点核心:一是内容,二就是推荐。今日头条在短短几年间迅速崛起便是最好的证明。根据推荐系统原理,社交推荐可定义为一种"协同过滤"推荐,即不依赖于用户的个人行为,而是结合用户的好友关系进行推荐。对于互联网上的每一个用户,通过其社交账户能很快定义这个用户的众多特点,再加之社交网络用户数量众多,使得利用社交关系的推荐近些年备受关注。

(2) 舆情分析。舆情分析在互联网出现之前就被广泛应用在政府公共管理,商业竞争情报搜集等领域。在社交媒体出现之前,舆情分析主要是线下的报纸,还有线上门户网站的新闻稿件,这些信息的特点是相对专业准确,而且易于分析和管理;但随着社交媒体的出现,舆情事件第一策源地已经不是人民日报、新华社这样的大媒体,而是某一个名不见经传的微博用户或一个个人微信公众号。它们的特点是信息非常新鲜;缺点是真实度较低且传播十分迅速,难以控制。所以社交网络下的舆情分析是一门新的学问。

(3) 隐私保护。隐私问题在互联网时代已经是老生常谈的问题了。在社交网络中,作为用户,我们可能会留下大量痕迹,这些痕迹有隐性的,也有显性的。社交服务提供商可以根据你的少量痕迹,挖掘到大量你的个人信息,有些信息是你不愿意别人知道的。这其中存在一个矛盾,即社交服务提供商出于商业目的想尽可能获取你的个人信息,但是你又担心自己的个人信息被泄露。所以在隐私保护领域,要设计足够安全的机制,在保护个人隐私的前提下最大化商业利益和用户的体验。

(4) 用户画像。用户画像是一个营销术语,是通过研究用户的资料和行为,将其划分为不同的类型,进而采取不同的营销策略。传统的用户画像最常用的手段就是调查问卷,一方面用来获得对于产品的反馈,另一方面就是对用户进行画像。在社交网络,用户画像方式变得更多了,除了传统的线下问卷变成在线问卷。我们通过用户的行为,一方面通过统计学方法获得一些用户特征,另一方面通过机器学习进行建模和验证获得意外的收获。

（5）可视化。可视化是随着大数据一起成为热门话题的。因为人类对于图像信息的理解速度要大于文字信息数百倍，所以将一些数据可视化有助于人们更生动地理解某一结论或现象。当然不是所有数据都适合可视化，在社交网络中，我们最常见的有信息传播轨迹还有词云图等。除了专门可视化的机构，网上也有许多开源的可视化库，百度的 Echarts 就很有名。对于社交网络信息传播以及好友关系等的可视化，使得我们能直观看到一些事实，这对于舆情报告以及新闻报道都有很好的辅助作用。

目前，众多软件公司发现了社交网络分析业务的潜力，正在开发该功能。

9.2 社交网络的类型

根据观察的角度不同，社会网络可以分为自我中心社会网（ego-centric networks）和整体社会网（whole-networks）。

自我中心社会网只能分析社会网络连带（social tie），却不能分析网络结构。整体社会网则分析社会连带的功能较弱，更关注网络结构中成员的关系状态。

9.2.1 自我中心社会网

自我中心社会网从研究的个体出发，研究与其直接或间接的联结，找出由中心向外扩展的关系网络。自我中心社会网络通过随机抽样采用问卷方式收集个体社会交往信息，分析这些信息对个体行为产生的影响。

自我中心社会网络通过由个体自己提出在某些领域与自己关系密切的人名及个体与这些人之间关系的类型和特征。其中比较著名的有美国著名社会学家、芝加哥大学商学院社会学和战略学教授罗纳德·伯特（Ronald Burt）提出的提名生成法自我中心社会网络问卷。

在个体中心社会网络中关系的类型可以有很多种。我国台湾心理学家黄光国研究中国人行为中人情与面子问题，认为中国人有三种关系：情感型关系，即情感支持的交换；工具型关系，对等的资源交换关系；混合型关系，同时包含上面两种关系。

1. 自我中心网络与个体行为关系研究

在自我中心网络中研究个体之间的关系最著名的是格兰诺维特的"弱连带优势"（the strength of weak ties），弱连带较之于强联带有更好的信息传播效果。边燕杰和张文宏研究了关系强度与提供资源之间的关系后认为,强关系更有可能在职业流动中提供"影响",而弱关系则可能提供"信息";在国内,关键人物的推荐或引见等影响会更重要。

美国学者克林·E. 盖尔西克(Kelin E. Gersick)等人通过对来自 6 个管理学校的 37 名教员进行深入访谈,探讨了关系对其职业生涯的影响,以及性别差异在这一过程中的作用。研究者先给被访人员发放 10 张空白卡片,要求被访者被要求在 10 张卡片中挑出对其影响最大(包括正面和负面影响)的两张。对访谈结果的进一步分析表明,被访者在选择时既有工具性的理由(对工作的支持),又有包括情感性的理由(情感上的支持),并且在关系的影响中既有正面影响,也有负面影响。这说明关系既可能带来正面的影响,同时也可能会有消极作用。同时,将资料按被访者性别进行分析的结果显示,女性受到关系负面影响的程度较大。

2. 自我中心网络对组织行为的影响

美国得克萨斯大学达拉斯分校全球战略主席迈克·W. 鹏(Mike W. Peng)和迈阿密大学教授兼 Emery Findley 杰出主席罗亚东(Yadong Luo)通过对中国 6 个省 400 家公司的调查,探讨了管理者的个体连带对提高组织表现的重要作用。作者指出,在一个正式制度约束(如法律和规则)比较弱的环境下,非正式的约束(如镶嵌在管理者人际关系间的关系)可能在促进经济交换上扮演着重要的角色,从而对公司的表现产生明显的影响。作者将一个公司的主管是否与其他公司高层经理或者政府官员有连带作为解释变量,将公司的资产利润和市场份额作为因变量,通过对资料进行回归分析,得出了以下的结论:管理者与政府官员的连带对公司表现的影响,在非国有企业中比在国企中强烈,在小企业中要比大企业中强烈,并且仅就利润而非市场份额而言,这种连带在服务业中要比在制造业中影响强烈。公司主管与其他公司高管的连带对公司市场份额的影响,在非国企中要比在国企中强烈,在小企业中要比大企业强烈,而在对利润的影响上没有发现显著差别。上述结论证明,正是在正式制度约束弱、资源总量比较少、管理者难以通过正式渠道获得所需信息和其他资源的情况下,关系才发挥明显的作用。关系实际上是通过充当正式制度的替代物而对公司表现产生影响。

美国学者路易斯·R. 戈麦斯-梅西亚(Luis R. Gonez-Mejia)等人通过对西班牙 27 年间报社群体的资料进行分析,研究了委托人和代理人之间的家庭连带对公司表现产生影响。其研究发现,当主管与企业所有者有家族连带时,主管任期与表现之间的联系较弱;当主管是拥有企业的扩展家庭中的一员时,较高的商业风险导致主管解职的可能性较小;对于在强关系合约下操作的主管来说,公司表现、商业风险和主管任期之间的联系较小;在家族合约下,CEO 任期终止对组织生存的正面影响更大。

9.2.2　整体社会网

整体社会网络就是圈定范围内所有行动者的相互关系、密度、联系特征和次团体的数量等,范围可以是组织、团体、部门、小组甚至车间。通过分析整体网络,可以发现网络内不同地位的个体角色,如明星、鼓励者、联络人、桥梁等。整体社会网络主要研究网络结构问题。

整体社会网络中的封闭群体中个体间的关系是多维的,美国卡内基·梅隆大学海因茨信息系统与公共政策学院的组织学教授大卫·M. 魁克哈特(David M. Krackhardt)认为有三种关系类型:情感关系、情报关系和信任关系,并认为信任关系和情感关系经常会重叠。我国学者罗家德认为一个人在组织的场域中有四维的社会网络:情感网、咨询网、情报网和关系网。

整体社会网络资料的收集需要在一个有边界的团体(可以是企业、部门或者一个团队)中,询问团体中的每个人和其他人之间的关系,问题可以涉及情感网、咨询网、情报网和关系网等方面的内容。

整体社会网络资料比自我中心社会网络资料更难收集,它要求一整个群体中所有的人都必须自愿填答问卷,而且问卷不能匿名。满足上面的要求,很难进行随机抽样,只能采取便利抽样法。

1. 整体网络对个体行为的影响研究

最具代表性的就是博特的"结构洞理论",是结构分析研究之中的杰出之作,它强调在人际网络中,结构位置对网络成员的资源及权利取得具有重要的影响关系,尤其是弱连带网络中"桥"的位置可以使位置拥有者掌握多方面的讯息,从而有信息的利益以及操控的利益,进而掌握了商业机会。

美国学者雷·里根斯(Ray Reagans)和比尔·麦克埃弗利(Bill McEvily)通过知识的成文性、个人连带强度、个人间的共同知识、个人间的社会凝结和个人的网络宽度等对知识传递的容易程度进行研究后证实:① 共同知识将有助于知识传递的容易程度;② 连带强度有助于知识传递的容易程度;③ 连带强度与知识传播间的积极关系将随着非书面知识的传递而增加;④ 社会凝结与知识传递成正相关关系。

2. 整体社会网络和组织行为的交互影响

美国学者雷·斯派罗(Ray Sparrowe)等人研究了 38 个团队的整体社会网络结构特征,研究结果显示员工的个人绩效与其网络中心性程度正相关,与其网络阻碍程度(即被组织内其他成员认为会阻碍他们工作进展的程度)负相关;整体网络密度与团队绩效正相关,整体网络阻碍密度与团队绩效显著负相关,整体网络中心性与团队绩效负相关。Raymond 等研究最大的贡献在于不仅关注整体社会网络结构体征对个体个组织的正面影响,也开始关注整体社会网络结构特征对个体个组织的负面影响。

美国布法罗大学副教授普拉萨德·巴尔昆迪(Prasad Balkundi)和得克萨斯大学奥斯汀分校杰出主席大卫·A. 哈里森(David A. Harrison)通过对 20 世纪 50、60 年代关于团队的 37 个研究成果进行后设分析(meta-analysis),探讨了团队成员和领导者的社会网络结构对团队表现及生存能力的影响。研究发现,团队中工具性网络和情感性网络密度会与团队的任务表现和生存能力都成正相关。同时,对网络密度和团队成果之间的联系进一步考察表明,情感性网络密度与工具性网络密度相比,对团队生存能力有着更强影响。

9.3　社交网络分析工具

社交网络分析将关于关系的信息转换为字段,这些字段可描述个人和组的社交行为的特征。社交网络分析可识别影响网络中他人行为的社交领导。此外,可确定受其他网络参与者影响最大的个体。通过结合这些结果和测量,可创建个人的综合配置文件,作为预测模型的基础,包括社交信息的模型比不包括的模型执行效果更好。

9.3.1　SPSS Modeler 15

被誉为第一数据挖掘工具的 IBM SPSS Modeler(原名 Clementine)是 IBM SPP 的核心挖掘产品,它拥有直观的操作界面,自动化的数据准备,和成熟的预测分析模型。使用它,企业可以将数据分析和建模技术与特定的商业问题结合起来,找出其他传统数据挖掘工具可能找不出的答案。

社交网络分析是 SPSS Modeler 15 的一个新功能。SNA 用于映射和度量个人、组和其他实体(定义为节点)之间的关系,其典型应用包括客户流失预警、病毒式营销等,也可以与传统数据挖掘模型结合使用以提高后者的性能。

目前有两种算法支持这个功能,分别是 GA(Group Analysis,是一种基于群体的分析方法)和 DA(Diffusion Analysis,着眼于计算一些人的行为对网络中其他人的冲击强度)(见图 9 - 3)。在 Modeler 15 中这两个算法以两个"源"节点的形式出现。

图 9-3 GA 和 DA

SPSS Modeler 社交网络分析服务将包括数以百万计的个人和关系的大量网络数据高效处理为相对少量的字段,并进行深入分析。例如,在社交网络分析中识别网络中最受特定人员流失影响的个人。此外,可发现网络中流失风险提高的个人组。通过在模型中结合这些影响的关键绩效指标,可提高它们的总体绩效。社交网络分析节点的处理必须通过 SPSS Modeler 社交网络分析服务完成。当在 SPSS Modeler 中执行包含社交网络分析节点的流时,必须连接到也包含 SPSS Modeler 社交网络分析服务的 SPSS Modeler Server 实例。

9.3.2 UCINET

UCINET 软件是由美国加州大学欧文(Irvine)分校的一群网络分析者撰写的。对该软件进行扩展的团队是由斯蒂芬·博加提(Stephen Borgatti)、马丁·埃弗里特(Martin Everett)和林顿·弗里曼(Linton Freeman)组成。

目前最流行的社交网络分析人软件是 UCINET,UCINET 网络分析集成软件,其中包括一维与二维数据分析的 NetDraw,还有正在发展应用的三维展示分析软件 Mage 等,同时集成了 Pajek 用于大型网络分析的 Free 应用软件程序。UCINET 为 Window 程序,可能是最知名和最经常使用的处理社交网络数据和其他相似性数据的综合性分析程序。

与 UCINET 捆绑在一起的还有 Pajek、Mage 和 NetDraw 等三个软件。UCINET 能够处理的原始数据为矩阵格式,提供了大量数据管理和转化工具。该程序本身不包含网络可视化的图形程序,但可将数据和处理结果输出至 NetDraw、Pajek、Mage 和 KrackPlot 等软件作图。UCINET 包含大量包括探测凝聚子群和区域、中心性分析、个人网络分析和结构洞分析在内的网络分析程序。UCINET 包含为数众多的机遇过程的分析程序,如聚类分析、多维标度、二模标度(奇异值分解、因子分析和对应分析)、角色和地位分析(结构、角色和正则对等性)和拟合中心-边缘模型。此外,UCINET 提供了从简单模拟到拟合 p1 模型在内的多种统计程序。

9.4 社交网络分析指标

9.4.1 个体影响力分析

发现社交网络中的有影响力的个体是社交网络研究中非常重要的研究分支,而且有着重要的应用价值,例如微博营销、谣言检测、舆情管理等等。

基于社交网络的图结构特性,有以下几个指标(见表 9-1)用来衡量网络中节点的中心度,即节点的影响力。社交网络中用户的行为决定用户的影响力,以微博为例,用户主要表现的行为是评论、转发、回复、点赞、复制、阅读等等,基于这些行为特征构建多种网络关系图,可通过随机游走等方法发现网络中的影响力个体。

表 9-1 不同类型下网络中节点的中心度度量方法及公式

类型	度量方法	计 算 公 式	度量方法描述
基于节点度	入度	$\deg^{(in)}(v_i) = \sum_j a_{j,i}$	当前节点对邻居节点的影响力。
	出度	$\deg^{(out)}(v_i) = \sum_j a_{i,j}$	邻居节点对当前节点的影响力。
	度中心度	$C^{DEG}(v_i) = \dfrac{\deg(v_i)}{n-1}$	当前节点与邻居节点间的平均影响力。
基于最短路径	紧密中心度	$C^{CLO}(v_i) = \dfrac{1}{\sum_{v_j \neq v_i} g'_{ij}}$	当前节点到网络中其他节点的距离,其中 g'_{ij} 表示节点 i 到 j 的最短路径长度。
	介数中心度	$C^{BET}(v_i)$ $= \dfrac{\sum_{s<t} \lvert\{g^i_{st}\}\rvert / \lvert\{g_{st}\}\rvert}{n(n-1)/2}$	当前节点在网络中所处位置的重要程度,其中 $\lvert\{g_{st}\}\rvert$ 表示节点 s 和 t 之间的最短路径(也称为测地线)个数,$\lvert\{g^i_{st}\}\rvert$ 表示上述最短路径中经过节点 i 的个数。
基于随机游走	特征向量中心度	$\lambda x_i = \sum_{j=1}^{n} a_{i,j} x_j, i=1,2,\cdots,n$	当前节点的影响力取决于邻接节点影响力的线性和。其中 λ 表示邻接矩阵的最大特征值。
	Katz 中心度	$C^{Katz}(v_i) = \sum_{k=1}^{\infty} \sum_{j=1}^{n} \alpha^k (A^k)_{ij}$	当前节点的影响力由从该节点出发的随机游走路径所决定。其中 α 为惩罚因子。
	PageRank 度量	$Pr(v_i)$ $= \dfrac{1-d}{n} + d \sum_{v_j \in L^{in}_{(v_i)}} \dfrac{Pr(v_j)}{\lvert L^{out}_{(v_i)} \rvert}$	当前节点的影响力排名。其中 $L^{in}_{(v_i)}$ 表示链入 v_i 的节点,$L^{out}_{(v_i)}$ 表示链出 v_i 的节点,d 为阻尼因子。

9.4.2 凝聚子群分析

当网络中某些行动者之间的关系特别紧密,以至于结合成一个次级团体时,这样的团体在社会网络分析中被称为凝聚子群。分析网络中存在多少个这样的子群、子群内部成员之间关系的特点、子群之间关系特点、一个子群的成员与另一个子群成员之间的关系特点等就是凝聚子群分析。由于凝聚子群成员之间的关系十分紧密,因此有的学者也将凝聚子群分析形象地称为"小团体分析"。

1. 凝聚子群的定义及分析方法

(1) 派系(Cliques)。在一个无向网络图中,派系指的是至少包含三个点的最大完备子图。这个概念包含三层含义:① 一个派系至少包含三个点。② 派系是完备的,根据完备图的定义,派系中任何两点之间都存在直接联系。③ 派系是"最大"的,即向这个子图中增加任何一点,将改变其"完备"的性质。

(2) n-派系(n-Cliques)。对于一个总图来说,如果其中的一个子图满足如下条件,就称之为 n-派系:在该子图中,任何两点之间在总图中的距离(即捷径的长度)最大不超过 n。从形式化角度说,令 $d(i,j)$ 代表两点和 n 在总图中的距离,那么一个 n-派系的形式化定义就是一个满足如下条件的拥有点集的子图,即对于所有的 $n-i$,在总图中不存在与子图中的任何点的距离不超过 n 的点。

(3) n-宗派(n-Clan)。所谓 n-宗派(n-Clan)是指满足以下条件的 n-派系,即其中任何两点之间的捷径的距离都不超过 n。可见,所有的 n-宗派都是 n-派系。

(4) k-丛(k-Plex)。一个 k-丛就是满足下列条件的一个凝聚子群,即在这样一个子群中,每个点都至少与除了 k 个点之外的其他点直接相连。也就是说,当这个凝聚子群的规模为 n 时,其中每个点至少都与该凝聚子群中 $n-k$ 个点有直接联系,即每个点的度数都至少为 $n-k$。

2. 凝聚子群的密度(External-Internal Index,E-I Index)

主要用来衡量一个大的网络中小团体现象是否十分严重。这在分析组织管理等问题时十分有用。最糟糕的情形是大团体很散漫,核心小团体却有高度内聚力。另外一种情况就是大团体中有许多内聚力很高的小团体,很可能就会出现小团体间相互斗争的现象。凝聚子群密度的取值范围为 $[-1,+1]$。该值越向 1 靠近,意味着派系林立的程度越大;该值越接近 -1,意味着派系林立的程度越小;该值越接近 0,表明关系越趋向于随机分布,看不出派系林立的情形。

E-I Index 可以说是企业管理者的一个重要的危机指数。当一个企业的 E-I Index 过高时,就表示该企业中的小团体有可能结合紧密而开始图谋小团体私利,从而伤害到整个企业的利益。其实 E-I Index 不仅仅可以应用到企业管理领域,也可以应用到其他领域,比如用来研究某一学科领域学者之间的关系。

如果该网络存在凝聚子群,并且凝聚子群的密度较高,说明处于这个凝聚子群内部的这部分学者之间联系紧密,在信息分享和科研合作方面交往频繁,而处于子群外部的成员则不能得到足够的信息和科研合作机会。从一定程度上来说,这种情况也是不利于该学科领域发展的。

9.4.3　核心-边缘结构分析

核心-边缘(Core-Periphery)结构分析的目的是研究社会网络中哪些节点处于核心地位,哪些节点处于边缘地位。核心-边缘结构分析具有较广的应用性,可用于分析精英网络、科学引文关系网络以及组织关系网络等多种社会现象中的核心-边缘结构。

根据关系数据的类型(定类数据和定比数据),核心-边缘结构有不同的形式。定类数据和定比数据是统计学中的基本概念,一般来说,定类数据是用类别来表示的,通常用数字表示这些类别,但是这些数值不能用来进行数学计算;而定比数据是用数值来表示的,可以用来进行数学计算。如果数据是定类数据,可以构建离散的核心-边缘模型;如果数据是定比数据,可以构建连续的核心-边缘模型。而离散的核心-边缘模型根据核心成员和边缘成员之间关系的有无及关系的紧密程度,又可分为三种:

(1) 核心-边缘全关联模型。

(2) 核心-边缘局部关联模型。

(3) 核心-边缘关系缺失模型。

如果把核心和边缘之间的关系看成是缺失值,就构成了核心-边缘关系缺失模型。这里介绍适用于定类数据的 4 种离散的核心-边缘模型。

(1) 核心-边缘全关联模型。网络中的所有节点分为两组,其中一组的成员之间联系紧密,可以看成是一个凝聚子群(核心),另外一组的成员之间没有联系,但是,该组成员与核心组的所有成员之间都存在关系。

(2) 核心-边缘无关模型。网络中的所有节点分为两组,其中一组的成员之间联系紧密,可以看成是一个凝聚子群(核心),而另外一组成员之间则没有任何联系,并且同核心组成员之间也没有联系。

(3) 核心-边缘局部关联模型。网络中的所有节点分为两组,其中一组的成员之间联系紧密,可以看成是一个凝聚子群(核心),而另外一组成员之间则没有任何联系,但是它们同核心组的部分成员之间存在联系。

（4）核心-边缘关系缺失模型。网络中的所有节点分为两组,其中一组的成员之间的密度达到最大值,可以看成是一个凝聚子群（核心）,另外一组成员之间的密度达到最小值,但是并不考虑这两组成员之间关系密度,而是把它看作缺失值。

思考题

1. 简述社交网络分析的意义与重要性。

2. 简述社交网络分析在如今社会是如何应用的。

3. 简述社交网络模型中常用的统计特性及其概念解释。

4. 简述个体影响力都有哪些计算方法,并分别列出其计算公式。

5. 请以微博为例,用社交网络分析方法阐述能否找到一种方法,自动地为我的所有好友进行分组。

第10章
基于链家租房网数据的租房价格预测示例

本章案例覆盖链家网租房信息分析的全流程,主要包含以下五个步骤:

(1) 使用 UiPath 作为工具进行链家网租房信息爬取;

(2) 对爬取数据进行处理,使用 Excel 作为工具,将爬取到的原始信息做分列和清洗操作;

(3) 同样使用 UiPath 作为工具,进行房屋经纬度补充信息爬取,为地理信息可视化做准备;

(4) 使用 Tableau 作为工具进行可视化分析,包括地理信息图、盒须图和面积图等;

(5) 使用 H2O 作为工具,进行链家网租房价格预测建模,以租房价格作为目标变量、其他信息作为预测变量,建立回归模型。

10.1　房价数据爬取(全量数据)

本节使用 UiPath 作为工具,介绍链家网租房信息全量数据的爬取。

1. 准备数据爬取

在 Chrome 浏览器中打开链家网上海租房首页 https://sh.lianjia.com/zufang/,并打开 UiPath Studio,创建一个空白流程,见图 10-1。

2. 配置各区域 URL 数据爬取

由于要对上海市每个区域进行爬取,所以需要对上海市每个区进行遍历。首先需要获取到各区域的 URL 地址,各区域信息在页面中的位置见图 10-2。

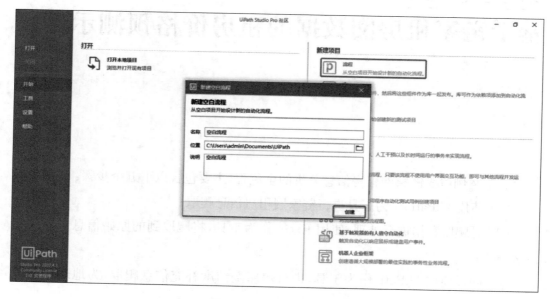

图 10-1 创建空白流程

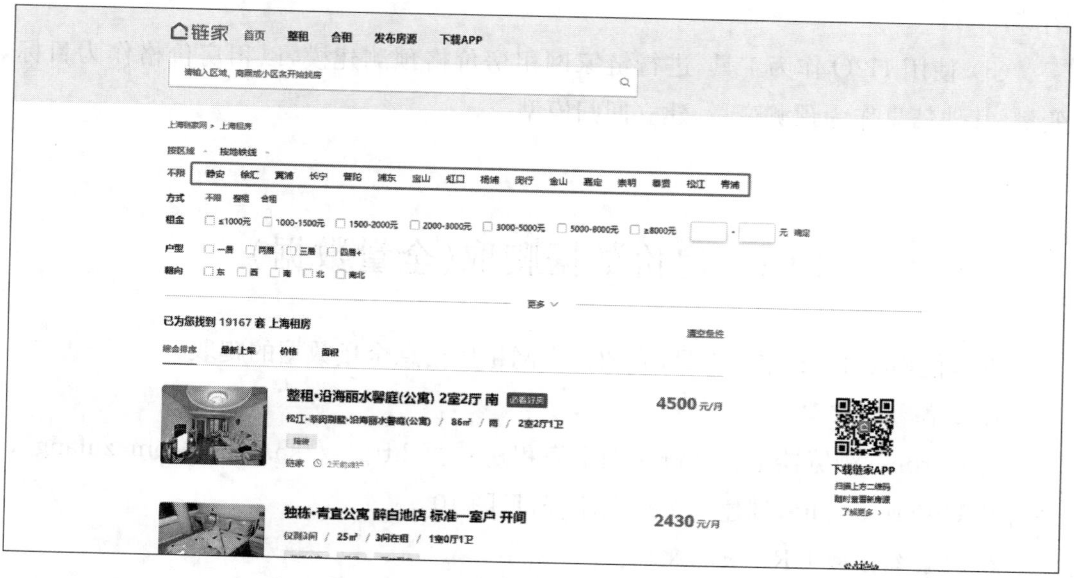

图 10-2 区域位置信息在页面中的位置

在 UiPath 中单击"数据抓取"按钮,页面弹出"提取向导"对话框,提示"选择元素",单击"下一步"按钮,见图 10-3。

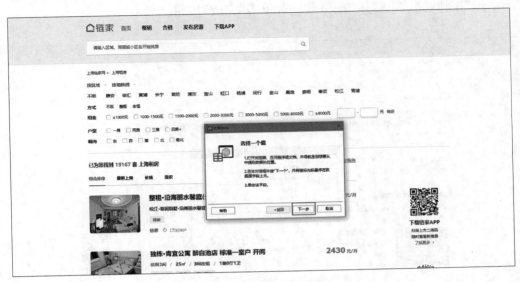

图 10-3 提取向导——选择元素

此时对话框将消失,出现手形,选取页面中第 1 个区域,在屏幕中会以高亮显示,见图 10-4。

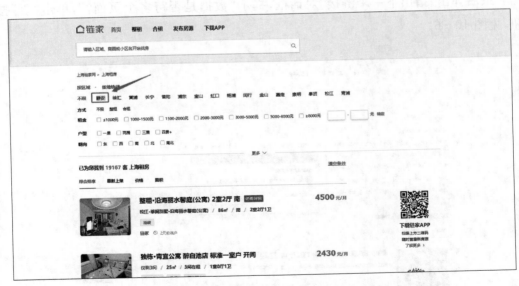

图 10-4 提取向导——选择一个值

随后会再一次弹出"提取向导"对话框,提示"选择第二个元素",单击"下一步"按钮。对话框将消失,出现手形,选取页面中最后 1 个区域,在屏幕中以高亮显示。

　　单击完成后,再一次弹出"提取向导"对话框,提示"配置列",将"文本列名称"设置为"区域"。勾选"提取 URL",将"URL 列名称"设置为"URL",见图 10 - 5。单击"下一步"按钮,完成后提示"预览数据",单击"完成"按钮。

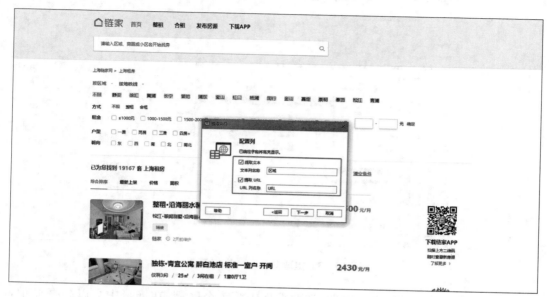

图 10 - 5　提取向导——配置列

　　最后弹出"指出下一个链接"对话框,提示"数据是否跨多个页面?",单击"否"按钮,见图 10 - 6。

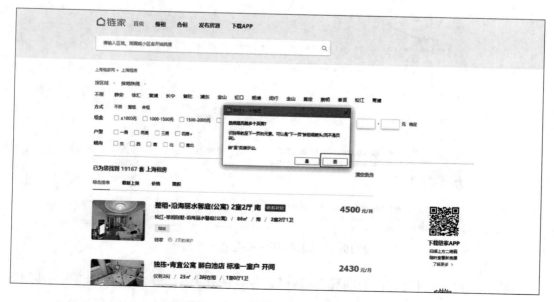

图 10 - 6　指出下一个链接对话框

此时返回到 UiPath 界面,在左侧的活动搜索框输入"写入 CSV",将"写入 CSV"活动拖拽到序列中。在该活动中,将"写入某个文件"设置为输出文件的保存位置。将"写入来源"设置为"ExtractDataTable",即数据爬取得到的数据变量。将编码修改为""utf-8""(注意:此处以后凡是加引号,都是英文引号),见图 10 - 7。

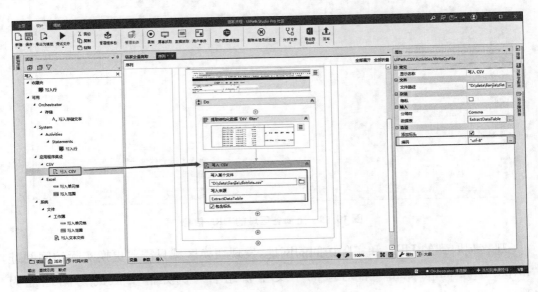

图 10 - 7　写入 CSV

设置完成后,单击"运行文件"按钮,运行爬取区域 URL 的流程,见图 10 - 8。爬取结束后,可打开保存位置的文件,验证区域 URL 的爬取结果。

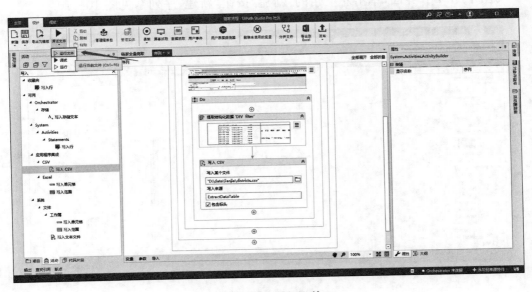

图 10 - 8　运行文件

3. 配置租房信息全量数据爬取

上步骤中已经将上海各区域的 URL 信息储存在文件中，见图 10 - 9。

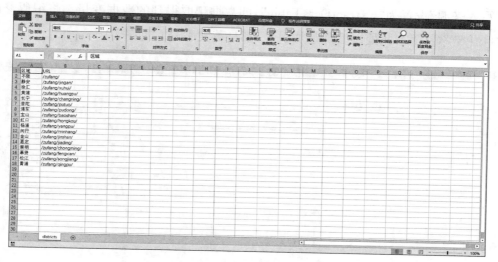

图 10 - 9　上海各区域的 URL 信息

观察爬取到的 URL 和实际访问的网址，发现切换区域只需要更换实际访问网址"https://sh.lianjia.com/"后对应的中文全拼组合。例如静安区的访问地址为"https://sh.lianjia.com/zufang/jingan/"，徐汇区的访问地址为"https://sh/lianjia.com/zufang/xuhui/"。理解区域切换的网址规则后我们只需要循环提取爬取到的 URL 信息就可以实现爬取所有区域的租房信息。

返回 UiPath 界面，单击左上角的"新建"按钮，新建"序列"，见图 10 - 10。

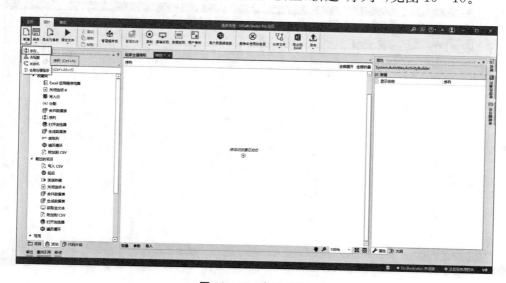

图 10 - 10　新建序列

创建序列后在 UiPath 的流程中先读取上海市各区域 URL 的.csv 文件。单击"活动",搜索"excel",将"Excel 应用程序范围"从左侧选项卡拖动到右侧空白区域。在工作簿路径中填写""D:/data/lianjia/districts.csv"",见图 10 - 11。

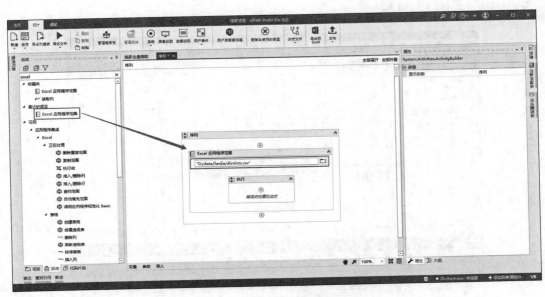

图 10 - 11　Excel 应用程序范围

定义好后,单击"活动",搜索"读取列",将读取列从左侧选项卡拖动到右侧的"执行框"中,并填入工作表""districts""以及起始单元格""B3"",见图 10 - 12。

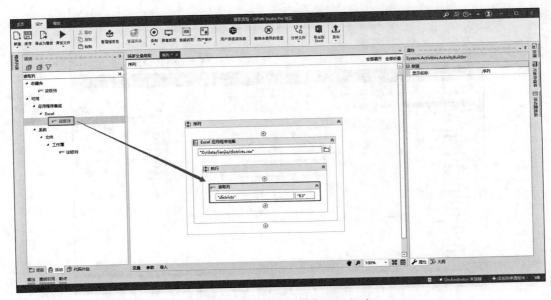

图 10 - 12　将读取列拖入执行框中

接下来对读取到的单元格进行输出，单击流程中"读取列"的流程窗口，单击下方变量，创建变量"districts"，指定变量类型为"System.Collections.Generic.IEnumberable⟨T⟩"，T的类型为"Object"，指定变量范围为"序列"。在右侧窗口指定读取列的输出结果为"districts"，见图 10 – 13。

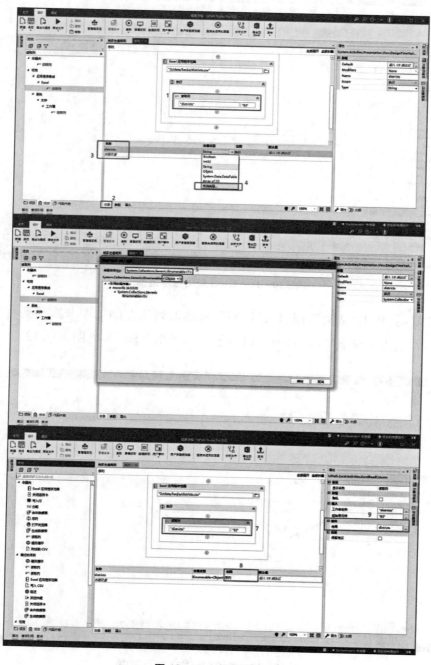

图 10 – 13　创建变量

接下来对区域的集合"districts"进行循环遍历，每次取出一个区域用于打开网址。单击"活动"，搜索"遍历循环"，拖入右侧序列中，放置在"遍历循环"流程框外。并填写遍历循环"item"输入"districts"。同时在右侧修改"item"为"String"类型，见图 10 - 14。

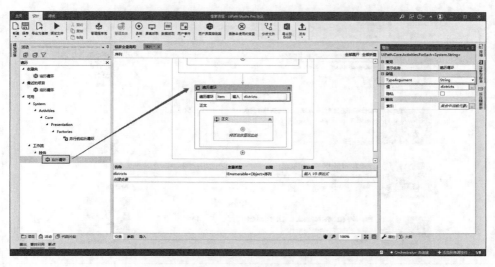

图 10 - 14　设置遍历循环

接着需要流程自动打开浏览器，进入链家网各区域的租房页面。单击"活动"，搜索"打开浏览器"，拖入到"遍历循环"的"正文"框中。输入链家网租房网址的首页与我们循环出的结果合并，即""https://sh.lianjia.com" + item"。并在"打开浏览器"活动中填入""https://sh.lianjia.com" + item"，进行浏览器的自动搜索。同时选择浏览器的类型为"Chrome"，见图 10 - 15。

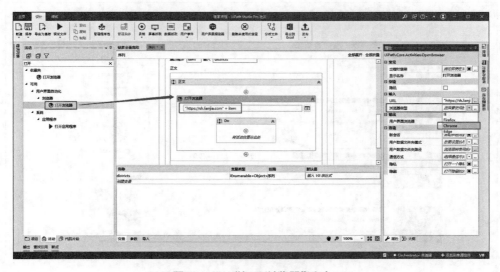

图 10 - 15　"打开浏览器"活动

245

接下来实现爬取租房信息。单击"打开浏览器"的"Do"流程框,再单击上方"数据抓取"按钮。弹出"提取向导"对话框,提示"选择元素",单击"下一步"按钮。对话框将消失,出现手形,选取页面中第一个房屋标题,在屏幕中以高亮显示,见图 10 - 16。

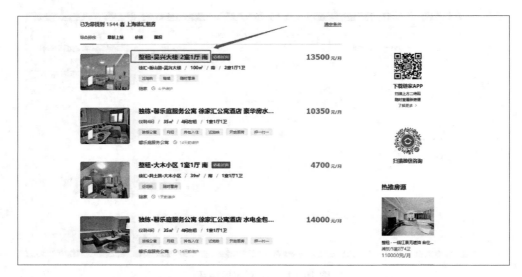

图 10 - 16　提取向导——选取页面的第一个房屋标题

再一次弹出"提取向导"对话框,提示"选择第二个元素",单击"下一步"按钮。出现手形后,选取页面中第三个房屋标题,在屏幕中以蓝色高亮显示,见图 10 - 17。这里跳过第二个房屋的原因在于,该房屋属于"精选",结构与其他房屋并不一致。在网页爬取中,需要时时刻刻灵活应对这些结构的细微差异。

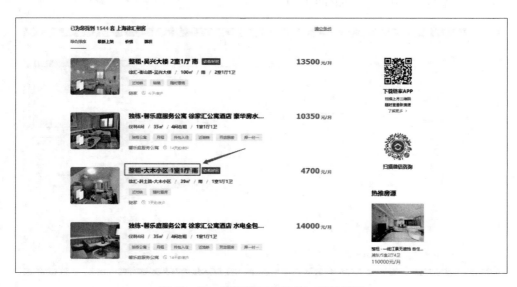

图 10 - 17　选取第二个结构一致的元素

再一次弹出"提取向导"对话框,提示"配置列",将"文本列名称"设置为"房屋名称",单击"下一步"按钮。到这里完成了第一列的爬取配置,接着继续配置其他列。再一次弹出"提取向导"对话框,提示"预览数据",单击"提取相关数据"按钮,见图 10-18。

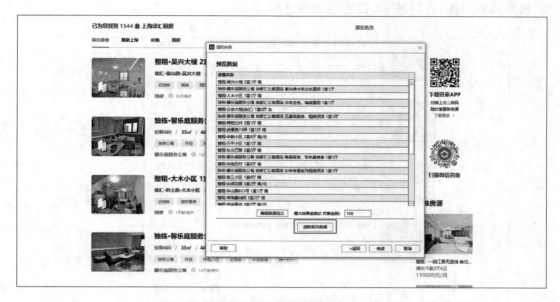

图 10-18　提取相关数据

类似的,进行配置详细信息和价格的爬取,选取的元素位置见图 10-19。

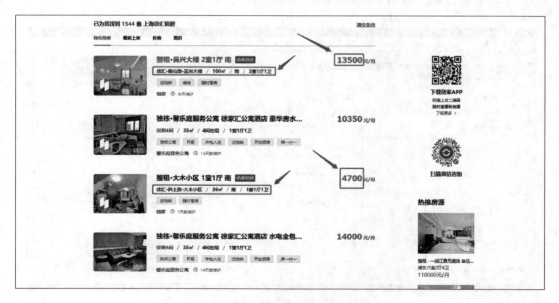

图 10-19　剩余选取的元素位置

再一次弹出"提取向导"对话框,提示"预览数据",将"最大结果条数"设置为"1000",单击"完成"按钮。由于每个页面仅有 30 条记录,而这里配置了爬取 1 000 条记录,因此需要翻页。最后弹出"指出下一个链接"对话框,提示"数据是否跨多个页面?",单击"是"按钮。选取页面最下面的"下一页"按钮,见图 10‑20,如果未及时滚动到页面最下面,可以按 F2 键延迟 2 秒选取。

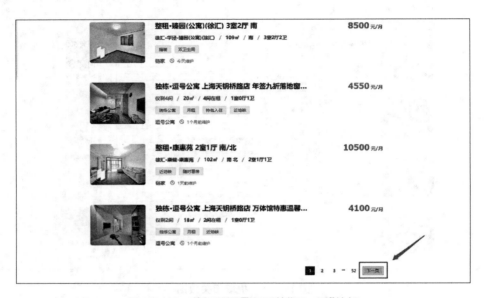

图 10‑20 单机页面最下面的"下一页"按钮

完成后会自动生成数据爬取的整个流程框,见图 10‑21。

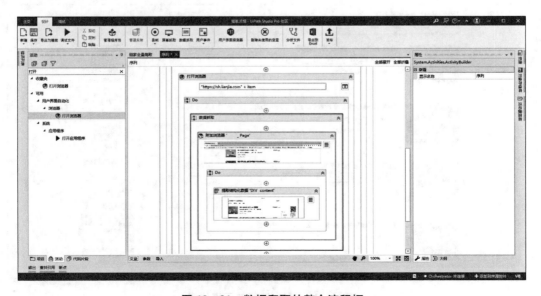

图 10‑21 数据爬取的整个流程框

自动生成的"数据抓取"流程框中包含"附加浏览器"和"提取结构化数据"两个子流程。因为我们已经在自动生成的"数据抓取"流程框前添加了"打开浏览器"的流程框,所以这里可以删去"附加浏览器"流程。按住"提取结构化数据"流程,将其从"附加浏览器"流程框中拖拽到"附加浏览器"之外,见图 10 - 22。

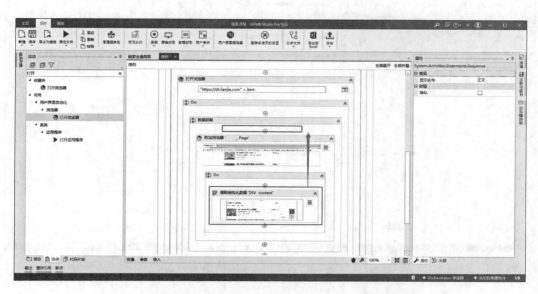

图 10 - 22　将"提取结构化数据"流程拖拽到从"附加浏览器"流程框外

单击"附加浏览器"流程,按下键盘 Delete 键删除。单击"提取结构化数据"流程,单击下方变量,右击删除默认爬取结果变量"ExtractDataTable",见图 10 - 23。

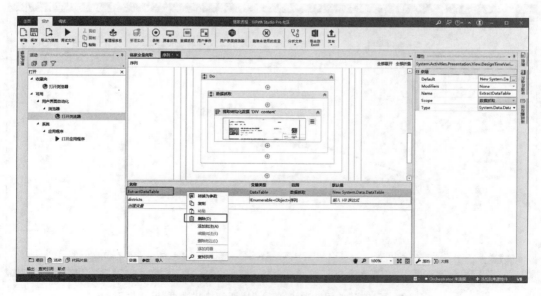

图 10 - 23　删除默认变量"ExtractDatatable"

接下来，创建变量"ext"，指定变量类型为"System.Data.DataTable"，指定变量范围为"数据抓取"。在右侧窗口指定输出数据表为"ext"，见图 10-24。

图 10-24　创建变量"ext"

由于区域较多，在爬取完成一个区域后，需要关闭浏览器。单击"活动"，搜索"关闭选项卡"，拖入"提取结构化数据"的流程框下，见图 10-25。

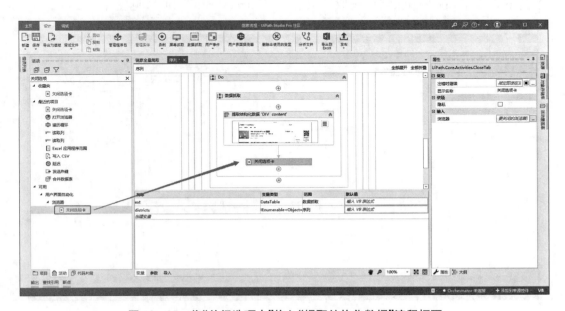

图 10-25　将"关闭选项卡"拖入"提取结构化数据"流程框下

4. 配置数据存储

在左侧的活动搜索框输入"附加到 CSV"，将"附加到 CSV"活动拖拽到"关闭选项卡"流程框下。在该活动中，将"附加到文件"设置为输出文件的保存位置，将"要附加的数据"设置为"ext"，即数据爬取得到的数据变量。将编码修改为"utf-8""，见图 10 - 26。

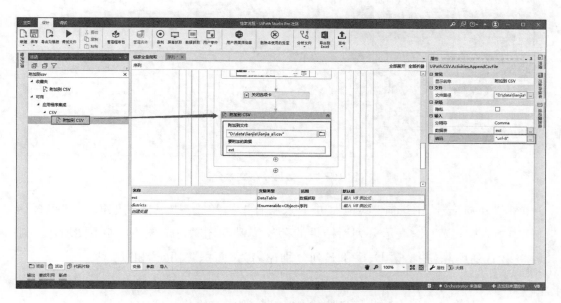

图 10 - 26　设置"附加到 CSV"

5. 运行爬取流程

单击"运行"按钮，运行整个爬取流程。最后打开文件所在位置，验证结果。

10.2　房屋数据预处理

本节介绍链家网租房信息数据处理，使用 Excel 作为工具。主要操作是将之前爬取到的原始详细信息做分列，并将其中一些字段做清洗操作。主要基于的数据集是上一节得到的文件。

1. 数据分列

打开文件，第 B 列的字段"详细信息"包含了多个信息，如具体地址、面积、朝向和房型，需要将这些信息分割成结构化数据。选中第 B 列，单击"数据→分列"按钮，弹出"文本分列导向"对话框，单击"下一步"按钮，见图 10 - 27。

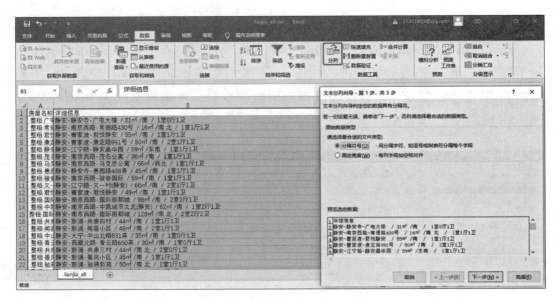

图 10 - 27　数据——文本分列

　　在"分割符号"中选择"其他"，并填入斜杠"/"，单击"下一步"按钮。在"目标区域"中填入"＄D＄1"，表示分列后结果的存放位置，单击"完成"按钮，如下图所示。随后将第 B 列删除，并将第 D、E 和 F 列分别命名为"面积""朝向"和"房型"。

　　处理后可以发现，第 C 列的字段"详细信息"在分列后仍然是行政区、板块和小区的级联组合，需要进一步将这些信息按减号"—"分割成结构化数据，方法与之前类似。分列完毕后，删除第 C 列，并将第 D、E 和 F 列分别命名为"行政区""板块"和"小区"。

　　2. 数据单位清洗

　　通过观察可以发现，第 C 列的"面积"字段以"m^2"结尾，并不是纯粹的数值型，需要进一步处理。使用快捷键"Ctrl ＋ H"打开"查找和替换"对话框，查找内容"填入 m^2"，单击"全部替换"按钮。同样的，许多字段中还包含了空格，将所有的空格也全部替换。

　　最终将文件另存为，文件类型选择"CSV UTF - 8（逗号分隔）"。如果保存类型中不包含 UTF - 8 格式，可由记事本打开并另存编码为 UTF - 8。

10.3　房屋地理信息爬取

　　本节介绍链家网租房地理信息数据爬取，使用 Excel 和 UiPath 作为工具。主要操作是讲其中一些字段合并为详细的地理位置，再将位置信息转换为经纬度信息。主要基于的数据集是上一节得到的文件。

1. 数据填充

打开预处理过的文件，可以看出，第 F 列至第 H 列的字段包含了行政区、板块和小区的地址，为确保地址准确性，需要将这些信息合并成详细的地址数据。具体操作步骤为：单击 I2 单元格，键入公式"＝"上海市"&F2&"区"&G2&H2"并回车。接着双击 I2 单元格右下角完成自动补全，在 I1 单元格填入字段标题"详细地址"，见图 10-28，处理完毕后将文件保存。

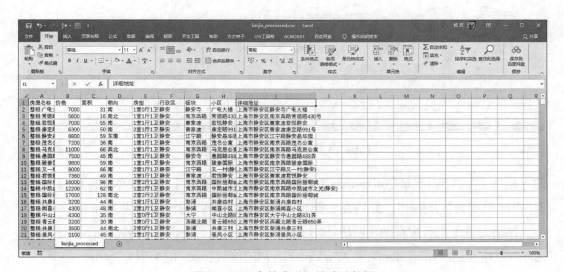

图 10-28　合并成详细的地址数据

2. 爬取地理信息

由于爬取到的地址只有详细地址并不包含经纬度，还需要使用 UiPath 对详细地址列爬取对应的经纬度。

首先用浏览器进入网站"http://api.map.baidu.com/lbsapi/getpoint/index.html"，该网站为百度地图拾取坐标系统，可进行地址和经纬度的互换。打开 UiPath Studio 后，新建一个流程，并取名为"房屋地理信息爬取"进行创建。

读取上面步骤中处理保存的数据集文件。单击"活动"，搜索"Excel"，将"Excel 应用程序范围"从左侧选项卡拖动到右侧空白区域，并填入上步骤中处理好的数据集路径，注意路径需以英文引号括起，见图 10-29。

定义好后，单击"活动"，搜索"读取列"，将"读取列"从左侧选项卡拖动到右侧"执行框"中，并填入工作表名称""lianjia_processed""以及起始单元格""I2""。

接下来对读取到的单元格进行输出，单击"读取列"，单击下方"变量"按钮，创建变量"address"，指定变量类型为"System.Collections.Generic.IEnumerable〈T〉"，T 的类型为"Object"。操作步骤为展开"变量类型下拉框"，单击"浏览类型"，在类型名称

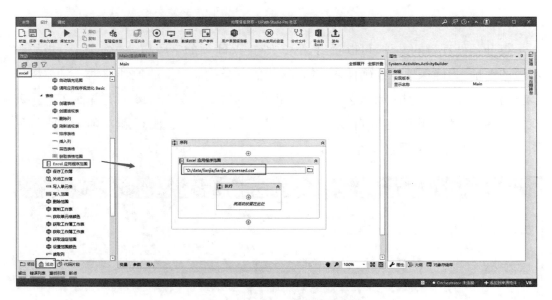

图 10 – 29　设置 Excel 应用程序范围

输入框中输入"System. Collections. Generic. IEnumerable〈T〉"并搜索,展开"T 下拉框"指定类型为"Object"。最后在右侧窗口指定"读取列"的输出结果为"address"。

随后对这个集合进行循环遍历,每次取出一个地址进行查询。单击"活动",搜索"遍历循环",并填写遍历循环"item",输入"address"。同时修改"item"的类型为"String"类型。

接着需要自动在浏览器中输入循环出的地址。单击"活动",搜索"附加浏览器",拖入遍历循环的"正文框"中,见图 10 – 30。

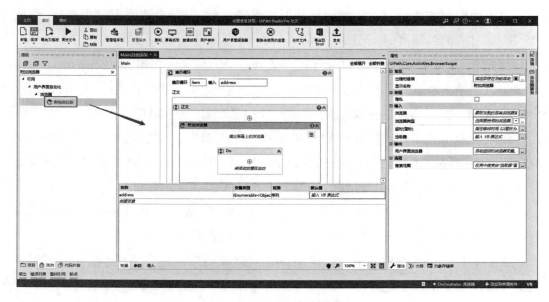

图 10 – 30　附加到浏览器

单击屏幕上的浏览器,并选中刚才打开的浏览器界面,见图 10-31。

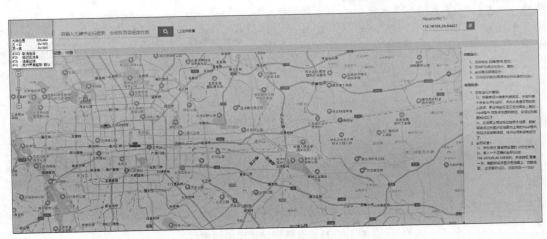

图 10-31　屏幕上的浏览器

接下来实现自动输入。单击"活动",搜索"输入信息"。拖入"Do"流程中。同时填写搜索的内容,即遍历集合的每个元素,填入"item"。单击"输入信息",在右侧属性勾选"模拟输入""激活"和"空字段"选项,见图 10-32。

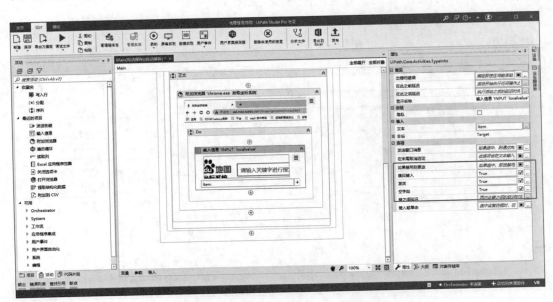

图 10-32　实现自动输入的操作流程

单击指出"浏览器元素",选择网站页面的搜索栏,见图 10-33。

接着需要完成自动搜索。单击"活动",搜索"发送热键"。拖入"Do"流程中。单击"键值"下拉框,选择"enter"。随后,单击"指出浏览器中的元素",选择网站页面的

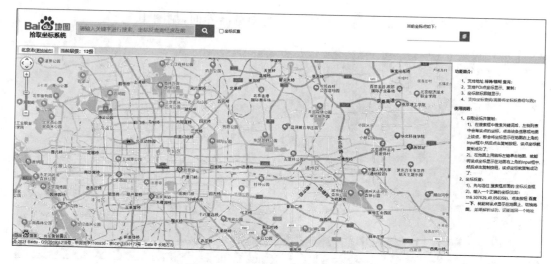

图 10-33 选择网站页面的搜索栏

搜索栏。接着还需要完成自动单击最优结果选项，先在浏览器中随意搜索一个地址，会出现查询结果待选区域。结果中首选的 A 结果不会与搜索结果出现太大偏差，我们设定 A 结果的位置即为我们要获取的经纬度坐标。单击 A 结果后，会在地图中出现批注，右上角也会出现地址对应的经纬度，见图 10-34。

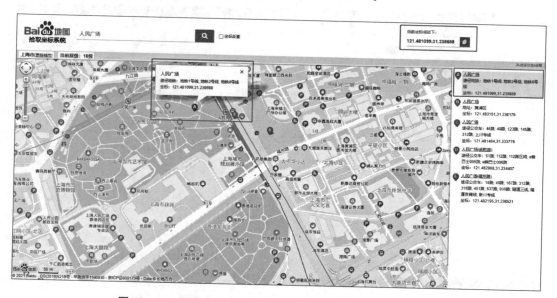

图 10-34 设定 A 结果的位置即为我们要获取的经纬度坐标

接下来我们在流程中实现自动单击。单击"活动"，搜索"单击"。拖入"Do"流程中，并单击"指出浏览器中的元素"，选择搜索结果中首选的 A 结果。

下一步我们进行抓取经纬度的相关信息。单击"活动"，搜索"获取全文本"。拖入"Do"流程中,见图 10 - 35。并单击"指出浏览器中的元素",选择右上角的经纬度数据。

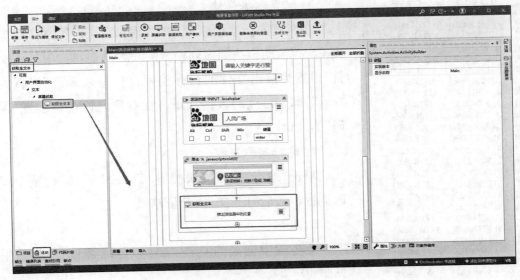

图 10 - 35　获取全文本

然后新建"SpanCurrXy"变量,类型为"string"。将抓取到的经纬度信息输出文本到"SpanCurrXy"变量,见图 10 - 36。

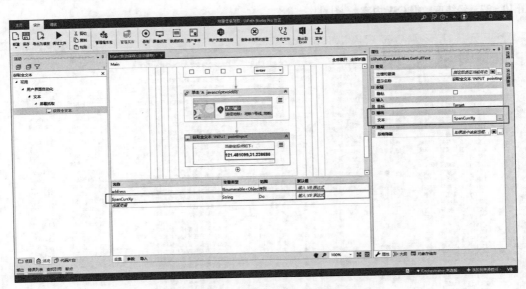

图 10 - 36　新建"SpanCurrXy"变量

由于获取到的经纬度数据是"string"类型,还需转换为数据表进行保存。单击"活动",搜索"生成数据表",拖入"do"流程中。新建"ext"变量,类型为"System. Data.

	A	B	C
1	31.21611904	121.441078	
2	31.22491397	121.448	
3	31.23047348	121.43734	
4	31.23081	121.43816	
5	31.23976346	121.44454	
6	31.22570349	121.46085	
7	31.22926548	121.452324	
8	31.2226835	121.438942	
9	31.22919646	121.45476	
10	31.22973748	121.445759	
11	31.23047348	121.43734	
12	31.23355348	121.4595	
13	31.22656349	121.4653	
14	31.23355348	121.4595	
15	31.31810994	121.43627	
16	31.30636333	121.44692	
17	31.26128342	121.45812	
18	31.25999342	121.4681	
19	31.31260332	121.43722	
20	31.32056331	121.45713	
21	31.31944331	121.46244	
22	31.27779639	121.454834	
23	31.30874433	121.46442	
24	31.30918333	121.44209	
25	31.25901343	121.46118	
26	31.31810994	121.43627	
27	31.31810994	121.43627	
28	38.6518	104.07642	
29	31.30746	121.45386	
30	31.22425398	121.45591	
31	31.23709347	121.4395	

jingweidu

图 10-37　经纬度数据 CSV 内容

DataTable”。输入变量填入“SpanCurrXy”，输出数据表变量填入“ext”。

3. 配置数据存储

在左侧的活动搜索框输入“附加到 CSV”，将“附加到 CSV”活动拖拽到序列中。在该活动中，将“附加到文件”设置为输出文件的保存位置，将“写入来源”设置为“ext”，即经纬度的数据变量。在右侧属性窗口设置“编码”为““utf-8””。

4. 运行爬取流程

单击“运行”按钮或快捷键“Ctrl+F5”，运行整个爬取流程。最后打开文件，验证结果。

5. 数据合并

上步骤中完成的 CSV 文件以分隔符号分列，结果见图 10-37。

将处理后的经纬度数据复制到 9.2 中预处理过后的数据文件中的 O 列和 P 列，补充“经纬度字段名称”，点击“文件另存为”，最后处理完成的结果见图 10-38。

	D	E	F	G	H	I	J	K	L	M	N	O	P	Q
1	房屋朝向	房屋户型	房屋楼层	装修	看房时间	价格	区域	街道	小区	门牌号	详细地址	经度	纬度	
2	南	1室0厅1卫	高楼层 (	精装	随时看房	7000	静安	静安寺	广电大楼		上海市静安区静安寺广电大楼	121.447496	31.221753	
3	南 北	1室1厅1卫	低楼层 (	精装	随时看房	5600	静安	南京西路	常德路430号		上海市静安区南京西路常德路430号	121.454036	31.229464	
4	南	1室1厅1卫	中楼层 (	精装	随时看房	7000	静安	曹家渡	君悦静安		上海市静安区曹家渡君悦静安	121.443993	31.236676	
5	南	2室1厅1卫	高楼层 (	精装	随时看房	6300	静安	曹家渡	康定路991号		上海市静安区曹家渡康定路991号	121.446176	31.236899	
6	东南	1室1厅1卫	高楼层 (	精装	随时看房	8800	静安	江宁路	静安鼎华园		上海市静安区江宁路静安鼎华园	121.450927	31.245916	
7	南	1室1厅1卫	高楼层 (	精装	随时看房	7200	静安	南京西路	茂名公寓		上海市静安区南京西路茂名公寓	31.22570349	121.46085	
8	西北	1室1厅1卫	中楼层 (	精装	随时看房	11000	静安	南京西路	马克思公寓		上海市静安区南京西路马克思公寓	31.22926548	121.452324	
9	南	1室1厅1卫	中楼层 (	精装	随时看房	7500	静安	静安寺	愚园路488弄		上海市静安区静安寺愚园路488弄	31.2226835	121.438942	
10	南	1室1厅1卫	中楼层 (	精装	随时看房	9800	静安	南京西路	骏豪国际		上海市静安区南京西路骏豪国际	31.22919646	121.45476	
11	南	2室1厅1卫	低楼层 (	精装	随时看房	8000	静安	江宁路	又一村(静安)		上海市静安区江宁路又一村(静安)	31.22973748	121.445759	
12	南	1室1厅1卫	中楼层 (	精装	随时看房	7360	静安	曹家渡	君悦静安		上海市静安区曹家渡君悦静安	31.23047348	121.43734	
13	南	2室2厅1卫	低楼层 (34层)		随时看房	16000	静安	南京西路	国际丽都城		上海市静安区南京西路国际丽都城	31.23355348	121.4595	
14	南	1室2厅1卫	高楼层 (	精装	随时看房	12200	静安	南京西路	中凯城市之光(静安)		上海市静安区南京西路中凯城市之光(静安)	31.22656349	121.4653	
15	南 北	2室2厅2卫	低楼层 (	精装	随时看房	17000	静安	南京西路	国际丽都城		上海市静安区南京西路国际丽都城	31.23355348	121.4595	
16	南	1室1厅1卫	中楼层 (6层)			3200	静安	彭浦	共康四村		上海市静安区彭浦共康四村	31.31810994	121.43627	
17	南	2室1厅1卫	高楼层 (6层)			4300	静安	彭浦	闻喜小区		上海市静安区彭浦闻喜小区	31.30636333	121.44692	
18	南	1室0厅1卫	高楼层 (6层)		随时看房	4300	静安	大宁	中山北路831弄		上海市静安区大宁中山北路831弄	31.26128342	121.45812	
19	南	1室0厅1卫	低楼层 (6层)			3200	静安	西藏北路	青云路650弄		上海市静安区西藏北路青云路650弄	31.25999342	121.4681	
20	南 北	2室0厅1卫	中楼层 (6层)		随时看房	3500	静安	彭浦	共康三村		上海市静安区彭浦共康三村	31.31260332	121.43722	
21	南	1室1厅1卫	高楼层 (6层)		随时看房	3100	静安	彭浦	景凤小区		上海市静安区彭浦景凤小区	31.32056331	121.45713	
22	南 北	2室1厅1卫	高楼层 (6层)			3900	静安	彭浦	驰骋新苑		上海市静安区彭浦驰骋新苑	31.31944331	121.46244	
23	南	1室0厅1卫	高楼层 (6层)			3200	静安	大宁	大宁新村		上海市静安区大宁大宁新村	31.27779639	121.454834	
24	南	2室1厅1卫	高楼层 (6层)			4200	静安	彭浦	临汾花园		上海市静安区彭浦临汾花园	31.30874433	121.46442	
25	南	1室0厅1卫	高楼层 (6层)		随时看房	3200	静安	彭浦	三泉路424弄		上海市静安区彭浦三泉路424弄	31.30918333	121.44209	
26	南	1室1厅1卫	高楼层 (6层)			3800	静安	不夜城	共和新路970弄		上海市静安区不夜城共和新路970弄	31.25901343	121.46118	
27	南	1室1厅1卫	低楼层 (6层)			3000	静安	彭浦	共康四村		上海市静安区彭浦共康四村	31.31810994	121.43627	
28	南	1室1厅1卫	高楼层 (6层)		随时看房	3000	静安	彭浦	共康四村		上海市静安区彭浦共康四村	31.31810994	121.43627	
29	南	1室1厅1卫	低楼层 (6层)		随时看房	3000	静安	彭浦	闻喜路251弄		上海市静安区彭浦闻喜路251弄	38.6518	104.07642	
30	南	1室1厅1卫	低楼层 (5层)			3600	静安	彭浦	彭顺小区		上海市静安区彭浦彭顺小区	31.30746	121.45386	
31	南	1室1厅1卫	高楼层 (6层)		随时看房	3600	静安	大宁	延长小区(闸北)		上海市静安区大宁延长小区(闸北)	31.22425398	121.45591	
32	西北	1室1厅1卫	低楼层 (7层)		随时看房	4000	静安	江宁路	新丰小区		上海市静安区江宁路新丰小区	31.23709347	121.4395	
33	南	1室1厅1卫	低楼层 (5层)			3600	静安	彭浦	彭顺小区		上海市静安区彭浦彭顺小区	31.30746	121.45386	
34	南	1室1厅1卫	低楼层 (6层)		随时看房	3500	静安	大宁	大宁路660弄		上海市静安区大宁大宁路660弄	31.2727334	121.44928	
35	南	1室1厅1卫	低楼层 (6层)		随时看房	3000	静安	彭浦	闻喜路251弄		上海市静安区彭浦闻喜路251弄	38.6518	104.07642	
36	南	1室1厅1卫	低楼层 (6层)			3000	静安	彭浦	共康四村		上海市静安区彭浦共康四村	31.31810994	121.43627	
37	南	1室1厅1卫	高楼层 (6层)		随时看房	3000	静安	彭浦	共康四村		上海市静安区彭浦共康四村	31.31810994	121.43627	
38	南	1室1厅0卫	低楼层 (26层)			3500	静安	西藏北路	沪金大楼		上海市静安区西藏北路沪金大楼	31.2467528	121.469963	

lianjia_with_geo

图 10-38　房屋全数据文件

10.4　租房价格数据可视化

本节介绍链家网租房信息可视化,使用 Tableau 作为工具。可视化图表包括地理信息图、箱形图和面积图,并组合成仪表板。主要基于的数据集是上一节得到的文件。

1. 数据准备

打开 Tableau,在最左侧的"连接→到文件"区域单击"文本文件"链接,在弹出的"打开"对话框中,选择之前章节处理后得到的文件。

单击上方数据集"lianjia_with_geo.csv"右侧的箭头,选择"字段名称位于第一行中"。单击最下方的"工作表 1",得到图 10 - 39 的结果。

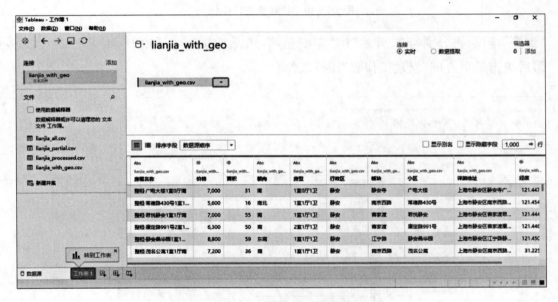

图 10 - 39　数据准备展示页面

2. 房源数量和价格面积图

将"工作表 1"改名为"房源数量和价格面积图"。将左侧"度量"区域的"价格"字段分别拖拽到"标记"区域的"颜色"和"大小",并将左侧"维度"区域的"行政区"字段拖拽到"标记"区域的"标签"。单击"总和(价格)"右侧的箭头,选择"度量→平均值",见图 10 - 40。

单击"标记"区域的"颜色→编辑颜色",在"色板"中选择"红色-绿色发散",勾选

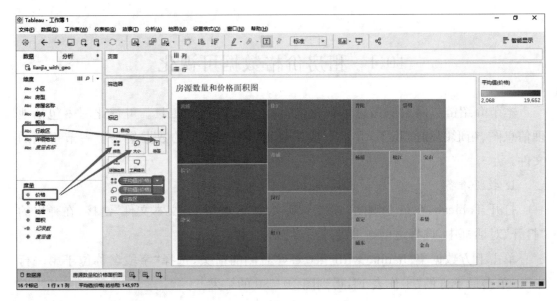

图 10-40　将数据进行标记

"倒序"选项,再分别勾选"开始"和"结束"选项,并设置为 2 000 和 12 000,见图 10-41。最后单击最下方的"新建工作表"图标按钮。

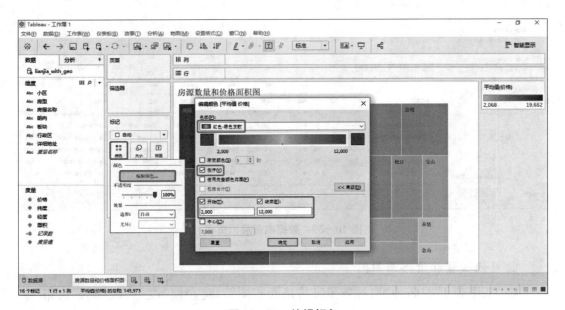

图 10-41　编辑颜色

3. 价格箱形图

接下来将"工作表 2"改名为"价格箱形图"。将左侧"维度"区域的"行政区"和"详细地址"字段分别拖拽到"标记"区域的"颜色"和"详细信息",并将左侧"度量"区域的

260

"价格"字段拖拽到上方的"列"区域,修改度量为平均值。再将左侧"维度"区域的"行政区"字段拖拽到"行"区域,并在"行"区域的空白处输入公式"INDEX()%50",单击其右侧的箭头,选择"计算依据→详细地址"。

随后,右键单击纵坐标轴,取消勾选"显示标题"。右键单击横坐标轴,选择"编辑轴...",在弹出的对话框中,将范围选为"固定","固定开始"设置为 0,"固定结束"设置为 30 000。再一次右键单击横坐标轴,选择"设置格式...",将刻度文本设置为人民币格式。第三次右键单击横坐标轴,选择"添加参考线",在弹出的对话框中,选择"盒须图"。

单击"标记"区域的"大小",向左拉动滚动条,缩小散点的大小,见图 10‑42。

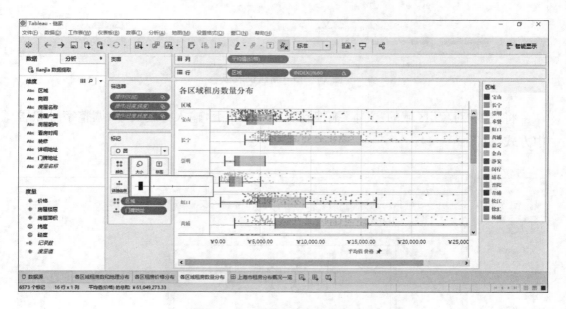

图 10‑42　设置盒须图散点的大小

4. 价格地理信息图

新建工作表"价格地理信息图"。分别单击"度量"区域的"纬度"和"经度"右侧的箭头,选择"地理角色→纬度"和"地理角色→经度"。将左侧"维度"区域的"纬度""经度"和"详细地址"字段分别拖拽到"行""列"区域和"标记"区域的"详细信息",并将左侧"度量"区域的"价格"字段拖拽到上方的"标记"区域的"颜色",修改度量为"平均值",类似之前的操作,可编辑颜色、调整大小。

5. 仪表板

单击最下方的"新建仪表板"图标按钮,见图 10‑43。

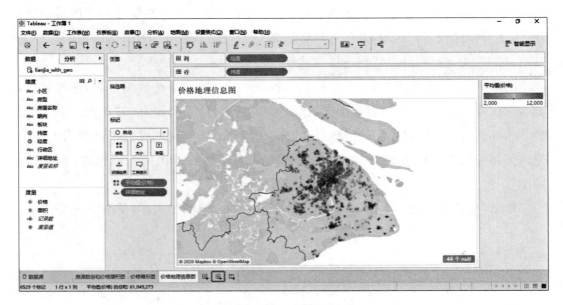

图 10 - 43　新建仪表板

　　将左侧"对象"区域的"文本"拖拽到右侧的画布上,输入标题文本,调整字号和居中方式,见图 10 - 44。

图 10 - 44　编辑标题文本

　　将左侧"工作表"区域的 3 个工作表拖拽到右侧的画布上,并调整边界,得到如图 10 - 45 样式的可视化图表。

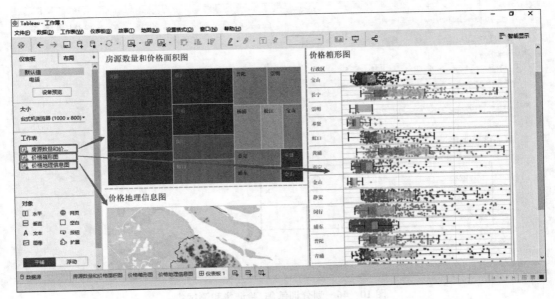

图 10-45 可视化结果

10.5 租房价格预测建模

本节介绍链家网租房价格预测建模,使用 H2O 作为工具。模型以租房价格作为目标变量、其他信息作为预测变量,建立回归模型。

1. 导入和解析数据

打开 H2O flow 建模工具,上传前面处理好的数据文件。单击"数据→上传文件…"按钮,选择前面处理好的数据文件,保持默认选项,单击"解析"按钮。随后,单击"查看"按钮,并进一步单击"分割"按钮。

将数据分割成训练集、验证集和测试集。单击添加一个新的划分"链接",在"比例"中分别填写 0.7 和 0.15,最后一行的 0.150 将自动显示,在"名称"中分别填写"training""validation"和"testing",在"Seed"中填写 123 作为随机数种子,最后单击"Create"按钮,见图 10-46。

2. 建立预测模型

这里我们建立梯度提升机(Gradient Boosted Machine, GBM)模型。单击"模型→梯度提升机…"按钮,在显示的对话框中,训练集选择"training",验证集选择"validation",即刚刚分割的 70% 和 15% 数据集。响应字段选择"价格",表示目标变

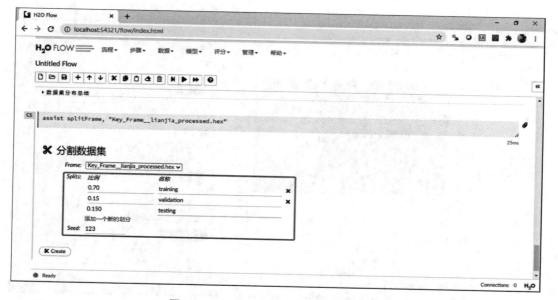

图 10 - 46　划分训练集、验证集和测试集

量为房屋租金价格。训练时忽略的字段选择"房屋名称"和"小区",这两个字段的值
过多,对于模型效果意义不大,见图 10 - 47。

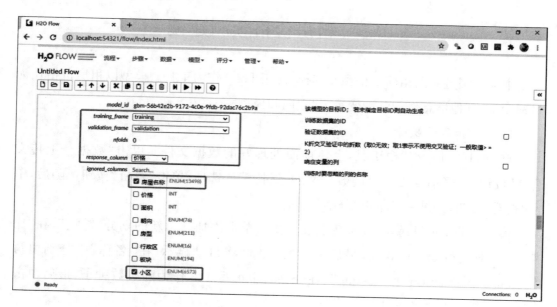

图 10 - 47　建立梯度机模型

　　进一步配置模型参数,树的数量设置为 10,树的最大深度设置为 3,行和列采样
率都设置为 0.8。然后单击该对话框最下面的"建模"按钮,等待若干秒建模完成,单
击最下面的"查看"按钮,得到模型训练和验证结果,见图 10 - 48。

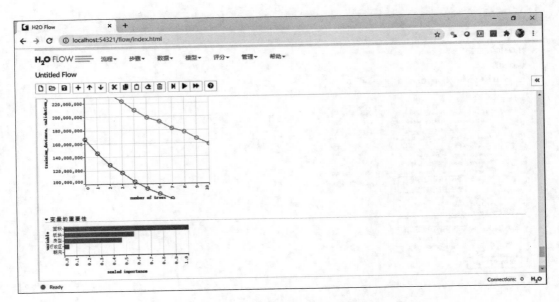

图 10 - 48　模型训练和验证结果

使用数据集的最后 15%测试集对模型做一次性公正的评估。单击"评分→预测…"按钮,数据集选择"testing",单击"预测"按钮,见图 10 - 49。

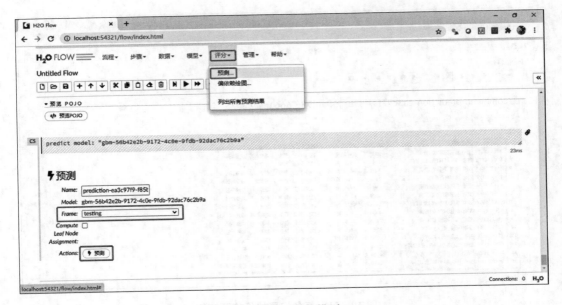

图 10 - 49　评估模型

可以看到模型在测试集上的均方误差(MSE)、均方根误差(RMSE)和 R_2(r2),见图 10 - 50。

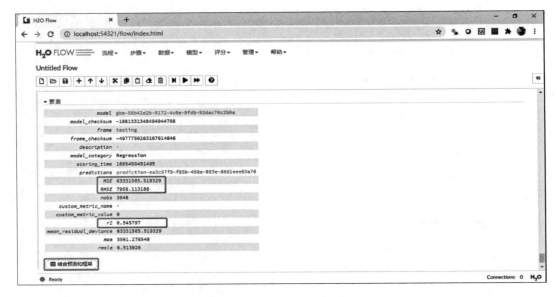

图 10 - 50　模型在测试集上的 MSE、RMSE、R₂

最后单击"View Frame"按钮。在显示的对话框中进一步单击"数据试图"按钮，得到每条记录的价格预测值在第 1 列中显示，见图 10 - 51。

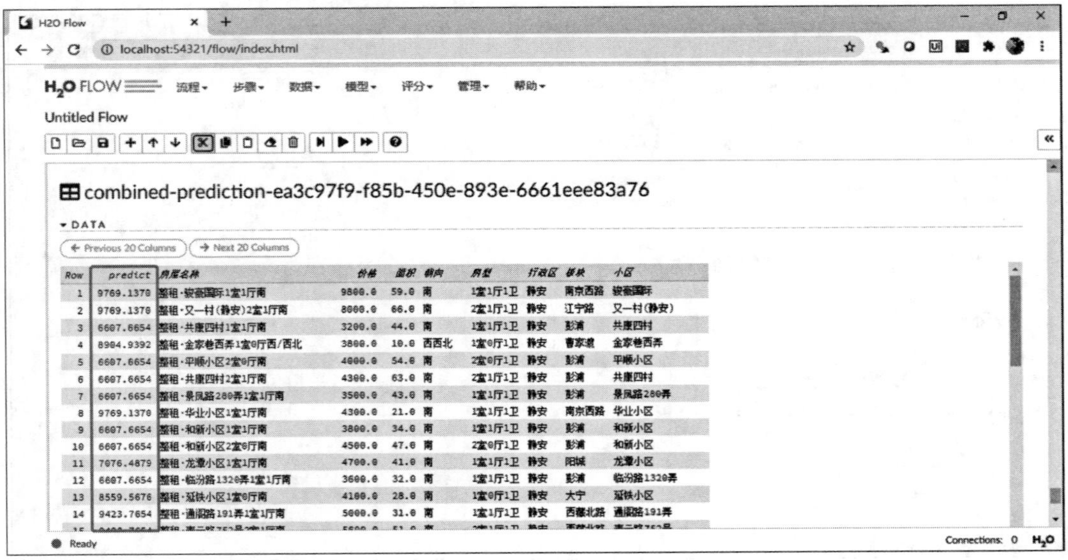

图 10 - 51　每条记录的价格预测值

至此，整个实例完成了从数据爬取到数据预处理，通过可视化分析了解整个数据集的整体数据分布情况，最后通过数据建模进行租房价格预测的整个过程。

思考题

1. 请简述数据建模的意义。

2. 请爬取链家网上海租房首页 https://sh.lianjia.com/zufang/ 中的相关数据，根据房屋地理信息和户型预测租房价格，并进行分析。

本篇参考文献

［1］Berger J O. Statistical decision theory and Bayesian analysis［M］. Springer Science & Business Media, 2013.

［2］常咏梅，张雅雅，金仙芝. 基于量化视角的 STEM 教育现状研究［J］. 中国电化教育，2017(6)：6.

［3］Chapelle O, Scholkopf B, Zien A. Semi-supervised learning (Chapelle, O. et al., eds.；2006)［book reviews］［J］. IEEE Transactions on Neural Networks, 2009, 20(3)：542 - 542.

［4］Géron A. Hands-on machine learning with Scikit-Learn, Keras, and TensorFlow［M］. O'Reilly Media, Inc., 2022.

［5］Kotsiantis S B, Zaharakis I, Pintelas P. Supervised machine learning：A review of classification techniques［J］. Emerging artificial intelligence applications in computer engineering, 2007, 160(1)：3 - 24.

［6］Mitchell T M. Machine learning［M］. New York：McGraw-hill, 1997.

［7］Ozdemir S, Susarla D. Feature Engineering Made Easy：Identify unique features from your dataset in order to build powerful machine learning systems［M］. Packt Publishing Ltd., 2018.

［8］［美］Peter Harrington. 机器学习实战［M］. 李锐，李鹏，曲亚东，王斌，译. 北京：人民邮电出版社，2013.

［9］Severyn A, Moschitti A. Twitter sentiment analysis with deep convolutional neural networks［C］//Proceedings of the 38th international ACM SIGIR conference on research and development in information retrieval. 2015：959 - 962.

［10］［日］杉山将. 图解机器学习［M］. 许永伟，译. 北京：人民邮电出版社，2015.

［11］Theobald O. Machine learning for absolute beginners：A plain English introduction［M］. Scatterplot Press, 2017.

［12］Van Der Maaten L, Postma E, Van den Herik J. Dimensionality reduction：A comparative[J]. J Mach Learn Res, 2009, 10(66-71): 13.

[13] [美] Vladimir N. Vapnik. 统计学习理论[M]. 许建华, 张学工, 译. 北京: 电子工业出版社, 2004.

[14] 王国平, 郭伟宸, 汪若君. IBM SPSS Modeler 数据与文本挖掘实战[M]. 北京: 清华大学出版社, 2014.

[15] 吴军. 数学之美[M]. 北京: 人民邮电出版社, 2014.

[16] 杨晓静, 张福东, 胡长斌. 机器学习综述[J]. 科技经济市场, 2021(10): 40-42.

[17] Zheng A, Casari A. Feature engineering for machine learning: Principles and techniques for data scientists[M]. O'Reilly Media, Inc., 2018.

[18] 周志华. 机器学习[J]. 中国民商, 2016, 03(No.21): 93-93.

[19] Althoff T, Jindal P, Leskovec J. Online actions with offline impact: How online social networks influence online and offline user behavior[C]//Proceedings of the tenth ACM international conference on web search and data mining. 2017: 537-546.

[20] Benevenuto F, Rodrigues T, Cha M, et al. Characterizing user behavior in online social networks[C]//Proceedings of the 9th ACM SIGCOMM Conference on Internet Measurement. 2009: 49-62.

[21] Bhattacherjee A. Understanding information systems continuance: An expectation-confirmation model[J]. MIS quarterly, 2001: 351-370.

[22] 陈芳. 电信客户社交网络分析方法与营销应用探讨[J]. 经济师, 2020(09): 279-280+283.

[23] Chen W, Wang Y, Yang S. Efficient influence maximization in social networks[C]//Proceedings of the 15th ACM SIGKDD international conference on Knowledge discovery and data mining. 2009: 199-208.

[24] Chen W, Yuan Y, Zhang L. Scalable influence maximization in social networks under the linear threshold model[C]//2010 IEEE international conference on data mining. IEEE, 2010: 88-97.

[25] Chung J Y, Buhalis D. Information needs in online social networks[J]. Information Technology & Tourism, 2008, 10(4): 267-281.

[26] Csikszentmihalyi M. Beyond boredom and anxiety[M]. Jossey-bass, 2000.

[27] 方滨兴. 在线社交网络分析[M]. 北京: 电子工业出版社, 2014.

[28] Fire M，Goldschmidt R，Elovici Y. Online social networks：Threats and solutions［J］. IEEE Communications Surveys & Tutorials，2014，16（4）：2019－2036.

[29] Garton L，Haythornthwaite C，Wellman B. Studying online social networks［J］. Journal of computer-mediated communication，1997，3(1)：JCMC313.

[30] Han Y，Tang J. Who to Invite Next? Predicting Invitees of Social Groups ［C］//IJCAI. 2017：3714－3720.

[31] Heidemann J，Klier M，Probst F. Online social networks：A survey of a global phenomenon［J］. Computer networks，2012，56(18)：3866－3878.

[32] 黄贤英，阳安志，刘小洋，等. 一种改进的微博用户影响力评估算法［J］. 计算机工程，2019，45(12)：6.

[33]［美］Matthew O. Jackson. 社会与经济网络［M］. 柳茂森，译. 北京：中国人民大学出版社，2011.

[34] Kempe D，Kleinberg J，Tardos É. Maximizing the spread of influence through a social network［C］//Proceedings of the ninth ACM SIGKDD international conference on Knowledge discovery and data mining. 2003：137－146.

[35] 郎为民. 大话社交网络［M］. 北京：人民邮电出版社，2014.

[36] 梁云真，赵呈领，阮玉娇，刘丽丽，刘冬梅. 网络学习空间中交互行为的实证研究——基于社会网络分析的视角［J］. 中国电化教育，2016(07)：22－28.

[37]［美］Linton C. Freeman. 社会网络分析发展史：一项科学社会学的研究 ［M］. 张文宏，刘军，王卫东，译. 北京：中国人民大学出版社，2008.

[38] 罗晓君. 社会网络分析研究综述［J］. 营销界，2019(51)：110－111.

[39] 刘军. 社会网络分析导论［M］. 北京：社会科学文献出版社，2004.

[40] 柳瑞雪，石长地，孙众. 网络学习平台和移动学习平台协作学习效果比较研究——基于社会网络分析的视角［J］. 中国远程教育，2016(11)：10.

[41] 刘三妍，石月凤，刘智，彭眉，孙建文. 网络环境下群体互动学习分析的应用研究——基于社会网络分析的视角［J］. 中国电化教育，2017(02)：5－12.

[42] 孟青，刘波，张恒远，孙相国，曹玖新，李嘉伟. 在线社交网络中群体影响力的建模与分析［J］. 计算机学报，2021，44(06)：1064－1079.

[43]［美］David Knoke，Song Yang. 社会网络分析［M］. 李兰，译. 上海：格致出版社，2012.

[44]［爱尔兰］Carios Andre Reis Pinheiro. 社交网络分析及案例详解［M］. 漆晨曦，

柴雪芳，康波，译. 北京：人民邮电出版社，2013.

［45］［美］Reza Zafarani，Mohammad Ali Abbasi，Huan Liu. 社会媒体挖掘［M］. 刘挺，秦兵，赵妍妍，译. 北京：人民邮电出版社，2015.

［46］Scott J，Carrington P J. The SAGE handbook of social network analysis［M］. SAGE publications，2011.

［47］Tang J，Chang S，Aggarwal C，*et al*. Negative link prediction in social media［C］//Proceedings of the eighth ACM international conference on web search and data mining. 2015：87 - 96.

［48］王龙. 一种适用于社交网络分析的分层社区检测算法［J］. 信息与电脑（理论版），2019，31(24)：17 - 19.

［49］Wang X，Lu W，Ester M，*et al*. Social recommendation with strong and weak ties［C］//Proceedings of the 25th ACM international on conference on information and knowledge management. 2016：5 - 14.

［50］王重仁，韩冬梅. 基于社交网络分析和 XGBoost 算法的互联网客户流失预测研究［J］. 微型机与应用，2017，36(23)：58 - 61. DOI：10.19358/j.issn.1674-7720. 2017.23.017.

［51］［美］Stanley Wasserman，Katherine Faust. 社会网络分析：方法与应用［M］. 陈禹，孙彩虹，译. 北京：中国人民大学出版社，2012.

自然语言处理篇

第11章
自然语言处理

文本是人类获取知识的主要途径,自然语言处理是分析文本的重要工具和手段。本章汇总了自然语言处理的基础知识,可作为第 12 章及第 13 章学习的理论基础。本章第 11.1 节回顾了语言学的基础知识及自然语言处理的历史。第 11.2 节介绍了进行自然语言处理所需的编程语言和开发工具,如编程语言 Python,开发工具 PyCharm 和 Anaconda,同时简要描述了如何使用开发工具运行和调试代码。第 11.3 节概述了自然语言处理的基础任务,包括分词、词性标注、句法分析、语义分析及文本的向量化,不仅介绍了任务的基本概念,还从具体的代码角度探讨了任务的实现方式。第 11.4 节简述了自然语言处理的最新发展,如深度学习的基本概念及预训练模型 BERT 的基本原理。

11.1 概　述

11.1.1 语言学基础知识

语言学是研究人类语言的人文学科,其主要的研究对象是人类自然产生的语言、语言的历史演变等。瑞士语言学家弗迪南·德·索绪尔(Ferdinand de Saussure)开创现代语言学以来,现代语言学已经有了百年的历史。按照具体的研究领域,语言学可分为音系学、词法、句法学、语义学、语用学等。

音系学主要研究人类语言的语音系统,如发音规律及韵律的规律,常见的发音纠错软件便是利用了语音学的研究成果;词法研究的词的构成、词形变化等,如英语中的前缀和后缀、单复数形式,汉语词语的偏正结构等,常见的应用有拼写检查;句法主要研究的是短语和句子结构等,如短语如何组成句子、从句之间的关系等,常见的应用有文本生成和机器翻译等;语用学主要研究语言在实际场景中的使用,即使用语言所完成的功能,如检阅部队时,军人的"敬礼"口令是仪式的一部分,并不仅仅是"敬礼"字面上的含义。总体来说,自然语言处理任务构成了一个金字塔结构,最下面为音系学,往上是词法、句法、语义学,最上面是在实际场景中理解语言作用的语用学。其中句法学和语义学与文本处理最为紧密,见图 11 - 1。

图 11 - 1　语言学的金字塔

句法学主要研究句子如何由词组成,其代表人物美国哲学家艾弗拉姆·诺姆·乔姆斯基(Avram Noam Chomsky)提出了短语结构文法。例如"China wins the championship(中国赢得了冠军)"由名词短语"China"和动词短语"wins the championship"组成,其中"wins the championship"又由动词短语"wins"和名词短语"the championship"组成,最后可分解为树形结构(见图 11 - 2)。

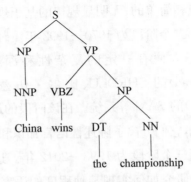

图 11 - 2　句法树示例

另一种分析句法的方法是依存语法。依存结构是基于中心词的标注方法,其中心概念是词与词之间的"依存"关系。对于"China wins the championship",依存语法的分析结果是基于动词 win 的结构,见图 11 - 3。

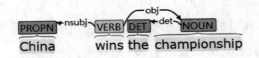

图 11 - 3　依存关系图示例

句法分析是分析句子的基础,对于存在歧义的句子,不同的句法划分会产生截然不同的意义,例如"我要炒饭",句中的"炒饭"如作为名词,可以理解成"我/要/炒饭";如作为动词短语,可理解成"我/要/炒/饭"。

语义学主要研究词语、句子及篇章等的意义。对于世界上有明确物体对应的词语来说,意义相对容易确定,例如"苹果"这个词指的是实实在在存在的苹果。对于抽象概念或是表达关系的词语来说,意义往往很难确定,比如我们通常问的"爱情是什么?""人生的意义是什么?"同义词、反义词、多义词、词语的上下义关系(如苹果和水果的类属关系)属于语义学研究的范畴,情感分析中的褒贬义色彩也可归在语义学之下。词语语义构成了人类理解语言的基础,所以语义学一直是语言学中重点研究的领域之一。

11.1.2 自然语言处理简史

从机器翻译这类最初的任务开始,到最近基于深度学习的自然语言处理,自然语言处理的历史可以大致分为四个阶段。

第一个阶段为 1950—1969 年。早期的自然语言处理主要机器翻译,冷战时期,对立阵营都想开发能够翻译其他国家各种情报的系统。不过,那个时候人们对人类语言的结构、人工智能或机器学习一无所知,算力和数据规模也很小,只是用了单词级的翻译查找和简单的、无明显规律的基于规则的机制来处理单词的屈折形式和词序。

第二个阶段为 1970—1992 年。研究人员开发了很多的自然语言演示系统,在句法处理等方便有一定的复杂性和深度。这些系统包括特里·温诺格拉德(Terry Winograd)的 SHRDLU、比尔·伍兹(Bill Woods)的 LUNAR、罗杰·尚克(Roger Schank)的 SAM 等系统。在该阶段的最后十年,出现了新一代的人工构建(Hand-Built)的系统,它们分离了陈述性语言知识和程序性的处理,同时利用了现代的语言学理论。

第三个阶段为 1993—2012 年。这一时期出现了大量的数字化文本,研究人员开始着力研究如何实现某种程度的语言理解(Language Understanding)的算法,并利用数字化文本的存在来提升这些能力。在这一阶段,自然语言处理得到了重新定位,从规则转向统计,这一方向至今仍占主导地位。通常的操作方式是利用大量的在线文本数据,并从这些数据中提取某种模型。

第四个阶段为 2013 年至今。该阶段延续了第三个阶段的经验取向,但引入了深度学习或人工神经网络方法,因此工作内容发生了巨大变化。在这个阶段,词汇和句子的语义通过在一个(几百或一千维)实数向量空间中的位置来表示,而意义或句法的相似性则通过在这个空间中的接近程度(距离远近)来表示。

从 2013 年到 2018 年,深度学习提供了更强大的方案,可以建立更好的模型。更容易对长距离的语境进行建模;模型对具有相似含义的词汇或短语的泛化性更好,因为它们利用了向量空间中的接近性,而不是取决于符号层面的相似性(如两个词汇在词形方面很像,但意义无关甚至相反)。

2018 年 10 月之后出现了新的变化——成功应用了超大规模的自监督神经网络学习。在这种方法中,模型只需使用海量(20 GB 起步)的文本(现在通常是几十亿字)就能学到大量关于语言和现实世界的大部分知识。这主要是得益于 Transformer 模型:模型从文本中自动创建能挑战自己的预测任务——类似"完形填空"。例如,在给定先前词汇的情况下依次识别文本中的每个下一个单词,或在文本中填写一个被去掉的词汇或短语。通过数十次重复这样的预测任务,并从错误中学习,模型的性能会越来越好。通过这种方式,模型积累了语言和现实世界的一般知识,然后利用这些知识处理下游的语义理解任务中,比如文本分类、文本检索、情绪分析或阅读理解。

基于自监督的预训练方法对自然语言处理产生了革命性的影响。现在可以在大量未标记的人类语言材料上训练模型,得出一个大型的预训练模型,然后通过微调(Fine-Tuning)或提示(Prompting)的方式,便可在各种自然语言理解和生成任务上取得较好的结果。

11.2　自然语言处理开发工具

11.2.1　开发工具简介及环境搭建

由于更新迭代很快,在自然语言处理任务中,除了使用一些现成的工具之外,很多时候需要自己动手编写代码,利用科研人员的最新成果。本节介绍了目前自然语言处理中常用的语言 Python 以及编写 Python 程序的工具。

1. Python 的安装

Python 是一种解释型计算机语言。它由荷兰数学和计算机科学研究学会的吉多·范罗苏姆(Guido van Rossum)于 20 世纪 90 年代初设计,已成为多数平台上写脚本和快速开发应用的编程语言。根据世界权威语言排行榜(TIOBE)的最新数据显示,Python 已经超越 Java、C 和 C++,成为最流行的编程语言(见图 11-4)。

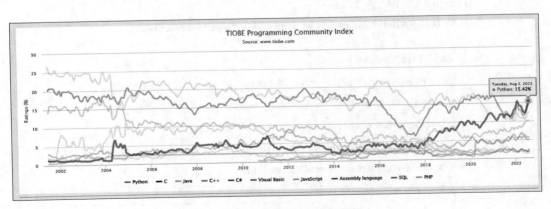

图 11-4　TIOBE 编程社区指数

安装 Python 时，需要从 Python 的官网下载安装包。在浏览器中输入网址 https://www.python.org/，进入 Python 官网，选择 Downloads（见图 11 – 5）。网页会自动检测当前的操作系统，并提供最合适的下载链接（注意：3.9 版本以上的无法在 Windows 7 及之前的上安装）。

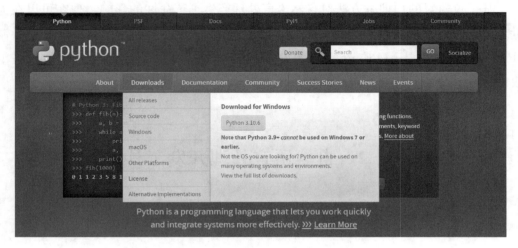

图 11 – 5　Python 官网下载菜单

单击 Python 3.10.6 的按钮（本处的 3.10.6 为 Python 的最新版本，后续可能会变化）后，下载 Python 的安装程序。如果需要下载其他操作系统的版本或 3.10.6 之前的版本，可以单击 Downloads 菜单下的操作系统名称（如 Windows），选择所需的版本下载。

例如，如果我们需要下载 Windows 平台的 Python 3.6.8 安装包，则单击 Windows，然后找到 Python 3.6.8 的安装包，见图 11 – 6。

- Python 3.6.8 - Dec. 24, 2018

  Note that Python 3.6.8 *cannot* be used on Windows XP or earlier.

  - Download Windows help file
  - Download Windows x86-64 embeddable zip file
  - Download Windows x86-64 executable installer
  - Download Windows x86-64 web-based installer
  - Download Windows x86 embeddable zip file
  - Download Windows x86 executable installer
  - Download Windows x86 web-based installer

图 11 – 6　Python 3.6.8 安装包下载

图 11 - 6 中, 以 Windows x86 - 64 开头的是 64 位的 Python 安装程序; 以 Windows x86 开头的是 32 位的 Python 安装程序; embeddable zip file 表示 zip 格式的绿色免安装版本压缩包, 可以直接嵌入(集成)到其他的应用程序中; executable installer 表示 exe 格式的可执行程序, 这是完整的离线安装包, 一般选择这个即可; web-based installer 表示通过网络安装, 也就是说下载到的是一个空壳, 安装过程中还需要联网。

单击下载的安装包后, 进入安装页面。页面元素中, Install Now 表示默认安装, 直接把程序安装在 C 盘, 并且勾选所有组件并下载; Customize installation 表示自定义安装, 选择该项后, 可选择安装路径和组件; Install launcher for all users 表示为本机所有用户安装; Add Python to PATH 表示把 Python 解释器的安装路径到系统环境变量, 添加可以在命令行中直接输入 Python 命令, 默认不勾选, 初学者注意一定要勾选该选项, 见图 11 - 7。

图 11 - 7 Python 安装页面 1

单击 Install Now 后, 系统会把 Python 安装到 C 盘, 并默认安装所有组件。安装完成后, 按 Windows 键(键盘左侧 Ctrl 和 Alt 中间的键), 可以找到最近安装的 Python 3.10, 见图 11 - 8。

图 11 - 8 中, IDLE 为简单的 Python 集成开发环境, 具备基本的开发环境功能, 支持打开、保存文件、代码高亮等操作。Python 是个运行程

图 11 - 8 Python 安装后的菜单

序,双击打开是一个命令行,可以直接输入 Python 代码,但是不支持保存。

2. 包安装工具 pip

在 Python 中,包的本质就是一个含有.py 的文件的文件夹,里面包含了一些别人已经写好、通过导入可直接使用的功能。pip 是通用的 Python 包管理工具。提供了对 Python 包的查找、下载、安装、卸载的功能。注意:pip 已内置于最新的 Python 版本中,无须单独安装。

pip 的常用命令包括:

$ pip install XXX(安装 XXX 包)

$ pip search XXX (查找 XXX 包)

$ pip show XXX (查看已经安装的包的信息)

$ pip uninstall xxx (卸载 XXX 包)

在 Windows 系统中,通过命令行工具(命令提示符)使用 pip;Mac OS 中通过 Terminal(终端) 使用 pip。例如,如果需要安装处理网络请求的 requests 包,先打开 Windows 命令行,然后输入 pip install requests,成功安装后,会出现 Successfully installed XXX 的提示,见图 11 - 9。

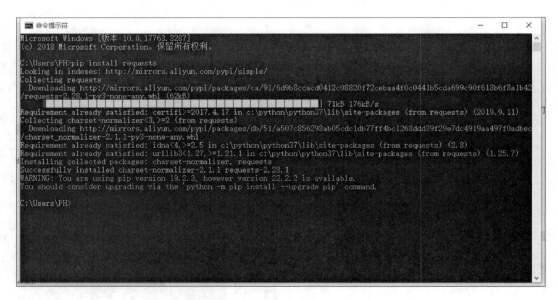

图 11 - 9　使用 pip 安装 requests

3. PyCharm 的安装

PyCharm 是由 JetBrains 公司开发的 Python IDE(Integrated Development Environment,集成开发环境),提供了调试、语法高亮、项目管理、代码跳转、智能提

示、自动完成、单元测试、版本控制等功能。

下面以 PyCharm 社区版为例介绍 PyCharm 的安装过程。进入 JetBrains 公司的官网 https://www.jetbrains.com.cn/，选择开发者工具中的 PyCharm，然后在出现的页面中选择下载，见图 11-10、图 11-11。

图 11-10　JetBrains 开发者工具

图 11-11　PyCharm 下载页面

选择免费的 Community(社区)版本下载，见图 11-12。

单击下载的文件，在出现的页面中选择 Next(下一步)，见图 11-13。

图 11 - 12 　下载 PyCharm 社区版

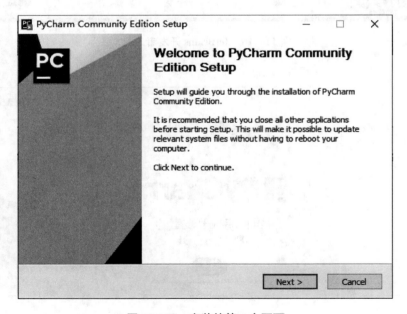

图 11 - 13 　安装的第一个页面

选择安装位置,然后继续(默认安装在 C 盘),见图 11－14。

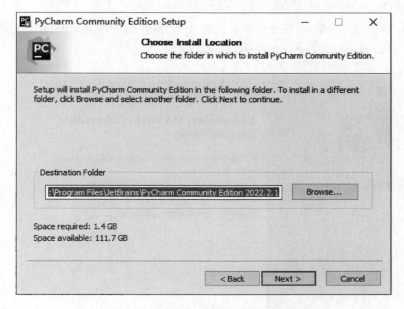

图 11－14 选择安装位置

按照需要勾选按照的选项,选项的说明如下,见图 11－15。

Create Desktop Shortcut:创建桌面快捷方式;

Update PATH variable:更新系统变量(需要重启);

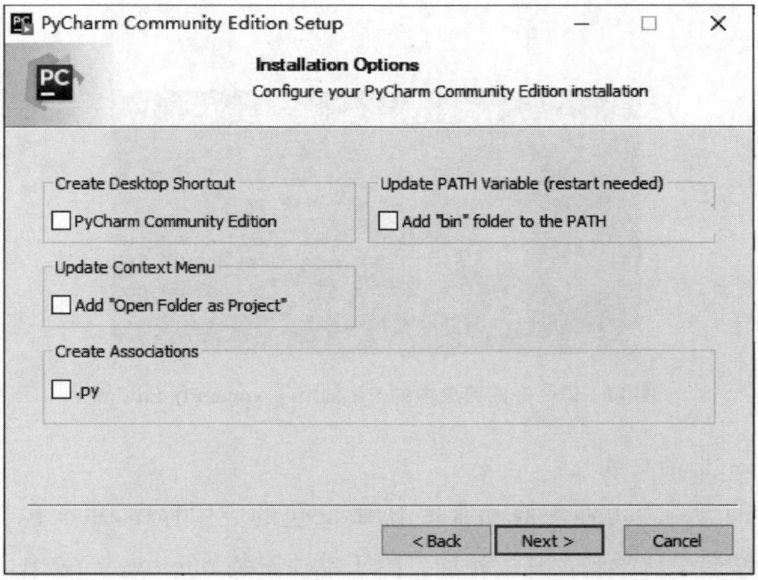

图 11－15 PyCharm 安装选项

Update Context Menu：更新邮件菜单；

Create Associations：创建与.py 文件关联，默认.py 文件用 PyCharm 打开。

确定安装选项后，单击 Next，然后在新出现的界面中单击 Install，在完成界面单击 Finish，完成 PyCharm 的安装，见图 11-16。

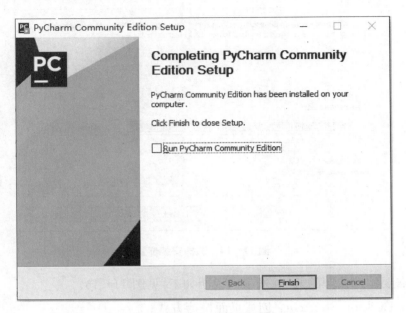

图 11-16 安装完成界面

按 Windows 键，可以看到最近安装的 PyCharm Community Edition，见图 11-17。

图 11-17 开始菜单中的 PyCharm Community Edition

4. Anaconda 的安装

Anaconda 是一个方便获取和管理 Python 包的应用程序，里面包含了 numpy、pandas 等 180 多个科学包及其依赖项。由于单独安装 numpy、scipy、pandas、Jupyter Notebook 等 Python 包相对复杂，版本之间可能会存在冲突，一般初学者可选择安装

Anaconda 的免费版本,省去这些麻烦。

进入 Anaconda 的官网 https://www.anaconda.com/products/distribution,单击
Download 下载 Anaconda 的安装包,见图 11 - 18。

图 11 - 18　Anaconda 下载页面

由于 Anaconda 的服务器在海外,下载非常慢。为了方便国内研究者下载使用,
清华大学搭建了一个镜像网站供大家下载 Anaconda 的各种版本,通过链接 https://
mirrors.tuna.tsinghua.edu.cn/anaconda/archive/可以访问镜像网站,网站列出了
Anaconda 的所有历史版本,见图 11 - 19。

File Name ↓	File Size ↓	Date ↓
Parent directory/	-	-
Anaconda-1.4.0-Linux-x86.sh	220.5 MiB	2013-07-04 01:47
Anaconda-1.4.0-Linux-x86_64.sh	286.9 MiB	2013-07-04 17:26
Anaconda-1.4.0-MacOSX-x86_64.sh	156.4 MiB	2013-07-04 17:40
Anaconda-1.4.0-Windows-x86.exe	210.1 MiB	2013-07-04 17:48
Anaconda-1.4.0-Windows-x86_64.exe	241.4 MiB	2013-07-04 17:58
Anaconda-1.5.0-Linux-x86.sh	238.8 MiB	2013-07-04 18:10
Anaconda-1.5.0-Linux-x86_64.sh	306.7 MiB	2013-07-04 18:22
Anaconda-1.5.0-MacOSX-x86_64.sh	166.2 MiB	2013-07-04 18:37
Anaconda-1.5.0-Windows-x86.exe	236.0 MiB	2013-07-04 18:45
Anaconda-1.5.0-Windows-x86_64.exe	280.4 MiB	2013-07-04 18:57
Anaconda-1.5.1-MacOSX-x86_64.sh	166.2 MiB	2013-07-04 19:11
Anaconda-1.6.0-Linux-x86.sh	241.6 MiB	2013-07-04 19:19
Anaconda-1.6.0-Linux-x86_64.sh	309.5 MiB	2013-07-04 19:32
Anaconda-1.6.0-MacOSX-x86_64.sh	169.0 MiB	2013-07-04 19:47
Anaconda-1.6.0-Windows-x86.exe	244.9 MiB	2013-07-04 19:56
Anaconda-1.6.0-Windows-x86_64.exe	290.4 MiB	2013-07-04 20:09

Index of /anaconda/archive/　　Last Update: 2022-09-04 14:00

图 11 - 19　Anaconda 清华大学镜像

单击页面上的 Date,可对日期进行排序。文件名中的 Linux、Windows 和
MacOSX 分别代表 Linux 操作系统、微软 Windows 操作系统及苹果的 Mac OS X 操

作系统,X86 代表 32 位系统,X86_64 代表 64 位系统,请仔细查看文件名,选择下载对应操作系统的版本。

下载完成后,单击下载的安装包进行安装,注意 Anaconda 占用的空间比较大,请选择剩余空间较大的分区进行安装。

如图 11-20 所示,Space required 指 Anaconda 安装后需要的空间,Space available 指该盘的剩余空间。确定安装目录后,单击 Next(下一步),直至安装完成(Finish)。安装完成后,按 Windows 键,可以看到安装的 Anaconda,见图 11-21。

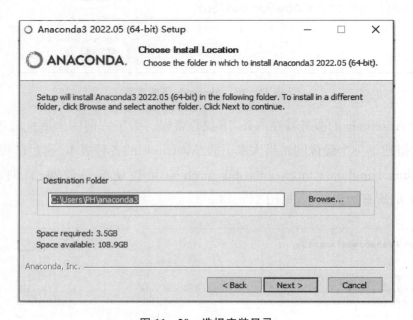

图 11-20 选择安装目录

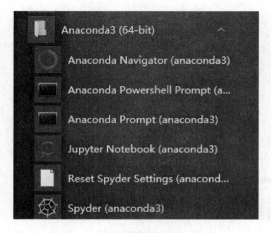

图 11-21 开始菜单中的 Anaconda

成功安装 Anaconda 后,可以使用 Anaconda Navigator 查看 Anaconda 自带的各种应用程序;使用 Anaconda Prompt 打开支持 Anaconda 环境的命令行;使用 Jupyter Notebook 编写 Python 代码;使用 Spyder 编写和调试 Python 代码。

5. PyCharm 和 Anaconda 的区别

PyCharm 和 Anaconda 的主要区别是 Anaconda 是一个 Python 发行版,内置了 conda、Python 等 180 多个科学包及其依赖

项,重点是降低数据科学家使用 Python 语言的难度,科学家不需要自己安装科学计算的各种 Python 包,可以快速上手。PyCharm 则是一款开发工具,重点是程序员提高开发效率,如调试、语法高亮、项目管理、代码跳转、智能提示、自动完成、单元测试、版本控制。

6. 其他开发工具简介

除了 PyCharm 和 Anaconda 之外,还有一些较为流行的 Python 开发工具,如微软公司开发的 Visual Studio Code,程序员乔恩·斯金纳(Jon Skinner)于 2008 年 1 月开发出的 SublimeText 以及与 RStudio 类似的 Spyder。

Visual Studio Code(简称"VS Code")可运行在 Mac OS X、Windows 和 Linux 三种不同的操作系统之上,用于编写现代 Web 和云应用的跨平台源代码编辑器。使用 Visual Studio Code 开发 Python 代码时,需要先安装 Python 插件(也叫扩展),见图 11 - 22。

图 11 - 22　Visual Studio Code 的界面

Sublime Text 是一个收费的文本编辑器,但可以无限期试用。Sublime Text 支持多种编程语言的语法高亮、支持代码自动补全,还可以把常用的代码保存成代码片段(Snippet),在需要时随时调用。使用 Sublime Text 开发 Python 代码时,需要注意选择对应的 Build(编译)环境,见图 11 - 23。

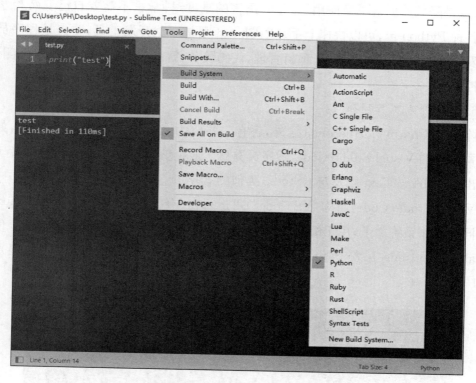

图 11 - 23 Sublime Text 的界面

Spyder 是 Python 的作者开发的集成开发环境。和其他的 Python 开发环境相比，它最大的特点是模仿 RStudio 界面，熟悉 RStudio 的研究人员可以快速切换到 Python 工作环境，方便地观察和修改变量的值。Anaconda 的安装包内置了 Spyder，安装后 Anaconda 后可直接使用该开发环境，以及 Anaconda 附带的各种 Python 科学计算包，见图 11 - 24。

11.2.2　代码运行和调试

编写 Python 程序或使用其他人编写的 Python 程序时，往往需要运行程序。在程序无法运行或程序结果不符合预期时修改程序，用各种手段进行查错和排错的过程即调试过程。本节简要介绍了如何使用 PyCharm 和 Jupyter Notebook 调试程序。

1. 使用 PyCharm 运行和调试程序

首先，需要新建一个项目，在这个新建的项目中输入代码；也可以在右侧的项目栏中直接选择打开之前创建的项目。打开 PyCharm 后，选择 New Project，见图 11 - 25。

286

图 11 - 24　Spyder 的界面

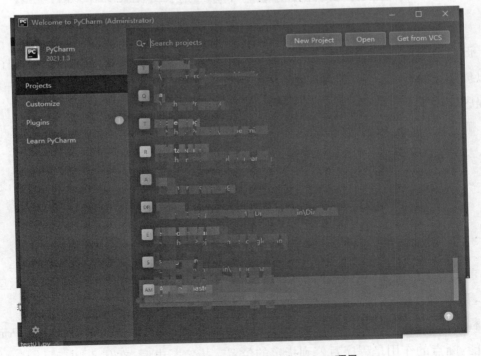

图 11 - 25　在 PyCharm 中新建 Python 项目

在 Location(保存位置)处输入项目的路径,然后单击下方的 Create(创建),见
图 11 - 26。

图 11 - 26　确定项目的保存路径

此时 PyCharm 自动生成了一个 main.py 文件,可直接在该文件中编写程序;也
可以创建新的 py 文件。现在以在 main.py 文件中编写程序为例,介绍如何运行和调
试程序。

删除 main.py 中的代码,输入:

```
a = 3
b = 6
c = a + b
print(c)
```

单击右上的 ▶ 运行程序,PyCharm 下面会出现 Run(运行结果)页签,显示运行
结果,见图 11 - 27。

程序出现问题时,我们往往需要知道中间结果,此时需要用到断点(Break Point)
的功能,断点的作用是程序暂停到指定的位置。指定断电时,在代码和行号中间的区
域单击鼠标,会出现一个红色的点,见图 11 - 28。

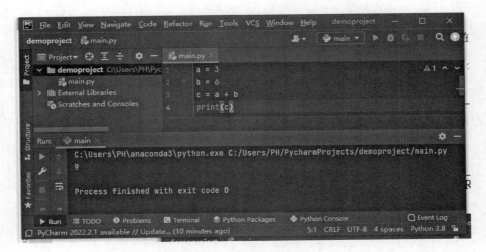

图 11 - 27　程序运行结果

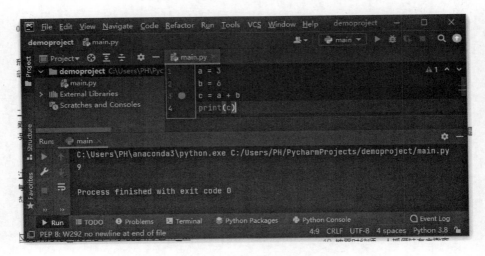

图 11 - 28　指定断点

　　然后,单击右上角的 ⚙ 按钮,程序运行到红点所在的行时会停住,PyCharm 下方会出现 Debug(调试)页签,上面列出了相关变量的当前值,如本例中的 a =3、b = 6,此时可以检查相关变量的当前值是否符合预期,见图 11 - 29。

　　2. 使用 Jupyter Notebook 运行程序

　　Jupyter Notebook 是一个基于浏览器的编辑器,它的优点是可以在网页上分段(按单元格 Cell)展示 Python 代码的运行结果,便于展示和保存中间结果。安装 Anaconda 之后,Jupyter Notebook 会自动安装,无需另行安装该组件。

　　在菜单中,单击 Jupyter Notebook,打开该应用,见图 11 - 30。

　　在弹出的页面上,选择左上角的 New,然后选择 Python 3,见图 11 - 31。

图 11 – 29　调试程序

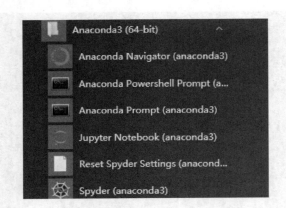

图 11 – 30　菜单中的 Jupyter Notebook

图 11 – 31　新建 Note Book

在弹出的窗口中，在绿色的方框处输入 Python 代码，按"Ctrl ＋ Enter"键或单击上方的"运行"按钮，即可得到运行结果，结果会显示在单元格的下方，见图 11-32。

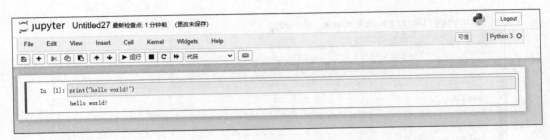

图 11-32　运行 Python 代码

Jupyter Notebook 上部有菜单栏和工具栏，左上角列出了当前文件的名称，可把鼠标移到对应按钮上查看该按钮的功能描述。例如，如果需要在下方插入代码块，则单击"＋"按钮，见图 11-33。

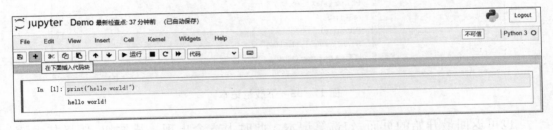

图 11-33　工具栏功能

如果需要修改 Note Book(笔记本)的名称，单击左上角的 UntitledXX(XX 为数字编号，新笔记本的名称后面附有该编号，说明是第几个无名笔记本)，在弹出的窗口中输入新的文件名，然后单击"重命名"即可，见图 11-34。

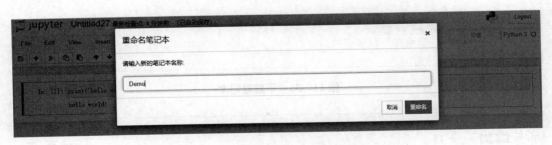

图 11-34　修改 Note Book 的名称

如果需要下载 Note Book 并保存，单击 File(文件)，然后选择 Download as(下载为),选择需要的格式下载,一般选择下载为 Notebook(.ipynb)或 Python(.py)文件,见图 11 - 35。

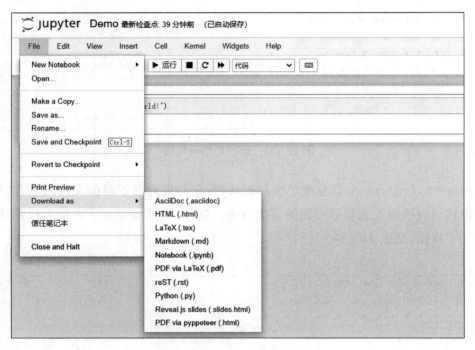

图 11 - 35　下载笔记本

也可返回最开始的页面,勾选笔记本。此时上方会出现一排按钮,选择其中的 Download 下载即可,见图 11 - 36。注意:无法下载正在运行中的 Notebook(笔记本)(颜色为绿色),需要先勾选该笔记本,单击上方的 Shutdown 关闭该笔记本,见图 11 - 37。

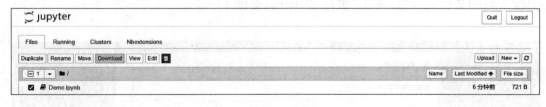

图 11 - 36　下载笔记本

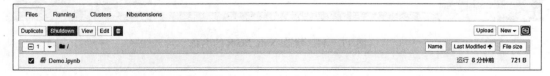

图 11 - 37　关闭笔记本

因为使用 Jupyter Notebook 进行代码调试相对复杂，不如 PyCharm、Spyder 等集成开发工具简便直观，所以不建议使用 Jupyter Notebook 进行代码调试工作，此处略过 Jupyter Notebook 的代码调试。如果需要了解，请阅读 pdb（Python 内置的调试模块）或 ipdb（IPython 调试模块）等相关资料。

11.3　自然语言处理的基础任务

在现代化的日常生活中，随处可见自然语言处理的应用。起床时，我们可以与智能音箱对话，指示智能小助手播放音乐和新闻。碰到难题时，我们往往会在网上进行搜索，网页上会展现与搜索词相关的各项知识。遇见外国友人时，我们即便不懂外语但可以通过手机轻松交谈。自然语言处理应用的基础是一些细小的任务，这些任务的准确度决定了上层应用的可接受度。本节重点介绍较为基础的分词、词性标注、句法分析、语义分析和文本向量化的内容。

11.3.1　分词

1. 基本概念

我们日常使用母语交流时，通常并不关注词性等语法问题，语言的流动是一瞬间的自然迸发。当我们学习一种新的语言时，词性等语法问题成了无法摆脱的内容，特别是在学习英语的时候，动词和名词及其不同的变化形式有时让人发狂，此时词性的正确识别及分析显得尤为重要。

在人类的交流过程中，使用的基本单元是句子；在分析时，句子的粒度有点过于粗放，相同的部分过少，因此我们有必要再往下细分，走向词一级，此时分词便成了一种不得不考虑的问题。通俗来说，分词即找出词的边界，把句子拆分成词语。对于英语而言，词之间有空格区分，把句子切分为词语较为容易。例如，美国苹果公司联合创办人史蒂夫·乔布斯（Steve Jobs）的名言"Stay hungry, stay foolish."可切分为 4 个词（不含标点符号）：stay、hungry、stay、foolish。相对而言，其中文翻译"求知若饥，虚心若愚"则不是那么好处理，按照标点来切分，只能得出两个词"求知若饥""虚心若愚"，看起来似乎不够准确，还可以进一步细分。从上面可以看出，汉语尽管不存在形态变化的问题，但如何划分词的边界始终是一个难题，例如句子"自动化研究所取得的成就"可以有两种划分：

① 自动化 研究所 取得 的 成就。

② 自动化 研究 所 取得 的 成就。

第①种划分中把研究所作为一个整体，句子的意义为研究所的成就；第②种划分把"所"划分为介词，句子的意义变成了研究的成就，这两种划分得出的意义截然不同。

词性是从语法角度对词的分类，常见的词性有名词、动词、形容词、副词等。词性标注是指依照词语在句子中的位置及修饰关系等信息，在分词后确定词语的词性。例如，对于句子"上海是一座美丽的城市"，分词后可得到"上海 是 一 座 美丽 的 城市"，进行词性标注后，采用汉语分词系统 NLPIR（自然语言处理与信息检索共享平台）得出的结果为"上海/ns 是/vshi 一/m 座/q 美丽/a 的/ude1 城市/n"，其中 ns 表示地名、vshi 表示动词"是"、m 表示数词、q 表示量词、a 表示形容词、ude1 表示"的"、n 表示名词。一般而言，分词是词性标注的基础，所以大多数软件所称的词性标注包括了分词和词性标注两个功能。

得到分词和词性标注的结果后，我们便可以对文本进行进一步分析，例如抽取文本的高频词作为文本的特征，与其他文本对比以进一步确定文本的风格，如比较不同年代戏剧的风格；结合其他材料分析作者的性格特征，如利用微博数据分析博主的性格；也可以通过文本特征确定作者的身份，例如在 1980 年的首届国际《红楼梦》研讨会上，华裔学者陈炳藻先生对《红楼梦》进行了文本统计研究，分别挑出名词、动词、形容词、副词、虚词这五种词进行统计对比，由此推断前八十回与后四十回均为同一作者。

2. 分词算法简介

一直以来，在自然语言处理领域分词都是极具挑战性的工作，分词的准确度也一直未能达到 99% 以上。下文概述基本的分词算法，以便了解分词的挑战及制定针对性的措施。

1）基于词典的分词

基于词典的分词指预先提供一个词表作为词典（又称为词库），然后根据词表内的词语把句子切分成单个的词。基于词典的分词可采用正向匹配、逆向匹配或双向匹配。

（1）正向最大匹配。

正向最大匹配的原理是从左往右读句子，优先选取最长的词。例如，对"上海外国语大学"进行切分时，我们希望获取的是"上海外国语大学"一个词，而不是"上海""外国语""大学"三个词，因为正向最大匹配算法优先选取最长的词，此时采用该算法效果最好，具体的代码如下：

```
def max_forward_segment(text, dict_list):
    segment_results = []
    i = 0
    while i < len(text):
        longest_word = text[i]
        for j in range(i+1, len(text) +1):
#获取最长的词
            word = text[i: j]
            if word in dict_list:
                if len(word) > len(longest_word):
                    longest_word = word
        segment_results.append(longest_word)
        i = i + len(longest_word)
    return segment_results
```

在上面的代码中,我们使用预定好的词典,对输入的文本进行切分,按照从左到右的顺序,获取最长的词放入结果中,输入测试代码:

♯定义分词词典

dictionary = ["大学", "外国语","上海","上海外国语大学"]

text = "上海外国语大学"

♯调用正向最大匹配函数,输出结果

print(max_forward_segment(text, dictionary))

程序的运行结果为:

['上海外国语大学']

不过,正向最大匹配存在一个问题。例如,对于"上海市民欢迎您"这个句子,使用词典"上海市""上海""市民""欢迎""您"时,会把"上海市"优先挑出来,得到下面的结果:

♯定义分词词典

dictionary = ["上海市", "上海","市民","欢迎","您"]

text = "上海市民欢迎您"

♯调用正向最大匹配函数,输出结果

print(max_forward_segment(text, dictionary))

程序的运行结果如下:

['上海市', '民', '欢迎', '您']

（2）逆向最大匹配。

与正向最大匹配正好相反，逆向最大匹配算法从右往左找，优先选取最长的词，此时可以避免上面提到的问题，代码如下：

```
def max_backward_segment(text, dict_list):
    segment_results = []
    i = len(text) - 1
    # 从文本最后一个字符开始进行匹配
    while i >= 0:
        longest_word = text[i]
        for j in range(0, i):
            word = text[j: i+1]
            if word in dict_list:
                if len(word) > len(longest_word):
                    longest_word = word
        segment_results.insert(0, longest_word) # 新发现的词插在最前面
        i = i - len(longest_word)
    return segment_results
```

输入下面的测试代码：

```
# 定义字典
dictionary = ["上海市","上海", "市民","欢迎","您"]
text = "上海市民欢迎您"
# 调用逆向最大匹配函数,输出结果
print(max_backward_segment(text, dictionary))
```

运行结果如下：

['上海', '市民', '欢迎', '您']

从结果中可以看出，程序把"上海市民"正确地切分成了"上海"和"市民"。但是，后向匹配也不是完全没有问题，例如对于"项目的目的和意义"，词表"项目""的""目的""意义"，后向最大匹配得出的词语为：['项', '目的', '目的', '和', '意义']，结果并不正确，相当于引入了新的问题。

为了解决前向最大匹配和后向最大匹配的问题，有人提出可以综合两种方法，称

之为双向最大匹配。

(3) 双向最大匹配。

双向最大匹配综合采用了前向最大匹配和后向最大匹配两种规则,具体的流程如下:

① 同时执行正向和逆向最长匹配,若两者的词数不同,则返回词数更少的那一个。

② 否则,返回两者中单字更少的那一个。当单字数也相同时,优先返回逆向最长匹配的结果。

采用第②条规则的理由是汉语中单字词的数量远远少于非单字词,所以单字更少的结果可能更为准确。基于上述规则得到的代码如下:

```python
def count_single_word(words):
    '''
    统计只包含一个字的词语的数量
    '''
    return sum(1 for word in words if len(word) == 1)


def bidirection_segment(text, dict_list):
    '''
    双向最大匹配的核心程序
    '''
    # 获取正向最大匹配的结果
    forward_results = max_forward_segment(text, dict_list)
    # 获取逆向最大匹配的结果
    backward_results = max_backward_segment(text, dict_list)
    # 比较两者的词数,返回词数较少的结果
    if len(forward_results) > len(backward_results):
        return backward_results
    if len(forward_results) < len(backward_results):
        return forward_results
    # 词数相同时,调用上面的单字函数 count_single_word 获取文本中的单字
    # 数量;比较单字数,返回单字数较少的结果;如相同,则返回逆向匹配的结果
    forward_single_count = count_single_word(forward_results)
    backward_single_count = count_single_word(backward_results)
    if forward_single_count < backward_single_count:
        return forward_results
    else:
        return backward_results
```

现在,我们用正向最大匹配的词典和文本来测试这个方法:

```
dictionary = ["大学", "外国语","上海","上海外国语大学"]
text = "上海外国语大学"
print(bidirection_segment(text, dictionary))
```

程序运行结果如下,分词结果无误:

```
['上海外国语大学']
```

现在,我们用逆向最大匹配的字典和文本来测试这个方法:

```
dictionary = ["上海市","上海", "市民","欢迎","您"]
text = "上海市民欢迎您"
print(bidirection_segment(text, dictionary))
```

程序运行结果如下,分词结果无误:

```
['上海', '市民', '欢迎', '您']
```

看起来双向最大匹配似乎很完美,完全可以解决上面碰到的分词问题,但实际真是这样吗? 我们再来看一个例子。

```
dictionary = ["项目","的", "目的","和","意义"]
text = "项目的目的和意义"
print(bidirection_segment(text, dictionary))
```

程序运行结果如下,分词结果错了,把"项目的目的"分成了"项""目的""目的",而不是正确的"项目""的""目的":

```
['项', '目的', '目的', '和', '意义']
```

从上面的测试结果可以看出,与正向最大匹配和逆向最大匹配相比,双向匹配的效果更好,但仍存在一些错误。

综上,基于词典的分词方法,其分词质量主要取决于词典的质量。在大多数分词程序使用的词典中,词条数量往往在几十万条以上。不仅如此,由于语言在不断地发展变化,新词层出不穷。为了更好地处理这些新词,提高分词的准确率,分词程序提供了添加新词的功能，支持用户根据具体的文本添加自定义词典。

2）基于训练的分词方法

最大匹配算法本质上是一种基于规则的方法。除了利用规则之外，另一种思路是基于统计的方法，也就是通过概率来进行预测，其中比较典型的是马尔可夫模型。

马尔可夫模型是用于描述随机过程的一种模型。例如，在某段时间内，交通灯的变化序列为红色-黄色-绿色-红色。在这个序列中，当前状态的值只由前一个状态决定，又称 1 阶马尔可夫模型。

在马尔可夫模型中，每个状态代表了一个可观察的事件，马尔可夫模型有时又称作可视马尔可夫模型，这在某种程度上限制了模型的适应性。

有时候我们无法直接观察某个变量，而需要通过其显示的情况推断出该变量的状态，这时我们需要使用隐马尔可夫模型（Hidden Markov Model，HMM）。此时我们不知道模型具体的状态序列，只知道状态转移的概率，即模型的状态转换过程是不可观察的。

在中文分词中，我们使用以下几种状态来标注分词的序列：

B：词语的开头（单词的头一个字），不分词。

M：中间词（即在一个词语的开头和结尾之中），不分词。

E：单词的结尾（即单词的最后一个字），进行分词。

S：单个字，进行分词。

如"更高地举起马克思理论的伟大旗帜"一句，分词结果为："更""高""地""举起""马克思理论""的""伟大""旗帜"，在后方加入状态就是："更（S）高（S）地（S）举起（BE）马克思理论（BMMME）的（S）伟大（BE）旗帜（BE）"，即对应的状态序列就是"SSSBEBMMMESBEBE"。

马尔可夫模型应用的具体模式是使用已经分好的词作为训练集，用于计算每个词作为开头（B）、中间词（M）、结尾（B）、单个（S）的概率，得到一个概率表。然后，利用这个概率表对一个句子进行各种拆分，如"上海市民欢迎您"，可以拆分成"上海市""民""欢迎""您"或者"上海""市民""欢迎""您"等多种分法。我们用基于训练数据得到的概率表求出概率值最大的分法，得到分词结果。

基于同样的思路，还有条件随机场的分词方法和基于神经网络的分词方法。目前神经网络的分词方法性能最好，但对机器性能的要求最高。

由于基于训练的分词方法比较复杂，需要调整的细节较多，我们往往使用其他研究人员训练好的模型分词。具体的使用方法参见第 12 章自然语言处理工具部分。

11.3.2　词性标注

1. 概念

词性是词汇基本的语法属性,通常也称为词类。词类是指在语言中具有相同句法功能且能在同样的句法位置出现的词的集合,是一种语法的聚合,例如,名词通常出现在主语和宾语位置,动词出现在谓语的位置,形容词出现在表语的位置,等等。词性标注就是在给定句子中判定每个词的语法范畴,确定其词性并加以标注的过程,它是自然语言处理中的基础性工作。例如,"我爱自然语言处理"的词性标注结果为"我/r 爱/v 自然/n 语言/n 处理/v"。

除了语法关系,词性也蕴含着丰富的信息。首先,通过词性我们可以区分词语的具体意义。很多词语的词性不同,意义也不同。例如,在 She struck a pose(她摆了一个姿势)中,pose 为名词,意思是"姿势"。在 She pose a question(她提了一个问题)中,pose 是动词,意思是"提出"。通过标注词性,在后续的文本分析中,我们可以精确地统计出各词语出现的次数。另外,词性标注还是后续进行句法分析的基础,选择的词性不同,后续得到的句法分析结果也不同。

进行汉语词性标注时,主要存在以下难点:

(1) 汉语词语缺乏形态变化。英语的动词的第三人称单数、进行时、完成时均有形态上的变化,例如,

He eats an apple.（第三人称单数）

He is eating an apple.（现在进行时）

He has eaten an apple.（现在完成时）。

描述相同的事件时,汉语的词语无形态变化:

他吃苹果。

他正在吃苹果。

他吃了一个苹果。

(2) 常用词兼类现象严重。兼类是指一个词在不同场合下具有不同的词性。我国学者宗成庆指出,吕叔湘主编《现代汉语八百词》收取的常用词中,兼类词所占的比例高达 22.5%,而且越是常用的词,不同的用法越多。例如,

① 老师通知他明天上课。

② 他收到了老师的通知。

两句中,第①句的通知为动词,第②句的通知为名词。

作为自然语言处理的基础性任务,词性标注一直是研究的热点和难点问题。据

公开资料,清华大学 THULAC 工具包在标准数据集 Chinese Treebank(CTB5)上分词的 F1 值可达 97.3％,词性标注的 F1 值可达到 92.9％。但是,这些指标仅是在特定数据集上的性能,具体使用时性能可能会有所下降。如果需要了解词性标注工具及其使用方法,请阅读第 12 章中分词与词性标注工具的内容。

2. 算法简介

词性标注的方法实现起来相当复杂,主要的思路是基于人工标注好的文本找到规律,建立模型,然后利用该模型预测新文本的词性。从词性标注的具体实现方法来说,主要有基于统计模型的词性标注方法和基于规则的词性标注方法。

在语言学界,往往采用树库来组织词性的人工标注结果,树库里包括了分词、词性标注和句法结构关系的标注。由于标注的结果类似树形结构,所以称为树库。北京大学汉语树库(PTB)和美国宾夕法尼亚州立大学汉语树库(CTB)是应用较为广泛的树库。树库标注结果示例见图 11 - 38。

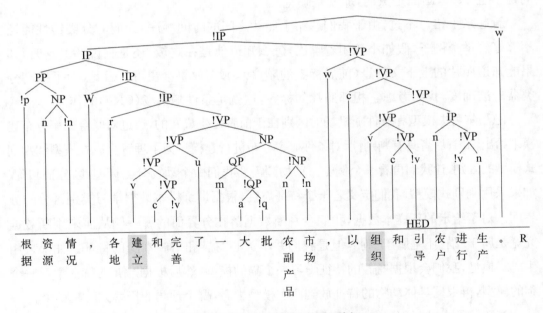

图 11 - 38 树库标注结果示例

基于统计模型的词性标注方法主要使用了上节介绍的马尔可夫模型,由于词性并不能从句子的序列中直接观察得到,所以我们使用的是隐马尔可夫模型(HMM),通过学习训练语料中的标注结果得出模型参数,然后使用训练好的模型进行词性标注。另外,还有一种成为条件随机场(Conditional Random Field,CRF)的方法,它是一类用图的形式表示随机变量之间条件依赖关系的概率模型,见图 11 - 39。

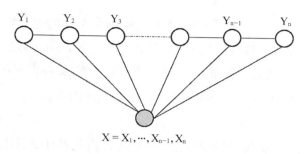

图 11-39 条件随机场

为了更好地理解条件随机场的原理,我们来看一个例子。假设父母有小孩子一天内不同时段的照片,覆盖了小孩从起床到睡觉的各个时间段。现在父母想对孩子的照片进行分类,分成吃饭的照片、走路的照片等。该怎么分呢?

一个简单直观的办法就是,不管照片时间顺序,训练出一个多元分类器,把一些照片标上标签,训练出一个模型,直接根据照片的特征来分类。例如,如果照片的时间是早上 6:00,画面是黑的,那就是睡觉。

看起来不错。不过,由于我们忽略了照片之间的时间顺序,我们的分类器性能还不够好。举个例子,假如小孩闭着嘴巴,怎么知道他是在吃饭,还是在说话? 这时,如果能知道照片的上下文信息(前后标签的顺序),那么效果会更好。因此,为了提高分类器的准确度,我们考虑它相邻照片的标签,这就是条件随机场(CRF)的作用。

隐马尔可夫模型和条件随机场的区别在于前者是生成式的,通过对联合概率分布建模来给出输出;后者具有判别性,对条件概率分布进行建模。为了理解生成式模型和判别式模型的区别,让我们再看一个例子。动物园需要我们做个动物分类模型,区分猫和狗。如果采用判别式模型,我们定义若干个特征属性,根据训练样本数据学习类别区分的分界面。对于给定的新样本数据,我们会判断数据落在分界面的哪一侧从而来判断数据究竟是属于"猫"还是属于"狗",但是我们并不关心"猫"和"狗"本身的特征。如果采用生成式模型,我们会根据"猫"的特征学习一个猫的模型,然后根据"狗"的特征学习一个狗的模型,再根据具体动物的特征放到两个模型去看,哪个预测的概率大就是哪个。

基于规则的方法的主要思路是通过大规模语料库学习出词性标注的规则,因此目前使用较少。

3. 词性标签

正如上文所述,词性标注的原理是利用人工标注好的语料进行训练,然后进行词性标注。因使用目的不同,研究人员未能就词性标注的标签达成一致,所以目前词性标注存在多种标记。例如,在宾夕法尼亚州立大学的标注语料中,将汉语词性一级标注集划分为 33 类;北京大学计算语言学研究所开发的语料库加工规范中有 26 个基本词类代码,74 个扩充代码,标记集中共有 106 个代码。表 11-1 列出了常见的一种词性标记集供参考,其中共计 99 个标记,包括 22 个一类标记、66 个二类标记及 11 个三类标记。

表 11-1　北京大学计算语言学研究所 ICTCLAS 汉语词性标记集

词　性	一　类	二　类	三　类
名词(1 个一类,7 个二类,5 个三类)	n 名词	nr 人名	nr1 汉语姓氏
			nr2 汉语名字
			nrj 日语人名
			nrf 音译人名
		ns 地名	nsf 音译地名
		nt 机构团体名	
		nz 其他专名	
		nl 名词性惯用语	
		ng 名词性语素	
时间词(1 个一类,1 个二类)	t 时间词	tg 时间词性语素	
处所词(1 个一类)	s 处所词		
方位词(1 个一类)	f 方位词		
动词(1 个一类,9 个二类)	v 动词	vd 副动词	
		vn 名动词	
		vshi 动词"是"	
		vyou 动词"有"	
		vf 趋向动词	
		vx 形式动词	
		vi 不及物动词(内动词)	
		vl 动词性惯用语	
		vg 动词性语素	
形容词(1 个一类,4 个二类)	a 形容词	ad 副形词	
		an 名形词	
		ag 形容词性语素	
		al 形容词性惯用语	

词　性	一　类	二　类	三　类
区别词（1个一类，2个二类）	b 区别词	bl 区别词性惯用语	
状态词（1个一类）	z 状态词		
代词（1个一类，4个二类，6个三类）	r 代词	rr 人称代词	
		rz 指示代词	rzt 时间指示代词
			rzs 处所指示代词
			rzv 谓词性指示代词
数词（1个一类，1个二类）	m 数词	mq 数量词	
量词（1个一类，2个二类）	q 量词	qv 动量词	
		qt 时量词	
副词（1个一类）	d 副词		
介词（1个一类，2个二类）	p 介词	pba 介词"把"	
		pbei 介词"被"	
连词（1个一类，1个二类）	c 连词	cc 并列连词	
助词（1个一类，15个二类）	u 助词	uzhe 着	
		ule 了 喽	
		uguo 过	
		ude1 的 底	
		ude2 地	
		ude3 得	
		usuo 所	
		udeng 等 等等 云云	
		uyy 一样 一般 似的 般	
		udh 的话	
		uls 来讲 来说 而言 说来	
		uzhi 之	
		ulian 连（"连小学生都会"）	
叹词（1个一类）	e 叹词		

词　性	一　类	二　类	三　类
语气词(1 个一类)	y 语气词(delete yg)		
拟声词(1 个一类)	o 拟声词		
前缀(1 个一类)	h 前缀		
后缀(1 个一类)	k 后缀		
字符串(1 个一类,2 个二类)	x 字符串	xe　Email 字符串	
		xs 微博会话分隔符	
		xm 表情符合	
		xu 网址 URL	
标点符号(1 个一类,16 个二类)	w 标点符号	wkz 左括号,全角：（〔 〖 { 《【 〚〈 半角:([{<	
		wky 右括号,全角：）〕 〗}》 】〛〉半角:)]}>	
		wyz 左引号,全角："'『	
		wyy 右引号,全角："'』	
		wj 句号,全角：。	
		ww 问号,全角：? 半角:?	
		wt 叹号,全角：! 半角:!	
		wd 逗号,全角：，半角:,	
		wf 分号,全角：；半角:;	
		wn 顿号,全角：、	
		wm 冒号,全角：：半角::	
		ws 省略号,全角：…… …	
		wp 破折号,全角：—— —— ———半角:…	
		wb 百分号千分号,全角：% ‰　半角:%	
		wh 单位符号,全角：￥ $ £ ° ℃ 半角:$	

11.3.3 句法分析

1. 概念

句法分析是指对输入的句子进行分析,得出句子的主谓宾结构,以及并列、从句等句法关系。在自然语言处理中,句法结构一般采用树型结构表示,通常称为句法分析树(Syntactic Parsing Tree)。通常我们把句法分析的工具称为句法分析器(Syntactic Parser),简称为分析器(Parser)。

句法结构分析的任务可简化为两步:消除输入句子中词法和结构等方面的歧义;分析输入句子的内部结构,如成分构成、并列从句关系等。如果一个句子有多种结构表示,句法分析器需要得出该句子最有可能的结构。

早期句法结构分析主要采用乔姆斯基提出的短语结构文法。短语结构文法采用了直接成分分析法对句子进行定义。直接成分这个概念最早是由美国语言学家莱昂纳德·布龙菲尔德(Leonard Bloomfield)在1933年首次出版的《语言论》中提出来的。他说:"任何一个说英语的人,如果他有意来分析语言形式,一定会告诉我们:Poor John ran away 的直接成分是 poor John 和 ran away 这两个形式;而这两个形式又分别是个复合形式;ran away 的直接成分是 ran 和 away;poor John 的直接成分是 poor 和 John。"例如,英语句子 "Fact is hidden in mystery"可基于下列的成分分析规则变成树状结构:

〈句子〉→〈名词短语〉〈动词短语〉

〈名词短语〉→〈名词〉

〈动词短语〉→〈动词〉〈动词短语〉

〈动词短语〉→〈动词〉〈介词短语〉

〈介词短语〉→〈介词〉〈名词〉

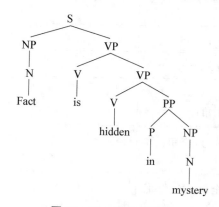

图 11-40 成分分析树

树状结构见图 11-40。

训练句法分析器需要先用手工标注好句法结构,然后利用标注好的数据训练模型,这种标注好句法结构的数据集称为树库(Treebank)。词性标注中,我们提到的宾夕法尼亚州立大学汉语树库(CTB)已经更新到了9.0版本,包含了共计约200万词的中国新闻、政府文件、期刊、微博、聊天和电话录音文本等,共132 076个句子。例如,句子"青岛优化资本结构促进企业规模扩大"的标注结果见图11-41。

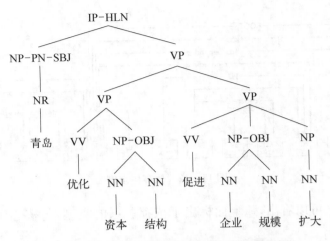

图 11-41 宾夕法尼亚州立大学汉语树库示例

如图 11-41 所示,句法分析器的训练数据包含了词性的标注信息和句法结构信息,如青岛的词性为 NR,句法结构为 NP(名词短语)和 VP(动词短语)组成,其中 VP(动词短语)优化资本结构包含了 VV(动词)优化和 NP-OBJ(名词宾语)。该名词宾语由两个名词资本和结构组成。

句法分析中的主要困难是歧义句,即某些句子可以有多种合理的分析结果。例如,"这张照片里是小张和小明的爸爸",既可以划分成"小张和小明的""爸爸",也可以划分成"小张"和"小明的爸爸"。结构划分不同,得到的意义完全不同,但是两种结果均未违反语法规则。

除了乔姆斯基提出的短语结构文法之外,还有种名为依存结构的方法。依存结构是基于中心词的标注方法,其中心概念是"依存",主要基于法国语言学家 L. 特斯尼埃(L. Tesniere)的思想:"句子是一个有组织的整体,成分元素是词。属于句子的每个词靠自身摆脱了词典那样的孤立状态。每个词和其相邻词之间的联系能被思维所感知,所有这些联系的总体构成了句子结构。这些结构化联系建立了词之间的依存关系。"

依存结构是一种基于中心词的分析方式,分析时需要确定中心词和其他词的关系。在词的关系中,其中一个是核心词,也叫支配词,另一个是修饰词,也叫从属词。依存关系用一个有向弧表示,叫作依存弧。依存弧的方向为由从属词指向支配词。

常用的依存句法树库是 Universal Dedendencies(UD)树库。它是一种多语言的树库,目前覆盖了 100 多种语言,接近 200 个树库。原始的树库格式可读性比较差,可以使用南京大学汤光超编写的 Dependency Viewer 查看,例如,句子"这不仅是大法官的期待,也是全民的心愿"的依存树见图 11-42。

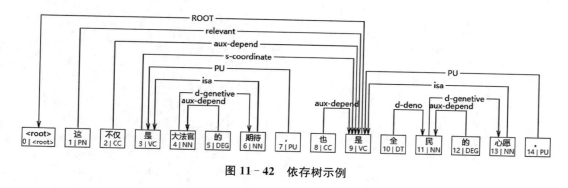

图 11‑42 依存树示例

从图 11‑42 可以看出,弧上面标出了依存关系的类型,与核心词"是"存在依存关系的词语较多。

2. 算法简介

句法结构分析方法可以分为基于规则的方法和基于统计的方法两大类。基于规则的方法需要人工编写语法规则,建立规则库,通过条件约束和检查消除句法歧义。

基于规则的方法可分为三种类型:自顶向下、自底向上,以及两者结合的方法。自顶向下的方法会先生成根节点,然后逐渐生成树干,直至最后的叶子节点。自底向上的方法正好相反,先从词开始,最后生成句子的根节点。在两者结合的方法中,比较常用的方法是左角分析法,其中"左角"(Left Corner)是句法子树中左下角的符号,见图 11‑43。

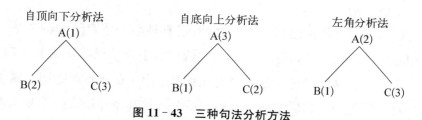

图 11‑43 三种句法分析方法

左角分析法的基本思想是从最左边开始调用规则,如果发现满足规则,可以往上规约时,进行规约,生成父节点(子树的根节点)。然后,断开已经形成的树的右分支,由右分支节点重新开始进行预测,生成句法结构树。

基于规则的算法主要优点是可以手工编写规则分析各种可能的句法结构;碰到新的句法结构,可以编写针对性的规则处理。其缺点也很明显,手工编写的规则带有主观性,很难处理各种复杂的语言现象;规则太多,彼此之间可能存在冲突,实现起来过于复杂;另外,编写规则非常耗时,需要专家来做,不利于大规模推广。

由于基于规则的方法难以应对大规模的语料,20 世纪 80 年代中期,研究人员开始探索统计句法分析方法。目前研究较多的是语法驱动(grammar-driven)的统计句法分析方法,其基本思想和上文中词性标注的思想类似,都是通过在训练数据中观察各种语言现象的分布,用统计数据的方式与语法规则一起编码。在句法分析的过程中遇到歧义时,使用统计结果对多种分析结果进行排序,从中选择最佳的结果。

11.3.4　语义分析

1. 概念

语义学是研究意义的学科,其研究语言单位的意义,尤其是词和句子的意义。有关意义的讨论可以追溯到古希腊柏拉图时期。哲学家柏拉图提出,词语的意义就是其所指对象,这种观点被称作"命名论"。其后,又有学者提出"概念论"。在英国学者 C. K. 奥格登(C. K. Dgden)和 I. A. 理查兹(I. A. Richards)所提出的"语义三角"中,语言形式和所指事物之间由概念进行连接,而这个概念就可以理解为单词的意义。词语、概念以及所指事物三者之间的关系见图 11 - 44。1930 年至 1950 年间,语言学家们开始试图在语境中来解释词的意义,而这一做法也于其后对自然语言处理起到了巨大的启发作用。目前十分火热的词向量训练模型 word2vec 就是受到了语言学家 J. R. 弗斯(J. R. Firth)的影响。弗斯提出过一句著名论述"由其词伴而知其词",即将一个词放到上下文中观察,你就能掌握其含义,而这也是对现代统计自然语言处理影响最深刻的思想之一。

图 11 - 44　语义三角
(胡壮麟,2017: 90)

在自然语言处理中,按照研究目的,可在词法分析及句法分析的基础上进行不同语义分析任务。语义分析是自然语言处理领域的一个重要问题,主要可以分为两个部分:词汇级语义分析和句子级语义分析。我们主要讲解词汇级的语义分析。

要进行词汇级的语义分析,首先必须要了解语义学在词汇语义层面探讨的基本概念,即词语间的涵义关系,包括同义关系、反义关系、上下义关系、蕴含关系、整体与部分关系等。

同义关系是表示相同关系的专业术语,如汉语中的"购买"和"购置"、英语中的"fall"和"autumn"等。但实际上,真正完全同义的词很少,在上述第一对同义词中,不同的语境下会采用不同的词,其在含义上有细微的差异;在第二对同义词中,关于秋天的不同表达又体现了美式英语和英式英语,即方言间的差异。

反义关系是对立关系的专业术语,其可以分为三个次类,即等级反义关系、互补反义关系和反向反义关系。在等级反义关系中,等级反义词是分等级的,每对反义词的成员表示的性质是程度上的差别,如反义词对"大"和"小"、"更大"和"更小"、"最大"和"最小",一方的否定并不一定是另一方的肯定,且其会随着参照物的不同而改变,例如在判断某汽车为"大"还是"小"时,假如以自行车作对比,则可以用"大"形容,假如以飞机作对比,则可以用"大"形容。在互补反义词中,成员之间彼此互补,一方的肯定意味着另一方的否定,如"生"和"死"、"男"和"女"等。不同于等级反义词,这种词不能有程度修饰词,也没有比较级和最高级。同时,它不会随着参照物的不同而改变。在反向反义词中,成员表现出实体间的反向关系,如"销售者"和"购买者"、"雇佣者"和"雇员"等,在这些词对中,一个成员的存在预设了另外一个成员的存在。等级反义词和互补反义词之间的区别见图 11-45,等级反义词之间存在中间区域,即等级反义词二者可以同假,而互补反义词之间是相互矛盾的,非此即彼。

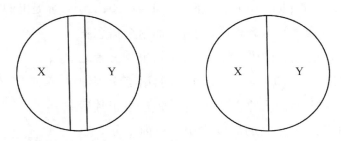

图 11-45　等级反义词与互补反义词(胡壮麟,2017:93)

上下义关系是某一种类与成员间的关系。处于这种意义关系上位的词语叫上位词,表示类名,处于这种意义关系下位的词叫下位词,表示类名下的成员。以上位词"花朵"为例,该类目所包含的成员可以有"玫瑰""茉莉花""紫罗兰""郁金香"等成员。

蕴含关系是一种语义包含的关系,一个成员的语义蕴含了另一成员的语义。以词语"吃饭"为例,该词蕴含了词语"张嘴"的语义,而词语"写字"又蕴含了"动手"的语义。

在整体与部分关系中,多个表示部分的成员构成一个整体,如图 11-46 中表示整体的词"树",其部分词就包括"树根""树干""树枝""树叶"等词。

图 11-46　整体与部分关系图(杨信彰,2005:140)

以上为语义学中较为常见的五类词汇关系。本章将主要介绍如何依靠语义词典 WordNet 及常识知识库 HowNet 实现基础的词汇语义分析任务。

2. WordNet

1) 简介

WordNet 可以看作是一个面向语义的英语词典,是一个由美国普林斯顿大学的心理学家、语言学家和计算机工程师联合设计而成的英语词汇检索系统。WordNet的特点在于,它不仅像普通词典一样把单词以字母顺序排列,而且还按照单词的意义将单词组成了一个个"词汇的网络",这有效解决了往常词典中关于同义信息的组织问题,既可以用作英语的词汇语义分析,又可以进行多国语言的词汇转换,继而获得对应的词汇语义网。同时,由于 WordNet 中词汇网络的内部结构具有层次性,因此还可以应用于语义消歧、信息层次检索、命名主题识别和计算语义相似度等自然语言处理任务。

WordNet 包含四个词类:名词、动词、形容词和副词。每个词类都各自置身于一个同义词的网络中,而每一个同义词集合都表示一个基本的语义概念。为了清晰呈现出词汇之间的语义信息,WordNet 采用了词汇矩阵模型。在表 11-2 中,该模型将词性放于横列,将语义放于纵列。若同一列中具有两个或以上的表元素(如表 11-2 中的W2),则说明该词是个多义词,若同一行中具有两个或以上的表元素(如表 11-2 中的 M1),则说明这两个词(如表 11-2 中的 W1 和 W2)是同义词。

表 11-2　WordNet 词汇矩阵模型

		词　形					
		W1	W2	W3	...	...	Wn
词义	M1	I(1,1)	I(1,2)				
	M2		I(2,2)				
	...						
	...						
	Mm						I(m,n)

WordNet 的层次结构主要分为三层:同义词集(Synset)、词条(Lemma)及单词(Word)。这三层之间层层包含,同义词集包含词条,词条包含单词。其中,一个同义词集被一个三元组描述,如'bird.n.01'表示一个同义词集中的三个元组,即单词、词性以及序号。

WordNet 除了主要展现同义关系之外,还可以展现反义、上下位、整体与部分等较为关键的语义关系。下面我们将以具体代码从同义词集、词条及单词三个层面介绍如何使用 WordNet 在 Python 中进行基础的词汇语义分析。

2）安装方式

在 Python 想要使用 WordNet，我们可以使用自然语言处理工具 NLTK。NLTK 提供了访问 WordNet 各种功能的函数。我们可以通过如下的代码在 Python 中调入 WordNet 包：

```
from nltk.corpus import wordnet
```

3）使用方式

（1）同义词集（Synset）。

① 查询一个词所在的所有词集

```
synsets = wordnet.synsets('adult')
print(synsets)
```

程序的运行结果如下：

［Synset（'adult.n.01'），Synset（'adult.n.02'），Synset（'adult.s.01'），Synset（'pornographic.s.01'）］

② 查询一个同义词集的定义

```
definition = wordnet.synset('adult.n.01').definition()
print(definition)
```

程序的运行结果如下：

a fully developed person from maturity onward

③ 查询一个同义词集的例句

```
examples = wordnet.synset('woman.n.01').examples()
print(examples)
```

程序的运行结果如下：

['the woman kept house while the man hunted']

④ 查询某词语的相同词性的同义词集合

```
sets = wordnet.synsets('computer', pos = wordnet.NOUN)
print(sets)
```

程序的运行结果如下：

[Synset('computer.n.01')，Synset('calculator.n.01')]

⑤ 查询某同义词集的上位词集合

● 查询所有的上位词集合

```
dog = wordnet.synset('dog.n.01')
hypernym_sets = dog.hypernyms()
print(hypernym_sets)
```

程序的运行结果如下：

[Synset('canine.n.02')，Synset('domestic_animal.n.01')]

● 查询一个最一般的上位（或根上位）同义词集

```
root_hypernym = dog.root_hypernyms()
print(root_hypernym)
```

程序的运行结果如下：

[Synset('entity.n.01')]

⑥ 查询某同义词集的下位词集合

```
animal = wordnet.synset('animal.n.01')
hyponym_sets = animal.hyponyms()
print(hyponym_sets)
```

程序的运行结果如下：

[Synset('acrodont.n.01')，Synset('adult.n.02')，Synset('biped.n.01')，…]

⑦ 查询一个物品的其他部件（或是被包含其中的东西）

```
tree = wordnet.synset('tree.n.01')
member_holonyms = tree.member_holonyms()
print(member_holonyms)
```

程序的运行结果如下：

[Synset('forest.n.01')]

⑧ 查询词条所属的同义词集

```
synset = wordnet.lemma('animal.n.01.animal').synset()
print(synset)
```

程序的运行结果如下：

Synset('animal.n.01')

（2）Lemma（词条）。

查询一个同义词集的所有词条(lemma)

```
lemmas = wordnet.synset('adult.n.01').lemmas()
print(lemmas)
print(type(lemmas[1]))
print(lemmas[1])
```

程序的运行结果如下：

[Lemma('adult.n.01.adult'), Lemma('adult.n.01.grownup')]

⟨class 'nltk.corpus.reader.wordnet.Lemma'⟩

Lemma('adult.n.01.grownup')

（3）Words（单词）。

① 查询一个同义词集中的所有词

```
lemma_names = wordnet.synset('adult.n.01').lemma_names()
print(lemma_names)
```

程序的运行结果如下：

['adult', 'grownup']

② 查询某词条中对应的单词

```
word = wn.lemma('dog.n.01.dog').name()
print(word)
```

程序的运行结果如下：

dog

（4）WordNet 其他词汇关系。

① 蕴含关系 —— entailments()

```
entailment_sets = wordnet.synset('dance.v.01').entailments()
print(entailment_sets) #跳舞蕴含着抬脚的动作
```

程序的运行结果如下：

[Synset('step.v.01')]

② 反义词 —— antonyms()

反义词关系需要通过词条.lemma()来获得。

```
bad = wordnet.synset('bad.a.01')
antonym = bad.lemmas()[0].antonyms()
print(antonym)
print(antonym[0].name())
```

程序的运行结果如下：

[Lemma('good.a.01.good')]

good

③ 语义相似度 —— path_similarity() & similar_tos()

计算词语的相似性是词汇语义分析重要内容。计算词义相似度能够用于许多应用中，如文本分类、信息检索、自然语言生成以及剽窃检测等。词语相似性是基于上位词层次结构中相互连接的概念之间的最短路径在 0—1 范围的打分，分数越高表示相似度越高。

● 名词和动词语义相似度计算

```
table = wordnet.synset('table.n.01')
desk = wordnet.synset('desk.n.01')
similarity = table.path_similarity(desk)
print(similarity)
```

程序的运行结果如下：

0.06666666666666667

此处可以看出，单词 table 和 desk 的相似性较高。此外，需要注意的是，同义词集若是与自身相比则会返回 1,若两者之间没有路径则返回一1。

● 形容词和副词语义相似度计算

由于名词和动词被组织成了完整的层次式分类体系的情况,因而可以使用 path_distance 计算两者之间的相似性。但由于形容词和副词没有被组织成分类体系,因而计算形容词和副词之间关系更适合的是 similar to。具体代码示例如下:

```
synsets = wordnet.synsets('beautiful')
print(synsets)
words = synsets[0].lemma_names()
print(words)
similarity_sets = synsets[0].similar_tos()
print(similarity_sets)
```

程序的运行结果如下:

[Synset('beautiful.a.01'), Synset('beautiful.s.02')]

['beautiful']

[Synset('beauteous.s.01'), Synset('bonny.s.01'),…]

3. HowNet

1) 简介

HowNet(中文名称"知网")是由我国计算语言学家董振东、董强父子于 20 世纪 90 年代提出并制成的一个常识知识库。HowNet 将知识看作一种系统关系,将汉语和英语的词语所代表的概念作为描述对象,以揭示概念与概念之间以及概念所具有的属性之间的关系。

HowNet 的一大特点在于其将词汇还原为更小的语义单位,这种单位称为义原(sememe),即最基本的、不能再分割的意义元素。以词语"男人"为例,其义原就包括"人类""成年""男性"这三个义原。这种对词汇语义的分析方法在语言学中也叫作成分分析法(componential analysis),更多的成分分析例子如下:

① 词语"女人"的义原:"人类""成年""女性"

② 词语"女孩儿"的义原:"人类""未成年""女性"

③ 词语"男孩儿"的义原:"人类""未成年""男性"

不同于 WordNet 中以同义词集合为基本构建单位,HowNet 在构建知识网络时,先提取义原,并以其作为基本单位,用义素和角色关系来表达词汇及其概念。以词语"母亲"为例,该词条在 HowNet 中仅存在一个语义(No.173627)。在表 11 - 3

中,"母亲"一词具有"长辈""家庭"等义原。在此基础上,HowNet 通过 belong、modifier 等方式将义原联系起来,从而形成一个词语的语义。

表 11-3　HowNet 对"母亲"一词的义原分析及定义

编号	No.173627
义原	[senior|长辈, family|家庭, female|女, human|人, lineal|直系]
定义	{human|人:belong={family|家庭},modifier={female|女}{lineal|直系}{senior|长辈}}

在 HowNet 的建设中,义原的提取、考核与确定具有至关重要的作用。在抽取义原的过程中,董振东及董强始终坚持"分类宜粗不宜细,特征描述宜粗不宜细"的原则,逐渐构造出了一套包含约 2 000 个义原的标注系统,并在该系统的基础上累计标注了高达数十万词汇的语义信息。

HowNet 的建立为自然语言处理系统的建立提供了所需的知识库,能够进行概念关系间的推理,在语料库句法关系标注、信息检索系统、计算语义相似度集文本分类方面具有广泛的应用。

接下来我们将通过 OpenHowNet 展示如何在 Python 中使用 HowNet 进行基础的语义分析任务。OpenHowNet 是一个由清华大学自然语言处理实验室开发的 HowNet API 组件。该 API 提供了方便的知网信息搜索、义位树显示、通过义位计算单词相似度等功能。

2) 安装方式

使用 HowNet 之前,首先需要安装该工具包。在命令行输入 pip install HowNet,进行安装;然后通过下面的代码下载 HowNet 使用的核心数据。

```
import OpenHowNet
OpenHowNet.download()
hownet_dict = OpenHowNet.HowNetDict()
```

3) 使用方式

(1) 在 HowNet 中获得词性标注。

下面我们将使用"孩子"一词进行测试,具体代码如下:

```
result_list = hownet_dict.get_sense("孩子")
print("The number of retrievals: ", len(result_list))
print("An example of retrievals: ", result_list)
```

程序的运行结果如下：

The number of retrievals：11

An example of retrievals：［No.101423｜child｜孩子，No.101424｜kid｜孩子，No.101425｜son or daughter｜孩子，No.101426｜children｜孩子，No.101427｜child｜孩子，No.101428｜children｜孩子，No.101429｜kid｜孩子，No.101430｜nipper｜孩子，No.101431｜tiddler｜孩子，No.101432｜tike｜孩子，No.101433｜tyke｜孩子］

上述结果可以看出，"孩子"一词在 HowNet 有 11 个义项。我们接下来可以通过如下方式获得某个义项的详细信息,包括义项编号,中英文词语、义原标注等:

```
sense_example = result_list[0]
print("Sense example：", sense_example)
print("Sense id：", sense_example.No)
print("English word in the sense：", sense_example.en_word)
print("Chinese word in the sense：", sense_example.zh_word)
print("HowNet Def of the sense：", sense_example.Def)
print("Sememe list of the sense：", sense_example.get_sememe_list())
```

程序的运行结果如下：

Sense example：No.101423｜child｜孩子

Sense id：000000101423

English word in the sense：child

Chinese word in the sense：孩子

HowNet Def of the sense：{human｜人：belong＝{family｜家庭}, modifier＝{junior｜小辈}{lineal｜直系}}

Sememe list of the sense：[junior｜小辈, human｜人, lineal｜直系, family｜家庭]

此外,还可以将目标词的结构化义原注释("义原树")进行可视化展示,具体代码示例如下:

```
sense_example = result_list[0]
sense_example.visualize_sememe_tree()
```

程序的运行结果如下：

[sense]No.101423｜child｜孩子

└── [None]human｜人

```
├── [belong]family|家庭
├── [modifier]junior|小辈
└── [modifier]lineal|直系
```

（2）在 HowNet 中获得某个词的义原标注。

> hownet_dict.get_sememes_by_word(word = '孩子', display='list', merge= False, expanded_layer=−1, K=None)

程序的运行结果如下：

[{'sense'：No.101423|child|孩子,

　'sememes'：[junior|小辈, human|人, lineal|直系, family|家庭]},

　{'sense'：No.101424|kid|孩子,

　'sememes'：[junior|小辈, human|人, lineal|直系, family|家庭]},

　…]

获得词的每个语义的对应列表后，还可以通过词典（dict）、树节点（tree）、可视化（visual）等形式进行展示。此处我们以词语"孩子"在 HowNet 中的展现形式为例，具体代码如下：

① 词典

> hownet_dict.get_sememes_by_word(word='孩子',display='dict')[0]

程序的运行结果如下：

{'sense'：No.101423|child|孩子,

'sememes'：{'role'：'sense',

　'name'：No.101423|child|孩子,

　'children'：[{'role'：'None',

　　'name'：human|人,

　　'children'：[{'role'：'belong', 'name'：family|家庭},

　　　{'role'：'modifier', 'name'：junior|小辈},

　　　{'role'：'modifier', 'name'：lineal|直系}]}]}}

② 树节点

> hownet_dict.get_sememes_by_word(word='孩子',display='tree')[0]

程序的运行结果如下：

{'sense': No.101423|child|孩子，

'sememes': Node('/No.101423|child|孩子', role='sense')}

③ 可视化

```
hownet_dict.get_sememes_by_word(word='孩子',display='visual',K=2)
```

程序的运行结果如下：

Find 11 result(s)

Display #0 sememe tree

[sense]No.101423|child|孩子

└── [None]human|人

  ├── [belong]family|家庭

  ├── [modifier]junior|小辈

  └── [modifier]lineal|直系

Display #1 sememe tree

[sense]No.101424|kid|孩子

└── [None]human|人

  ├── [belong]family|家庭

  ├── [modifier]junior|小辈

  └── [modifier]lineal|直系

（3）在 HowNet 中获得同义词。

在 HowNet 中，相似性度量是基于义原计算的。此处我们以"孩子"为例，列出其某个义项的 10 个同义词。

```
hownet_dict_advanced = OpenHowNet.HowNetDict(init_sim=True)
s = hownet_dict_advanced.get_sense('孩子')[0]
hownet_dict_advanced.get_sense_synonyms(s)[:10]
```

程序的运行结果如下：

[No.34013|little dear|乖乖，

No.34890|nursing infant|乳儿，

…]

（4）在 HowNet 中获得近义词。

此处我们以"孩子"为例，在 HowNet 中获得其各义项的 5 个近义词，具体代码如下：

```
hownet_dict_advanced.get_nearest_words('孩子', language='zh',K=5)
```

程序的运行结果如下：

{No.101433|tyke|孩子：['乖乖', '乳儿', '乳臭小儿', '伢', '伢子'],

No.101426|children|孩子：['儿女', '儿女成群', '儿孙', '子女', '孙儿们'],

No.101425|son or daughter|孩子：['儿', '头胎', '孩子', '第一个孩子', '第一胎'],

…

（5）在 HowNet 中计算两个词语的相似度。

此处我们以"孩子"和"男孩"为例，在 HowNet 中计算二者的相似度。

```
Word_sim=hownet_dict_advanced.calculate_word_similarity('孩子','男孩')
print('The similarity of 孩子 and 男孩 is {}.'.format(word_sim))
```

程序的运行结果如下：

The similarity of 孩子 and 男孩 is 0.865.

11.3.5 文本向量化

1. 概念

在自然语言中，我们接触的文字是一个一个的字母，但计算机中只能处理类似 0，1 这样的数字。为了让计算机能够处理自然语言，我们需要把字母或者词变成数字。把词转换成从多个维度表示的数字后，便形成了一个多维空间，某个词在各维度的取值（该词的向量）确定了该词在空间中的位置，这样我们可以把自然语言问题转换成数学问题，然后利用计算机解决。由于人类的感知限于三维空间，图 11 - 47 展示了各词在三维空间的分布情况，词在三维空间的具体位置是由该词在三个维度上的取值决定的。

把文字转成计算机可处理的向量一般由两种方法，独热表示（one-hot vector）和分布式表示（distribution representation）。独热表示是一种词袋模型（Bag of Words Model），它先把所有出现的单词做成一个词表，其中每个单词作为一个维度。针对具体的句子，按照单词是否出现设置该维度的值为 0 或者 1。相当于把每个词做成一

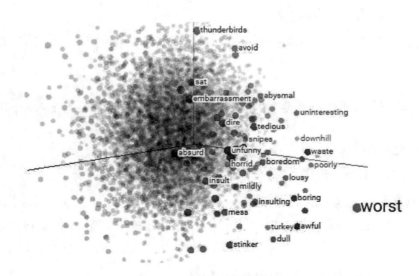

图 11-47　三维空间中的词语

个个袋子,然后把句子拆分成词装到特定的袋子里面,最后数出各袋中词的数量。例如,"上海 是 一 座 美丽 的 城市"和"外滩 一直 作为 上海 的 象征"这两句话,经过转换后,可以得出下列独热表示,如表 11-4 所示。

表 11-4　独热表示示例

句　子	维　度						
	一直	上海	作为	城市	外滩	美丽	象征
上海 是 一 座 美丽 的 城市	0	1	0	1	0	1	0
外滩 一直 作为 上海 的 象征	1	1	1	0	1	0	1

从表 11-4 可以看出,如果某个词在句子中存在,则值为 1,否则值为 0。通过转换,我们共获得了 7 个词,也就是 7 个维度,通过这 7 个维度来表示句子。如第一句话中"一直"一词未出现,值为 0;在第二句中存在"一直",值为 1。采用这种方式后,我们便可把句子转换成计算机可以处理的数字。一般情况下,由于处理的文本字数很多,得到的词表可能包含几万个单词,也就是说有几万个维度。独热表示有一种变种 TF-IDF,用于确定某个词语在一篇文章中的重要性。TF-IDF 在搜索中应用比较广泛,下节中我们会进行详述。

独热表示假设词与词之间是独立的,互相没有影响,且忽略了词在句子中的顺序,这并不符合人类语言的实际情况。另外,独热表示中的词表包含了出现的每一个词。汉语中约有 30 万个词,用独热表示需要 30 万个维度。由于很多词并不常用,导致大多数维度是 0,存在浪费空间的问题。

为了解决上述问题,研究人员提出了分布式表示(distribution representation),压缩了词向量的维度(比如设置了词向量的维度为 100 维、200 维或 300 维度),同时考虑词的相似关系信息。采用分布式表示时,由于词的维度大大减少,需要提升每个维度的准确性,获取维度特征的方式发生了巨大的变化。一般来说,研究人员训练神经网络语言模型 NNLM (Neural Network Language Model)时,词向量会作为语言模型的附带产出。神经网络语言模型的基本思想是利用具体的上下文环境,通过训练对词向量进行预测和修正,得到训练语料上最佳的词向量结果。

神经网络语言模型中,词向量的训练方式有连续词袋模型(Continuous Bag of Words,CBOW)和跳词模型(Skip-gram)等,在 Word2Vec 一节中将详细介绍。

2. TF – IDF

TF – IDF(Term Frequency-Inverse Document Frequency,词频–逆文件频率)是用于信息检索的一种技术,主要用于评估词语在语料库中某份文件的重要程度。总体来说,词语在文件中出现的次数越多,词语越重要,但同时也会因为它在整个语料库文件中出现的频率而降低。换句话说,一个词语在某篇文章中出现的次数越高,在所有文章中出现的次数低,那这个词语对于这篇文章的重要性就高。

举个例子,假如我们搜索“上海”这个词,你觉得下面哪段话的排名最靠前?

① 大多明星喜欢扎堆在北京、上海,广州却极少。

② 广州地处亚热带,长夏暖冬,一年四季花卉常开,自古就享有花城的美誉。

③ 上海生煎包、上海小笼包、上海蟹壳黄、油豆腐线粉汤、排骨年糕、糟田螺、油氽馒头、鸡肉生煎馒头等上海有名的小吃。

④ 天安门,坐落在中华人民共和国首都北京市的中心、故宫的南端。

TF – IDF 由两个部分组成,TF(Term Frequency)词频部分和 IDF(逆文件频率)部分。下面我们来看下 TF – IDF 算法的计算步骤。

第 1 步:计算词在各文档中的频率,即词语在文档中出现的次数与文档中总词数之比;

TF(t) = (词语 t 在文档中出现的次数) / (文档中的总词数)

以上面的四句话为例,分词后,我们可以得到第 1 句的词语为[大多,明星,喜欢,扎堆,在,北京,上海,广州,却,极少]10 个,上海的词频为 TF(上海)=1/10=0.1

第 2 步:计算逆文档频率;

我们先统计包含各个词语的文章数。比如“上海”在 3 句(1、3、5)中出现,3 就是包含“上海”的文件数。

IDF= log(语料库中的文件总数 / 包含词语 t 的文件数+1) + 1

上式中,分母加 1 的目的是避免分母为 0,后面再加 1 的目的是为了避免整个式子的结果为 0

此时,我们可以求出上海的 IDF 为 $\log(4/4) + 1 = 1$

第 3 步,求出 TF-IDF。词语上海针对第一段的 TF-IDF = TF(上海) * IDF(上海) = 0.1 * 1 = 0。

sklearn 是基于 Python 语言的机器学习工具包,TF-IDF 是机器学习中的重要特征之一,sklearn 中内置了处理 TF-IDF 的功能,我们可以 sklearn 获取文章的 TF-IDF 值。例如,对于两篇文章:① '上海是一座美丽的城市';② '外滩一直作为上海的象征',各词汇的 TF-IDF 值见表 11-5。

表 11-5 TF-IDF 示例

序号	一直	上海	作为	城市	外滩	美丽	象征
1	0	0.449 436	0	0.631 667	0	0.631 667	0
2	0.471 078	0.335 176	0.471 078	0	0.471 078	0	0.471 078

从表 11-5 中可以看出,因为"一直"在第一篇文章中没有出现,所以它的 TF-IDF 值为 0。对于第一篇文章而言,"城市"和"美丽"两词的 TF-IDF 值最高,均为 0.631 667,因为它们只在第一篇文章中出现,在第二篇文章中未出现。

在实际应用中,为了减少虚词的影响,计算 TF-IDF 之前,还会进行去除停用词的操作。停用词包含两种:一种是使用广泛、频率特别高的词,这种词已经无法有效的区分文档,如"我""就"等;另一种是文档中频率很高但无实际意义的虚词,如标点符号、介词、连词等。

TF-IDF 的主要优点是容易理解,算法容易实现。但是它没有考虑词语的语义信息,对多义词一视同仁。另外也没有考虑词语在文档中出现的位置信息。

3. Word2Vec

Word2Vec 是谷歌团队托马斯·米科洛夫(Tomas Mikolov)等人提出的一种词向量训练方法。其基本思路是如果两个词经常出现在相同的上下文中,那么它们的词向量也应该比较接近。例如,苹果和西瓜都属于水果,出现的上下文相似,它们的词向量也接近。

Word2Vec 的词向量是通过训练得来的,它的基本思想是通过已经存在的文本确定词语的向量。在确定词语向量时,Word2Vec 主要使用了两个模型,一个是跳字模型(Skip-gram),另一个是连续词袋模型(CBOW)。

（1）跳字模型。

跳字模型每一次选取一个中心词,用这个中心词预测一定范围内的上下文词汇。例如,采用跳字模型处理句子"每年有很多展览在上海世博展览馆举办"时,如果我们把"上海"作为中心词,范围设为左右两个词汇,则跳字模型见图 11 - 48。

图 11 - 48　跳字模型(通过中心词预测上下文词汇)

在模型训练时,通过上海这个中心词,来预测左右各两个词汇。现在这个已知的句子"每年有很多展览在上海世博展览馆举办"是一个训练样本,训练时会进行多次迭代,训练的目标是在给定中心词"上海"的情况下,左右两侧的两个词语分别为"展览、在"及"世博、展览馆"的概率最大,最符合实际的情况。在每次迭代中,均会对各词的向量进行调整,针对训练中的多个样本取最符合实际情况的向量值。

（2）连续词袋模型。

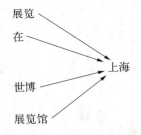

图 11 - 49　连续词袋模型(通过上下文预测中心词)

连续词袋模型与跳字模型相反。连续词袋模型给出了上下文,要求预测中间缺失的某个词语。例如,采用连续词袋模型处理句子"每年有很多展览在上海世博展览馆举办"时,如果我们把"上海"作为中心词,范围设为左右两个词汇,则连续词袋模型见图 11 - 49。

与跳字模型相比,连续词袋模型的预测较容易理解,其类似我们平时做完形填空题,通过上下文确定缺失的特定词语。但是,由于训练的数据中包括很多样本,在训练的每次迭代中,也会对各词的向量进行调整,针对多个样本取最符合实际情况的向量值。

通过跳字模型和连续词袋模型两种方式,Word2Vec 训练得出的词向量较之前的 TF - IDF 有了长足的进步,成为自然语言处理中的重大成果之一。

一般来说,我们使用 Gensim 来训练 Word2Vec 向量,或者加载别人已经训练好的 Word2Vec 向量。Gensim 是一款开源的 Python 工具包,用于处理非结构化文本(纯文本),通过无监督地学习的方式获取文本的语义向量表征,具体使用方式请阅读 Gensim 的官方文档。

11.3.6　深度学习

1. 简介

深度学习是机器学习的一个分支,是一个以神经网络为架构,基于数据特征进行学习的算法。深度学习与传统机器学习的主要区别在于,传统的机器学习需要人工确定从数据中抽取的特征,而深度学习通过神经网络自动进行特征抽取,然后通过反向传播自动更新各神经元的权重。一般来说,神经网络可分为输入层、隐藏层和输出层三类,从输入层读取数据,隐藏层通过激活函数控制自动提取的特征是否传导到下一个神经元,然后在输出层转化为实际场景所需的结果。该算法模拟了大脑中生物神经元的工作过程,通过激活函数控制信号是否从某个神经元传导到下一个神经元(见图 11-50)。

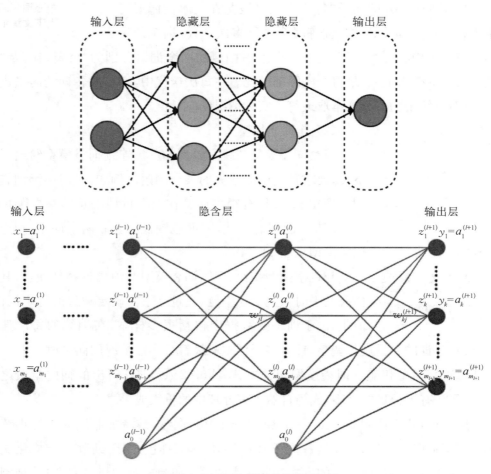

图 11-50 深度学习中的神经网络

反向传播算法是由美国谷歌副总裁兼工程研究员杰佛里·辛顿(Geoffrey Hinton)等人提出的,当网络的输出结果与目标结果不一致时,该算法会计算差异,然后通过反向传播将差异反馈到隐藏层,修改相关节点的参数。该过程会不断重复,直到得到的差异小于设定的阈值。

人的大脑一般有 120 亿到 140 亿个神经元,由于神经网络是对人类大脑工作机制的模拟,总体而言,学习的数据量越大,隐藏层的数量越多(参数越多),模型的性能越好。目前,语言模型正朝着超大规模的方向发展。例如,国外的语言模型 GPT - 3 训练时使用了约 45 TB 的文本数据, 超过 1 750 亿参数。国内的"悟道 2.0"模型使用了全球最大中文语料数据库 WuDaoCorpora,包括中文本数据集(3 TB)、多模态数据集(90 TB)与中对话数据集(181 G),参数数量达到了 1.75 万亿。

2. 预训练模型 BERT

最近几年,神经网络全面进入自然语言处理领域,深度学习让自然语言处理进入一个新阶段,特别是在大规模语言数据和强大算力的加持下,迁移学习的理念得到了广泛应用。迁移学习是一种机器学习的方法,指的是一个预训练的模型被重新用在另一个任务中。

迁移学习类似人类的学习过程,一开始语文、数学都学,在脑子里积攒了很多知识。当学习计算机时,实际上把以前学到的所有知识都带进去了。如果以前没学过语文、数学,突然学计算机就没那么容易理解。通俗来说,预训练模型相当于有人为了解决类似问题创造出了一个模型,当其他人碰到类似的问题时,不需要从头开始训练模型,可以把预训练模型作为基础,简单学习后便可用于解决新的问题。举个例子,某个人学会炒青菜之后,如果再学习炒肉,不需要从头学习,只需要基于经验进行简单的调整即可。自然语言处理中的预训练模型与此类似,使用人类的语言知识进行训练,先学了很多语言知识,然后再代入到某个具体的自然语言处理任务,就更顺手了。

预训练模型是一种迁移学习的应用,利用几乎无限的文本,通过自监督学习从大规模数据中隐式地学习到了通用的语法语义知识,获得与具体任务无关的预训练模型;第二个步骤是微调,针对具体的任务修正网络。预训练模型+微调机制具备很好的可扩展性,在支持一个新任务时,只需要利用该任务的标注数据进行微调即可,一般工程师就可以实现。预训练模型,使自然语言处理由原来的手工调参、依靠机器学习专家的阶段,进入到可以大规模、可复制的大工业施展的阶段。

BERT 是 2018 年 10 月由美国谷歌研究院提出的一种预训练模型,它的全称是 Bidirectional Encoder Representation from Transformers。BERT 在训练的时候使用了海量的文本数据,其中包括 8 亿词的数据语料库和 25 亿次的维基百科语料库,得出的效果也很惊人,在机器阅读理解的数据集 SQuAD 上超越了人类水平。

BERT 模型的输入包括下列三个部分(见图 11 - 51):

(1) 字向量(Token Embeddings):通过查询字向量表获取。

（2）段向量（Segment Embeddings）：BERT 模型中,输入文本可分为两段。字的段向量用于确定输入文本属于哪一段,可刻画字的上下文语义信息。

（3）位置向量（Position Embeddings）：由于字的位置不同,意义可能也不同（比如"他指导你"和"你指导他"）,增加位置向量予以区分。

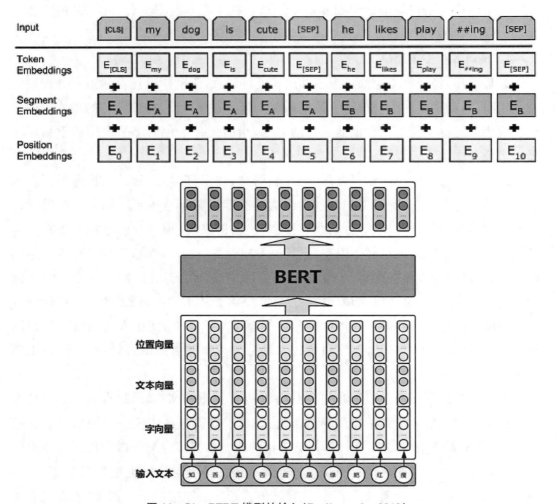

图 11 - 51　BERT 模型的输入（Devlin et al., 2019）

BERT 模型的中间是多层 Transformer Encoder（编码器）。Transformer Encoder 里面包含了各种复杂的深度学习机制,把输入文本的向量处理成含上下文信息的语义向量。BERT 模型中,把多个 Transformer Encoder（见图 11 - 52）堆在起来,作者用 12 层和 24 层 Transformer Encoder 堆了两个模型,分别命名为 Bert-base 和 Bert-large。

在 Transformer Encoder 中,发展了一种名为注意力的机制。在繁杂的世界中,

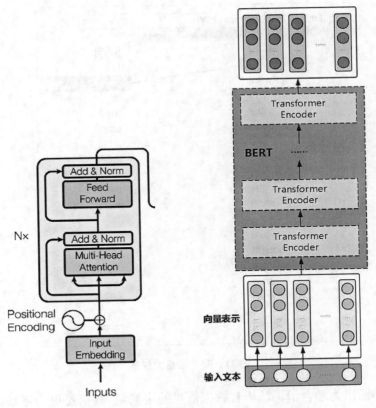

图 11‑52　Transformer Encoder(Vaswani, 2017)

注意力是大脑过滤无关信息的重要手段。当人类身处不同的环境中时,会基于当前任务的不同而调整注意力,关注重要信息,忽略无关信息。例如,当我们玩游戏时,所有的注意力都聚焦于游戏中的角色,往往对附近的人视而不见,这就是注意力机制的作用。在自然语言处理中,注意力机制具有重要的作用。例如,对于"小明有一条调皮的小狗,它喜欢跟他玩"这句话,如何确定"调皮"和"小狗"的修饰关系? 如何确定"它"指"小狗"而不是"小明"? 从计算机的角度讲,这时候需要调节模型的注意力机制,设置不同的权重。

　　每个 Transformer Encoder 的均引入了多头注意力机制(Multi‑Head Attention),有多个注意力头(12 或 16),通过注意力机制引导词语之间互相关注。例如,对于输入的两个句子:

　　① I went to the store.

　　② At the store, I bought fresh strawberries.

　　在第 2 层中,I 的注意力关注了 went。通过多头注意力机制,BERT 成功建模了词之间的关联关系(见图 11‑53)。

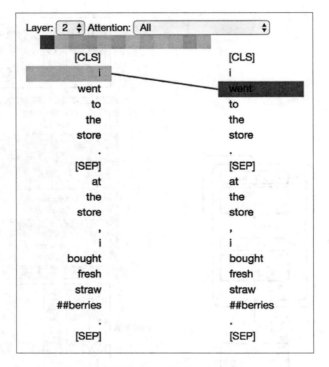

图 11‑53　注意力权重

　　BERT 的输出为融合了训练语言数据信息的字向量,其信息更为丰富,可用于后续的自然语言处理任务。对于不同的自然语言处理任务,不仅会微调模型输入,还会调整模型输出的使用方式,例如对于文本分类任务,BERT 模型在文本前插入一个[CLS]符号,将该符号对应的输出向量作为整个文本的语义表示,用于文本分类(见图 11‑54)。

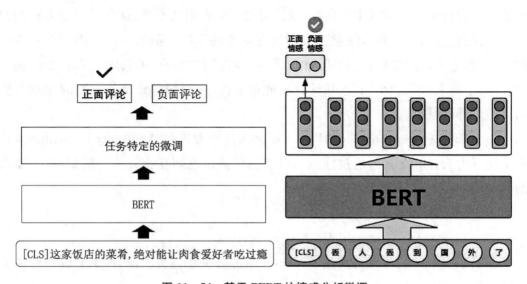

图 11‑54　基于 BERT 的情感分析微调

思考题

1. 请简述自然语言处理中分词任务。

2. 句法分析中的短语结构文法和依存句法有什么异同?

3. Word2Vec 的作用是什么?

4. 预训练模型对自然语言处理任务有什么影响?

5. 收集微博文本数据,使用现成的词典或自定义词典,使用 Pycharm 或 Jupyter Notebook 编写程序对微博文本进行分词,检查分词结果,程序能否正确识别网络新词?

第12章
自然语言处理工具

自然语言处理工具是完成自然语言处理任务的必要手段。本章介绍多种带有界面的及基于 Python 代码的自然语言处理工具。本章第 12.1 节介绍综合性的分析平台,如哈尔滨工业大学的语言技术平台云(LTP)及美国斯坦福大学的 Stanza。第 12.2 节重点描述分词和词性标注工具,包括清华大学的 THULAC、北京大学的 PkuSeg 以及广为流行的 Jieba 分词。第 12.3 节讲解中核行的 Python 工具,包括自然语言处理工具包 NLTK、工业级强度的 NLP 工具包 spaCy 及语义分析工具 Gensim。通过本章的学习,可基本了解和掌握常用的自然语言处理工具,进而进行复杂的文本分析。

12.1 综合性分析工具

12.1.1 语言技术平台云(LTP)

1. 简介

LTP 是哈尔滨工业大学社会计算与信息检索研究中心研发的一款综合性平台工具,曾获 CoNLL 2009 七国语言句法语义分析评测总成绩第一名,中文信息学会钱伟长一等奖等重要成绩和荣誉。LTP 提供了中文分词、词性标注、命名实体识别、依存句法分析、语义角色标注等自然语言处理技术,具体如下:

(1) 分词(Word Segmentation,WS):指的是将汉字序列切分成词序列。

(2) 词性标注(Part-of-Speech Tagging,POS):是给句子中每个词一个词性类别的任务。这里的词性类别可能是名词、动词、形容词或其他。

(3) 命名实体识别 (Named Entity Recognition,NER):是在句子的词序列中定

位并识别人名、地名、机构名等实体的任务。

（4）依存语法分析（Dependency Parsing, DP）：通过分析语言单位内成分之间的依存关系揭示其句法结构。

（5）语义角色标注（Semantic Role Labeling，SRL）：是一种浅层的语义分析技术，标注句子中某些短语为给定谓词的论元（语义角色），如施事、受事、时间和地点等。

（6）语义依存分析（Semantic Dependency Parsing，SDP）：分析句子各个语言单位之间的语义关联，并将语义关联以依存结构呈现。

2. 获取方法

LTP 提供了一个演示地址 http://ltp.ai/demo.html，我们可以把需要分析的文本放入演示地址进行分析，获取分析结果，其演示页面见图 12-1。

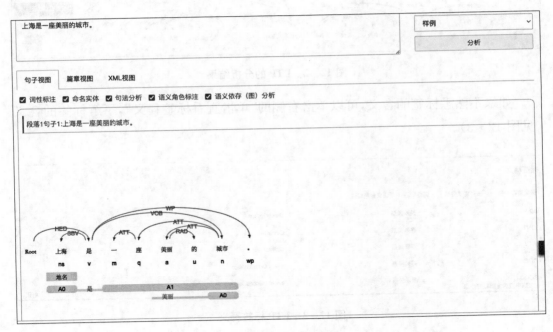

图 12-1　LTP 分析页面

LTP 为熟悉 Python 编程的同学提供了一个 Python 包 pyltp，具体安装方法参见 LTP 4 说明文档（https://github.com/HIT-SCIR/ltp）。

3. 用法及示例

本书以网页端为例介绍语言技术平台云的用法，打开演示网页 http://ltp.ai/demo.html，在上方的文本框内输入需要分析的文字。例如，"经济分析是指以各种经济理论为基础，以各项基本资料为依据，运用各种指标和模式，对一定时期的经济动态及其产生的效果进行分析研究,从中找出规律,并指出发展方向的研究活动。"

输入后,单击页面上的分析,稍微等待后,网站会把分析结果显示在下方的视图中(见图 12 - 2)。

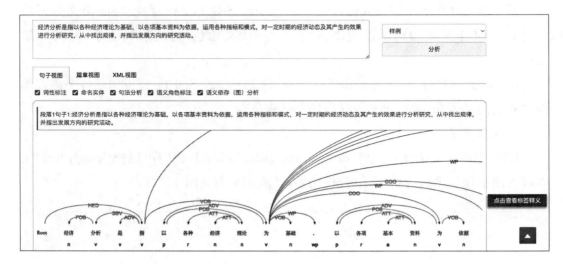

图 12 - 2 LTP 的分析结果

如果不熟悉标签的含义,可以单击右侧的"单击查看标签释义",了解标签的含义(见图 12 - 3)。

标签释义		
语义依存分析　依存句法分析　词性标注　语义角色标注		
Tag	**关系类型**	**Description**
CONT	客事关系	Content
DATV	涉事关系	Dative
eCOO	并列关系	event Coordination
eSUCC	顺承关系	event Successor
在文档中查看全部标签信息		关闭

图 12 - 3 LTP 标签释义

12.1.2　Stanza

1. 简介

Stanza 是美国斯坦福大学自然语言处理研究小组最近几年基于神经网络开发的自然语言处理库,支持多种自然语言处理任务,其主要支持的文本分析功能如下:

(1) 词语切分(tokenization):把句子切分成词语。

(2) 多词短语识别(multi-word token):识别词语所在的句法单位,把句法功能相同的词语组成一个整体。

（3）词形还原（Lemmatization）：把词语还原成原型，如英语中 walks 为 walk 的第三人称单数形式，词形还原后为 walk。

（4）词性标注（Part-of-Speech）：给句子中的每个词语标明其词性类别，如动词，名词等。

（5）依存关系分析（Dependency Parsing）：分析语言单位内成分之间的依存关系揭示其句法结构。

（6）命名实体识别（Named Entity Recognition）：定位并识别句子中的人名、地名、机构名等实体的任务。

另外，斯坦福大学还开发了基于 Java 的综合性自然语言处理工具包 Stanford CoreNLP，功能与 Stanza 相似。

2. 获取方法

Stanza 提供了一个演示地址 http://stanza.run/，我们可以把需要分析的文本放入演示地址进行分析，获取分析结果，其演示页面见图 12 - 4。

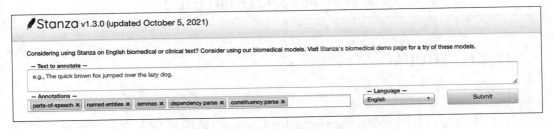

图 12 - 4　Stanza 的演示界面

Stanza 为熟悉 Python 编程的同学提供了一个 Python 包 Stanza，具体安装方法参见 Stanza 的使用说明（https://stanfordnlp.github.io/stanza/installation_usage.html）。

3. 用法及示例

本书以网页端为例介绍 Stanza 的用法，打开网页 http://stanza.run/，在上方输入要分析的文字。例如，"上海是一座闻名遐迩的优质旅游城市"。输入后，选择语言为"Chinese(Simplified)"，单击 submit，下方会出现分析结果（见图 12 - 5）。

从图 12 - 5 中我们看出，Stanza 给出了词性标注（Part-of-Speech）、词形还原（Lemmas）、命名实体识别（Named Entity Recognition）和普遍依存（Universal Dependencies）的结果。因为中文词语没有曲折变化，所以词形还原的结果与分词的结果一样。

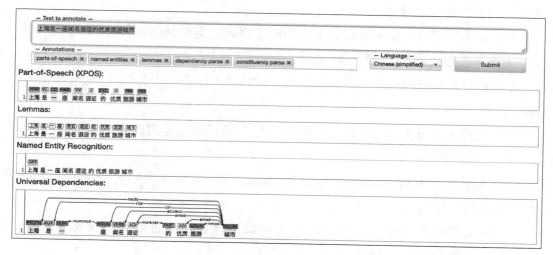

图 12 - 5   Stanza 的分析结果

12.2 分词与词性标注工具

12.2.1 THULAC

1. 简介

THULAC(THU Lexical Analyzer for Chinese)是由清华大学自然语言处理与社会人文计算实验室研制出来的一款中文词法分析工具包,具有中文分词和词性标注功能。THULAC 的标注能力强且准确率高,是由目前世界上集成规模最大、约含5 800万字的人工分词和词性标注中文语料库训练而成,在 Chinese Treebank(CTB5)上分词功能的 F1 值高达 97.3%,词性标注功能的 F1 值可达 92.9%。此外,THULAC的速度较快,能够以 300 KB/s 的速度同时进行分词和词性标注,每秒可处理约 15 万字,而单独进行分词任务时速度可达 1.3 MB/s。

2. 安装方法

THULAC 有 C++版、Java 版及 Python 版。我们在此仅介绍 Python 版的安装方式:

(1) pip 下载:通过命令提示符输入 pip install THULAC 下载,编写代码时通过import thulac 来引用。

(2) 源代码下载:通过在网站或者 GitHub 下载后将 THULAC 文件放到目录

下,编写代码时通过 import thulac 来引用。THULAC 需要模型的支持,需要将下载的模型放到 thulac 目录下。

3. 用法及示例

1) 命令格式(Python 3.x 版)

首先在 Python 程序中输入 import thulac 进行引用,新建 thulac.thulac()类,接下来便可以通过调用 thulac.cut()来进行单句分词。具体代码见如下示例:

```
♯单句分词示例
import thulac ♯进行引用
thul = thulac.thulac() ♯新建类
text = thul.cut("我爱吃披萨", text = True) ♯对这句话进行分词,True 表示返回文本
print(text) ♯查看分词结果
```

程序的运行结果如下:

Model loaded succeed

我_r 爱_v 吃_v 披萨_ns

2) Python 版接口参数

上述新建的 thulac.thulac()类中,用户可按照要求进行自定义设置参数的类型:

```
♯初始化程序,进行参数自定义设置
thulac(user_dict = None, model_path = None, T2S = False, seg_only = False, filt = False)
```

不同的参数代表如下不同的含义,见表 12-1。

表 12-1　THULAC 的参数

user_dict 设置用户词典	用户词典中的词会被打上 uw 标签。词典中每一个词一行,采用 UTF8 编码。
T2S 是否将句子从繁体转为简体	False,默认参数,不将繁体转换为简体。 True,将繁体转换为简体。
seg_only 是否只进行分词,不进行词性标注	False,默认参数,同时进行分词及词性标注。 True,只进行分词,不进行词性标注。
Filt 是否使用过滤器去除没有意义的词语	False,默认参数,不去除没有意义的词语。 True,会使用过滤器去除没有意义的词语,如"可以"。
Model_path 设置模型文件所在文件夹	用户可以使用指定路径中下载好或预训练的模型进行分词或词性标注。

3）主要功能

（1）对语料进行分词。

如上述代码示例所示，使用 cut()能够进行单句切分，而 cut（文本，text＝False）中的参数 text 表示是否返回文本，若默认为 False 则不返回文本，会返回一个二维数组（[[word，tag]..]）。具体代码示例如下：

```
import thulac ♯进行引用
thul ＝ thulac.thulac() ♯新建类
text ＝ thul.cut("我想去上海外滩") ♯text 默认为 False 则返回二维数组
print(text) ♯查看分词结果
```

程序的运行结果如下：

Model loaded succeed

[['我', 'r'], ['想', 'v'], ['去', 'v'], ['上海', 'ns'], ['外滩', 'ns']]

假如是处于 seg_only 模式下，tag 则为空字符：

```
import thulac ♯进行引用
thul ＝ thulac.thulac(seg_only＝True) ♯新建类，其中 seg_only 表示只分词，不进行词性标注
text ＝ thul.cut("我想去上海外滩") ♯text 默认为 False 则返回二维数组
print(text) ♯查看分词结果
```

程序的运行结果如下：

Model loaded succeed

[['我', ''], ['想', ''], ['去', ''], ['上海', ''], ['外滩', '']]

（2）对文件进行分词。

cut_f()与 cut()的功能相似，只不过 cut_f()能够用于对文件进行分词或词性标注，具体代码示例如下：

```
import thulac ♯进行引用
thul ＝ thulac.thulac() ♯新建类
text ＝ thul.cut_f("D：\input.txt","D：\output.txt') ♯input 和 output 表示
待分词和分好词的文件
```

程序的运行结果如下：

Model loaded succeed

successfully cut file D：\input.txt!

（3）交互式分词。

run()能够用于命令行交互式分词（屏幕输入、屏幕输出），在输入如下示例代码后，系统将弹出一个对话框，用户在上方输入待分词或词性标注的句子，按回车键，即能获取分词或词性标注结果：

```
import thulac ♯进行引用
thul = thulac.thulac() ♯新建类
thul.run()
```

此时系统弹出下面的交互式对话框：

Model loaded succeed

此时若在对话框中输入"今天天气晴朗"，便能获得如下结果：

今天_t 天气_n 晴朗_a

此时用户可以继续在对话框中输入其他句子，不停进行交互式的分词或词性标注。例如，词性标记集。

• 通用词性标记集（适用于所有版本），见表 12 - 2。

表 12 - 2　通用词性标记集

n/名词	np/人名	ns/地名	ni/机构名	nz/其它专名	m/数词	q/量词
mq/数量词	t/时间词	f/方位词	s/处所词	v/动词	a/形容词	d/副词
h/前接成分	k/后接成分	i/习语	j/简称	r/代词	c/连词	p/介词
u/助词	y/语气助词	e/叹词	o/拟声词	g/语素	w/标点	x/其它

• 特殊词性标记集（适用于 lite_v1_2 版）。

在 lite_v1_2 版本中，为了方便在分词和词性标注后的过滤，开发者增加了如下两种词性，如需对该两种特殊词性进行标注可以下载使用，见表 12 - 3。

表 12 - 3　通用词性标记集

vm/能愿动词	vd/趋向动词

12.2.2　PkuSeg

1. 简介

PkuSeg 是由北京大学计算语言与机器学习研究组研制出来的一款全新的中文分词工具包。该工具包的一大特点是为不同领域的数据提供了个性化的预训练模型，用户能够下载如医药、旅游、新闻等不同领域的分词预训练模型，能够按照语料对应的领域下载对应的模型进行分词。PkuSeg 还支持用于使用全新的标注数据进行训练，实现自训练模型。除了分词的功能，还支持词性标注功能。PkuSeg 在多个分词数据集上都有相当高的准确率，高达 95% 左右。

2. 编译与安装

（1）通过 PyPI 安装：输入 pip3 install pkuseg 命令（自带模型文件），编写代码时通过 import PkuSeg 引用。若官方源速度不理想可以使用镜像源，通过输入命令 pip3 install -i https://pypi.tuna.tsinghua.edu.cn/simple pkuseg 安装。

（2）通过 GitHub 安装：运行 python setup.py build_ext -i 命令安装。第一种安装方式目前仅支持 linux(ubuntu)、mac、windows 64 位的 python3 版本。如非上述系统，需要使用第二种方法安装：下载的代码不包括预训练模型，需要用户在 GitHub 上自行下载(https://github.com/lancopku/pkuseg-python/releases)或训练模型，使用时需设定参数"model_name"为模型文件。

3. 用法及示例

1）基本分词

基本分词功能即使用默认模型及配置进行分词，适用于无法确定分词领域的用户，具体代码示例如下：

```
import pkuseg ＃引入工具包
seg = pkuseg.pkuseg() ＃ 以默认配置加载模型
text = seg.cut('我爱上海外滩') ＃ 进行单句分词
print(text)
```

程序的运行结果如下：

loading model

finish

['我', '爱', '上海', '外滩']

2）专业领域分词

若用户明确待分词语料的领域，则推荐使用专业领域分词模型，具体代码示例如下：

```
import pkuseg  ♯引入工具包
seg = pkuseg.pkuseg(model_name='medicine')  ♯ 使用医药领域的预训练模型
text = seg.cut('他吃盘尼西林')  ♯ 进行单句分词
print(text)
```

程序的运行结果如下：

loading model

finish

['他', '吃', '盘尼西林']

3）词性标注

该工具包不仅提供分词功能，还能在分词的同时进行词性标注，具体代码示例如下：

```
import pkuseg  ♯引入工具包
seg = pkuseg.pkuseg(postag=True)  ♯ 该参数的值为 True，表示开启词性标注功能
text = seg.cut('中国经济快速发展')  ♯ 进行分词和词性标注
print(text)
```

程序的运行结果如下：

[('中国', 'ns'), ('经济', 'n'), ('快速', 'd'), ('发展', 'v')]

4）设置用户自定义词典

该工具包还能十分便捷地在分词时设置用户自定义词典，具体代码示例如下：

```
import pkuseg  ♯引入工具包
seg = pkuseg.pkuseg(user_dict="dict_file.txt")  ♯自定义词典所在路径
text = seg.cut('中国经济高速发展')
print(text)
```

用户自定义词典的设置方法如下：新建一个自定义的词典文档，每行定义一个单词。如需进行词性标注并且已知该词的词性，则在该行写下词和词性，中间用 tab

字符隔开,然后通过 user_dict 参数定义用户自定义文档的所在路径,便可进行分词或词性标注。

5) 对文档内容进行分词

除了对输入语料进行分词之外,还能够对文件进行分词,具体代码示例如下:

```
import pkuseg ♯引入工具包
pkuseg.test('input.txt', 'output.txt', nthread=20)
♯将待分词文件 input.txt 分词后输出到 output.txt,开 20 个进程
```

6) 参数说明(模型配置参数、对文件进行分词)

(1) 模型参数配置。

上述新建的 pkuseg.pkuseg ()类中,用户可按照要求进行自定义设置参数的类型:

```
♯初始化程序,进行参数自定义设置
pkuseg.pkuseg(model_name = "default", user_dict = "default", postag =
False)
```

其中不同的参数代表如下不同的含义,见表 12-4。

表 12-4　PkuSeg 的参数

model_name 模型路径	1. "default",默认参数,即使用默认的预训练模型; 2. "news",使用新闻领域模型; 3. "web",使用网络领域模型; 4. "medicine",使用医药领域模型; 5. "tourism",使用旅游领域模型; 6. model_path,使用用户指定路径的模型。
user_dict 设置用户词典	1. "default",默认参数,使用默认提供的词典; 2. None,不使用词典; 3. dict_path,使用默认词典的同时额外使用用户自定义词典,可填写用户自定义词典的路径。
postag 是否进行词性标注	1. False,默认参数,只进行分词,不进行词性标注; 2. True,会在分词的同时进行词性标注。

(2) 对文件进行分词的参数。

上述新建的 pkuseg.test ()类中,用户可按照要求进行自定义设置参数的类型:

```
♯初始化程序,进行参数自定义设置
pkuseg.test(readFile, outputFile, model_name = "default", user_dict =
"default", postag = False, nthread = 10)
```

其中不同的参数代表如下不同的含义,见表 12-5。

表 12-5　PkuSeg Test 的参数

readFile	输入文件路径。
outputFile	输出文件路径。
model_name	模型路径,与 pkuseg.pkuseg()相同。
user_dict	设置用户词典,与 pkuseg.pkuseg()相同。
postag	设置是否开启词性分析功能,与 pkuseg.pkuseg()相同。
nthread	测试时开的进程数。假如文本内容比较多,造成分词时间较长,可通过定义 nthread 来增加线程,提高性能。

词性标记集

表 12-6　PkuSeg 的词性标记集

n/名词	t/时间词	s/处所词	f/方位词	m/数词	q/量词
b/区别词	r/代词	v/动词	a/形容词	z/状态词	d/副词
p/介词	c/连词	u/助词	y/语气词	e/叹词	o/拟声词
i/成语	l/习惯用语	j/简称	h/前接成分	k/后接成分	g/语素
x/非语素字	w/标点符号	nr/人名	ns/地名	nt/机构名称	nx/外文字符
nz/其它专名	vd/副动词	vn/动名词	vx/形式动词	ad/副形词	an 名形词

12.2.3　Jieba

1. 简介

Jieba 是一款优秀的 Python 第三方中文分词库,不仅能用于进行中文分词任务,还能用于词性标注、关键词提取等自然语言处理任务。Jieba 由于具有使用方便、上手快等特点,在 GitHub 上已具有数十万的 star 数目,社区活跃度高,用户实际使用的问题都能够在社区得到反馈并解决,是一个在中文分词领域准确率和速度都较为理想的开源项目。

2. 安装方法

Jieba 官方目前提供了 Python、C++、Go、R、iOS 等多平台的多语言支持,能满足各类开发者的需求。此处仅以 Jieba 在 Python 上的安装为例讲解,具体方法有如下三种:

(1)全自动安装:通过命令提示符输入 pip install jieba 或 pip3 install jieba

安装。

（2）半自动安装：先于网站 http://pypi.python.org/pypi/jieba/中下载，解压后运行 python setup.py install。

（3）手动安装：将 jieba 目录放置于当前目录或者 site-packages 目录下。

通过上述三种方式下载后，通过 import jieba 进行引用。

3. 用法及示例

1）分词

为了使用户在不同场景下更好地完成分词任务，Jieba 提供了四种分词模式：

（1）精确模式：试图将句子最精确地切开，不存在冗余词，适合文本分析。

（2）全模式：把句子中所有的可以成词的词语都扫描出来，速度非常快，但是不能解决歧义，存在冗余词。

（3）搜索引擎模式：在精确模式的基础上，对长词再次切分，提高召回率，适合用于搜索引擎分词。

（4）paddle 模式：利用 PaddlePaddle 深度学习框架，训练序列标注（双向 GRU）网络模型以实现分词。paddle 模式使用需安装 paddlepaddle-tiny，可通过命令提示符输入 paddlepaddle-tiny==1.6.1 进行安装，安装后通过 jieba.enable_paddle() 函数启动 paddle 模式。

以上四种分词模式主要使用如下两个函数实现：

（1）Jieba.cut() 函数用于实现前精确模式、全模式或 paddle 模式，接受四个参数：

- 待分词的字符串
- cut_all 参数：决定是否采用全模型
- HMM 参数：决定是否采用 HMM 模型
- use_paddel 参数：决定是否使用 paddle 模式下的分词模式

（2）Jieba.cut_for_search() 函数用于实现搜索引擎模式，该函数接受两个参数：

- 待分词的字符串
- HMM 参数：是否使用 HMM 模型

其中，HMM（隐马尔科夫模型）使用的目的是为了识别新词，使用了 Viterbi 算法识别 Jieba 词库中没有的词语。待分词的字符串可以是 unicode 或者 UTF-8、GBK 字符串。但一般不建议直接输入 GBK 字符串，因为模型可能将其错误地解码为 UTF-8。

以下为 Jieba 支持的四种分词模式代码示例：

```
import jieba ♯引入工具包
sent = '中文分词是中文信息处理领域中的一项关键基础技术！'
seg_list = jieba.cut(sent，use_paddle=True) ♯使用 Paddle 模式分词
print('paddle 模式：'，'/ '.join(seg_list))
seg_list = jieba.cut(sent，cut_all=True) ♯使用全模式分词
print('全模式：'，'/ '.join(seg_list))
seg_list = jieba.cut(sent，cut_all=False) ♯使用精确模式分词
print('精确模式：'，'/ '.join(seg_list))
seg_list = jieba.cut(sent)
print('默认精确模式：'，'/ '.join(seg_list))
seg_list = jieba.cut_for_search(sent) ♯使用搜索引擎模式分词
print('搜索引擎模式：'，'/ '.join(seg_list))
```

程序的运行结果如下：

paddle 模式：中文/分词/是/中文信息处理/领域/中/的/一项/关键/基础/技术/！

全模式：中文/分词/是/中文/中文信息/中文信息处理/信息/信息处理/处理/领域/中/的/一项/关键/基础/技术/！

精确模式：中文/分词/是/中文信息处理/领域/中/的/一项/关键/基础/技术/！

默认精确模式：中文/分词/是/中文信息处理/领域/中/的/一项/关键/基础/技术/！

搜索引擎模式：中文/分词/是/中文/信息/处理/中文信息处理/领域/中/的/一项/关键/基础/技术/！

可以看到，在精确模式和 paddle 模式中，句子不存在冗余词，而在全模式和搜索引擎模式中，Jieba 会把分词所有的可能都列出来，因此需要按照不同的需求对模式进行选择。

2) 添加自定义词典

虽然 Jieba 具有识别新词的能力，能够满足大部分分词任务的需求，但为了更好地改善具体领域的新词无法被识别而切分错误的情况，Jieba 提出了添加自定义词典的功能。用户能够额外指定自定义词典，以包含 Jieba 词库里没有的词。

载入自定义词典的方式是使用 jieba.load_userdict()。该函数只接受一个参数，即文件类对象或者自定义词典的路径。如以下示例所示，用户所建立的自定义词典格式为：

（1）每个词占一行，一行由三个部分组成：词语、词频和词性，分别用空格隔开。

（2）词频和词性不是必须项，可省略，但顺序不能改变。

（3）文件可以为.txt、.csv 等格式。文件若为路径或二进制方式打开的文件,则必须使用 UTF-8 编码。

自定义词典示例如下：

```
上海小笼包 10 n
上海葱油饼 15
小杨生煎
```

使用用户自定义词典进行分词的具体代码示例如下：

```
import jieba
sentence = '我爱上海小笼包和上海生煎包'
seg_list = jieba.cut(sentence) #使用默认精确模式进行分词,没有使用用户自定义词典
print('没有自定义词典：{}'.format('/ '.join(seg_list)))
jieba.load_userdict('./userdict.txt') #使用用户自定义词典
seg_list = jieba.cut(sentence)
print('有自定义词典：{}'.format('/ '.join(seg_list)))
```

程序的运行结果如下：

没有自定义词典：我/爱/上海/小笼包/和/上海/生煎包

有定义词典：我/爱/上海小笼包/和/上海生煎包

3）调整词典

考虑到使用自定义词典将加大用户工作量,用户并不总是需要大批量地增加自定义词条,因此 Jieba 提供了调整词典的函数,用以动态地增删词典：

（1）使用函数 jieba.add_word(word, freq=None, tag=None)以及 jieba.del_word(word)用于删减词条。

（2）使用函数 suggest_freq(segment, tune=True)可调节某个词语的词频,使其能（或不能）被划分出来。

用户调整词典的具体代码示例如下：

```
import jieba
sentence="我吃寿喜烧"
seg_list = jieba.cut(sentence)
print('默认精确模式：', '/ '.join(seg_list))
```

```
words="寿喜烧"
jieba.add_word(words)
jieba.suggest_freq(('寿喜烧'), tune=True)
seg_list = jieba.cut(sentence)
print('添加新词后：', '/ '.join(seg_list))
```

程序的运行结果如下：

默认精确模式：我/吃/寿喜/烧

添加新词后：我/吃/寿喜烧

4）词性标注

除了专注分词以外，Jieba 还提供了词性标注的功能，用于标注句子分词后每个词的词性，采用和 ictclas（汉语词法分析系统）兼容的标记法。除了 Jieba 默认分词模式以外，paddle 模式下也能够实现词性标注功能。paddle 模式采用延迟加载的方式，使用 enable_paddle()安装 paddlepaddle-tiny，并且导入相关代码。

使用 Jieba 默认模式或 paddle 模式进行词性标注的代码示例如下：

```
import jieba
import jieba.posseg as pseg
words = pseg.cut("我爱上海外滩") ＃jieba 默认模式
jieba.enable_paddle() ＃启动 paddle 模式
words = pseg.cut("我爱上海外滩",use_paddle=True) ＃paddle 模式
for word, flag in words：
    print('{} {}'.format(word, flag))
```

程序的运行结果如下：

我 r

爱 v

上海 ns

外滩 n

5）并行分词

考虑到用户可能需要处理内容较多的文本，为了加快分词速度，Jieba 支持并行分词，即将目标文本按行分隔后，把各行文本分配到多个 Python 进程进行分词，然后归并结果，从而提升分词速度。并行分词主要使用到如下两个函数：

（1）jieba.enable_parallel()：开启并行分词模式，参数为并行进程数，如 5。

（2）jieba.disable_parallel()：关闭并行分词模式。

词性和专有名词类别标签集合见表 12-7。

表 12-7　jieba 的词性标记集

n/普通名词	f/方位名词	s/处所名词	t/时间	nr/人名	ns/地名
nt/机构名	nw/作品名	nz/其他专名	v/普通动词	vd/动副词	vn/名动词
a/形容词	ad/副形词	an/名形词	d/副词	m/数量词	q/量词
r/代词	p/介词	c/连词	u/助词	xc/其他虚词	w/标点符号
PER 人名	LOC 地名	ORG 机构名	TIME 时间		

12.3　综合性 Python 工具

12.3.1　NLTK

1. 简介

NLTK(Natural Language Tookit)是一个开源的自然语言处理工具包,由美国宾夕法尼亚大学的史蒂文·伯德(Steven Bird)和爱德华·洛普(Edward Loper)在 Python 的基础上开发,至今已有超过十万行的代码,是 NLP 领域中最常使用的一个 Python 库,包括 Python 模块、数据集和教程等内容。NLTK 的功能众多,能用于获取和处理语料库、分词、词干提取、词性标注、发现搭配、对句子进行分块及解析、对文本进行分类、进行语义解释等,具有十余个自然语言处理模块。

2. 安装方法

NLTK 的安装方式简单便捷,通过命令提示符输入 pip install nltk 便能进行安装,通过 import nltk 进行引用。由于 NLTK 功能众多,本书仅介绍与分词、词性标注以及句法分析等基本自然语言处理任务,更多的功能可详见 NLTK 官网(https://www.nltk.org/)。

3. 用法及示例

1) NLTK 语料库

NLTK 自带 50 多种语料库和词汇资源,以下为其中几种语料库的介绍:

（1）布朗语料库(Brown):百万词级英语电子语料库,包含五百多种不同来源的文本,按照文体分类有新闻、社论、小说等。

（2）古腾堡语料库(Gutenberg)：收集不同作家书籍的文学作品语料库。

（3）网络文本语料库(Webtext)：收录了火狐交流论坛、电影剧本、广告以及商品评论等语料。

（4）即时消息聊天会话语料库(NPS Chat)：收录了共 706 个帖子的聊天室会话语料。语料库被分成 15 个文件，分别收录了不同日期、不同年龄段聊天室的会话内容。

（5）路透社语料库(Reuters)：收录了 10 788 个路透社新闻文本，共计 130 万字。文本包含 90 个主题，按照训练组和测试组被分为了两组。

（6）就职演说语料库(Inaugural)：收录了 55 个就职演说的文本，每个文本为一个总统的演说。

访问 NLTK 自带语料库的代码示例如下所示：

```
import nltk
from nltk.tokenize import sent_tokenize, PunktSentenceTokenizer
from nltk.corpus import gutenberg
sample = gutenberg.raw("shakespeare-macbeth.txt")  #打开古腾堡语料库
中的《麦克白》
tok = sent_tokenize(sample)
for x in range(3):  #阅读前几行
    print(tok[x])
```

在获取语料后，可以进行后续的分词、词性标注、句法分析等处理，还可用于进行自然语言处理模型的训练。

2) 分句与分词

（1）分句。

分句使用到的函数是 sent_tokenize()。需要注意的是，当使用 NLTK 处理中文语料时，要实现分句的功能，分隔符必须为".",并且后面需要有一个空格。具体代码示例如下：

```
import nltk
from nltk.tokenize import sent_tokenize
text="欢迎来到上海 . 我带你四处看看吧"
print(sent_tokenize(text))
```

程序的运行结果如下：

['欢迎来到上海 .', '我带你四处看看吧']

（2）分词。

分词使用到的函数是 word_tokenize()。具体代码示例如下：

```
import nltk
from nltk.tokenize import sent_tokenize
text="保持学习．保持运动"
tokens=nltk.word_tokenize(text)
print(tokens)
```

程序的运行结果如下：

['保持', '学习', '.', '保持', '运动']

除上述分词方法外，还有 PunktWordTokenizer、RegexpTokenizer、WhitespaceTokenizer、BlanklineTokenizer 等，每种方式按照不同标准进行切分，用户可按照切分需求进行切换。

3）词性标注

NLTK 的词性标注器存在于 nltk.tag 包中，使用的函数为 pos_tag()，具体词性标注的代码示例如下：

```
import nltk
from nltk.tokenize import word_tokenize
text="It is a good day today"
words=nltk.word_tokenize(text)  #进行分词
tagged = nltk.pos_tag(words)  #进行词性标注
print(tagged)  #打印出词性标注结果
```

程序的运行结果如下：

[('It', 'PRP'), ('is', 'VBZ'), ('a', 'DT'), ('good', 'JJ'), ('day', 'NN'), ('today', 'NN')]

需要注意的是，NLTK 是多语言支持的工具包，若要实现中文的词性标注功能，需要使用 NLTK 自身提供的带标注的中文语料库（如 sinica_treebank）进行训练，以实现中文词性标注功能，感兴趣的读者可到 NLTK 官网（https://www.nltk.org/）自行查阅相关流程。

4）分块与树形分析

在进行了分词和词性标注之后，就可以对句子进行分块，即把句子或词语分成有意义的块，分块的结果可能会生成名词短语、动词短语、小句等，目的是为了把与之相

关的词组合为一个有意义的词块。分块后,就可以进行相应的树形分析,具体代码示例如下:

```
# 为了分块,需要将词性标签与正则表达式结合起来
from nltk.chunk import RegexpParser
sentence = [('the','DT'),('pretty','JJ'),('little','JJ'),('girl','NN'),('smiled','VBD')]
grammer = "GIRL_NP:{<DT>?<JJ>*<NN>}"
chunkparser = nltk.RegexpParser(grammer)  # 生成规则
result = chunkparser.parse(sentence)  # 进行分块
print(result)
result.draw()  # 调用 matplotlib 库将分块结果画出来
```

程序的运行结果见图 12 - 6。

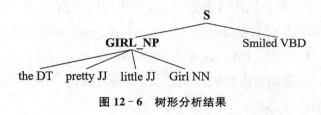

图 12 - 6　树形分析结果

词性标记集

表 12 - 8　NLTK 的词性标记集

CC/并列连词	CD/基数词	DT/限定符	EX/存在词	FW/外来词
IN/介词或从属连词	JJ/形容词	JJR/比较级的形容词	JJS/最高级的形容词	LS/列表项标记
MD/情态动词	NN/名词单数	NNS/名词复数	NNP/专有名词	PDT/前置限定词
POS/所有格结尾	PRP/人称代词	PRP $/所有格代词	RB/副词	RBR/副词比较级
RBS/副词最高级	RP/小品词	UH/感叹词	VB/动词原型	VBD/动词过去式
VBG/动名词或现在分词	VBN/动词过去分词	VBP/非第三人称单数的现在时	VBZ/第三人称单数的现在时	WDT/以 wh 开头的限定词

12.3.2　spaCy

1. 简介

spaCy 是一个基于 Python 的自然语言处理工具包,诞生于 2014 年,号称"具有工

业级强度的 NLP 工具包",支持多种自然语言处理基本功能如分词、词性标注、依存句法分词、命名实体识别等,能够帮助用户进行信息提取、自然语言理解以及深度学习的预处理等。由于其大量使用了 Cython 来提高相关板块的性能,因此也区别于学术性质更为浓厚的自然语言处理工具 NLTK,在业界具有较强的实际应用价值。

2. 安装方法

spaCy 的安装方式简单便捷,通过命令提示符输入 pip install spaCy 便能进行安装,通过 import spacy 进行引用。由于 spaCy 功能众多,本书仅介绍与分词、词性标注以及句法分析等基本自然语言处理任务,更多的功能可详见 spaCy 官网(https://spacy.io/)。

3. 用法及示例

spaCy 安装后还要下载官方的训练模型。不同的语言有不同的训练模型,下述代码示例中,针对中文的自然语言处理任务,用到的模型则是 zh_core_web_sm。除了这个模型以外,spaCy 还包括 zh_core_web_trf、zh_core_web_md 等模型,它们的区别在于准确度和体积大小。如以 zh_core_web_sm 与 zh_core_web_trf 相比,前者体积较小,效率较高,后者相对而言则体积较大,准确度较高。用户可根据不同的语言和应用场景对模型进行选择。

1) 分句与分词

spaCy 通过标记化(Tokenization)的功能将文本切成句子、句子再分割成词语及标点符号等。具体代码示例如下:

```
import spacy
nlp = spacy.load("zh_core_web_sm")
#.load()的参数为 spaCy 其中一种基于中文的模型
s = "我爱上海,那里有好吃的小笼包。欢迎来上海!"
doc = nlp(s) # 创建 nlp 对象
#1. 分句(sentencizer)
for i in doc.sents:
print(i)
```

程序的运行结果如下:

我爱上海,那里有好吃的小笼包。

欢迎来上海!

接下来在分句的基础上输入如下代码进行分词:

```
print([w.text for w in doc])
```

程序的运行结果如下：

['我', '爱', '上海', ',', '那里', '有', '好吃', '的', '小笼包', '。', '欢迎', '来', '上海', '!']

从上述例子可看出，分句与分词的具体过程为：导入工具包后，通过 .load() 函数导入模型、将采用的模型存入变量 nlp 中，继而创建 nlp 对象，并用模型对文本进行分析。

2）词性标注

词性标注即为输入文本中的单词标注对应词性的过程。具体代码示例如下：

```
import spacy
nlp = spacy.load('zh_core_web_sm')
#.load() 的参数为 spaCy 其中一种基于中文的模型
doc = nlp(我喜欢去游泳") # 创建 nlp 对象
for token in doc:  # 遍历 token
    # Print the token and its part-of-speech tag
    print(token.text, "→", token.pos_)
```

程序的运行结果如下：

我 PRON

喜欢 VERB

去 VERB

游泳 VERB

3）依存句法分析

依存句法分析也即识别句子中词汇与词汇之间的相互依存关系，主要是通过分配句法依存标签以及描述各个标记之间的关系，如主题或对象等，来明确词汇之间的联系。具体代码示例如下：

```
import spacy
nlp = spacy.load('/spacy/zh_model')
#采用下载好的模型，此处用的是 spaCy2.1 中文模型包
doc = nlp('华为将努力参与中国的网络工程建设。')
for token in doc:
    print(token.text, token.dep_, token.head)
```

程序的运行结果如下：

华为	nsubj	参与
将	advmod	参与
努力	advmod	参与
参与	ROOT	参与
中国	det	建设
的	case：dec	中国
网络工程	nmod	建设
建设	obj	参与
。	punct	参与

从上述分析结果可以看出，第一列为句子中各成分；第二列为依存标签，表示二者之间的依存关系；第三列为第一列所依存的成分。以第一行为例，"华为"是"参与"的名词主语，而倒数第二行的"建设"又是"参与"的宾语。通过这样的依存分析，用户能够迅速找到句子的主谓宾，即"华为参与建设"，便于后续进行各项自然语言处理的任务。

通过上述方法获得依存分析结果后，还可以通过 spaCy 内置的可视化工具画出句子成分的依存关系图，具体代码示例如下所示：

```
from spacy import displacy
displacy.render(doc,type='dep')
```

程序的运行结果见图 12-7。

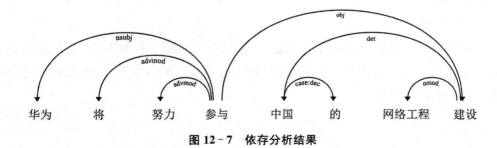

图 12-7 依存分析结果

词性标记集

spaCy 可使用跨语言一致的粗粒度标签集(.pos)或是基于特定树库并因此特定语言的细粒度标签集(.tag)进行词性标注。上述有关词性标注的代码示例使用的是粗粒度词性标记集，即通用的词性标记集，其标签及属性见表 12-9。

表 12 - 9　spaCy 的词性标记集

ADJ/形容词	ADP/介词	ADV/副词	AUX/助动词	CONJ/连词
CCONJ/并列连词	DET/限定词	INTJ/感叹词	NOUN/名词	NUM/数字
PART/小品词	PRON/代词	PROPN/专有名词	PUNCT/标点符号	SCONJ/从属连词
SYM/符号	VERB/动词	X/其他	SPACE/空格	

12.3.3　语义分析和建模工具 Gensim

1. 简介

Gensim 是一款免费的 Python 工具包,支持训练大规模语义模型,把文本转换成语义向量及检索与语义相关的文档。Gensim 实现了常见的文档向量模型,如 TF - IDF、LSI、LDA 等。使用 Gensim 后,研究人员无需重新编写语义向量的计算程序,大大简化了研究工作。Gensim 实现的文档向量模型如下:

TF - IDF 模型:TF - IDF 是用于信息检索与数据挖掘的加权技术。TF 是词频 (Term Frequency),IDF 是逆文本频率指数(Inverse Document Frequency)。

LSI(Latent Semantic Indexing)(潜在语义索引):在某些情况下,有些关键词并不会显式地出现在文档之中,例如,讲动物生存环境的科普文章,通常会介绍狮子、老虎等等各种动物的情况,但是在文章中并不会显式地出现“动物”二字。故在这一种情况下,就需要主题模型。LSI 是基于 SVD(奇异值分解)来得到文章的潜在主题的关键词的。

LDA(Latent Dirichlet Allocation)模型(隐含狄利克雷分布),是一种主题模型 (topic model)。它可以将文档集中每篇文档的主题按照概率分布的形式给出。它基于以下假设:我们写作时,写作的文章首先“以一定概率选择了某个主题,并从这个主题中以一定概率选择文档中的某个词语”,从而得出各文档中主题和文档词语的关系。

2. 安装方法

Gensim 是 Python 的工具包,可直接在命令行中输入命令安装:

```
pip install gensim
```

如果安装了 conda 环境,也可运行下列命令安装 Gensim

```
conda install -c conda-forge gensim
```

3. 用法及示例

Gensim 中的基本概念有 Document(文档)、Corpora(语料库)、Vector(向量)和 Models(模型),下面围绕这些概念了具体讲解 Gensim 的用法。

Document(文档):文档是指一串文本,长度可以是一条微博,或是一本书。例如,

Document = "东方明珠塔仅次于加拿大多伦多电视塔和俄罗斯的莫斯科电视塔。东方明珠电视塔选用了东方民族喜爱的圆曲线体作为基本建筑线条。"

Corpora(语料库):Corpora 是指文档集合,它的主要作用有以下两点:

(1) 作为模型训练的输入。

(2) 组织文档,例如语义相似度查询。

举例而言,下面的 Corpora 包含了 9 篇文档。

```
text_corpus = [
    "Human machine interface for lab abc computer applications",
    "A survey of user opinion of computer system response time",
    "The EPS user interface management system",
    "System and human system engineering testing of EPS",
    "Relation of user perceived response time to error measurement",
    "The generation of random binary unordered trees",
    "The intersection graph of paths in trees",
    "Graph minors IV Widths of trees and well quasi ordering",
    "Graph minors A survey",
]
```

在进一步处理之前,一般会利用 Dictionary(词典)功能抽取唯一的词语,并给这些词语编号。

```
from gensim import corpora
import pprint
stoplist = set('for a of the and to in'.split())
texts = [[word for word in document.lower().split() if word not in stoplist]
    for document in text_corpus]
dictionary = corpora.Dictionary(texts)
pprint.pprint(dictionary.token2id)
```

程序运行结果为：

{'abc': 0,

'applications': 1,

'binary': 21,

'computer': 2,

'engineering': 15,

'eps': 13,

'error': 17,

'generation': 22,

…

Vector(向量)：为了推断语料库中的潜在结构，需要将文档转换成计算机可以处理的数字表示。这时候我们使用的方法是把每个文档特征向量化。

例如，一个特征可以看作一个问答对：

上海这个词在文章中出现了几次？ 0。

文章有几段？ 2。

文章用了几种字体？ 5。

问题通常用整数 ID 表示，如 1、2、3。文档向量一般用特征对（用数字表示的问题–答案）表示，比如(1,0.0)、(2,2.0)、(3,5.0)。

例如，如果我们想把"Human computer interaction"转成向量，我们可以利用刚才获取的词典和词袋模型，进行如下转换。

```
new_doc = "Human computer interaction"
new_vec = dictionary.doc2bow(new_doc.lower().split())
print(new_vec)
```

程序运行结果为：

[(2, 1), (3, 1)]

在结果中的(2,1)中，2 指词典中词语的序号'computer': 2,，1 指出现的次数。

Models(模型)：我们已经对语料库进行了向量化后，可以开始使用模型对其进行转换。模型是指从一种文档表示到另一种的转换。在 Gensim 中，文档被表示为向量，因此模型可以被认为是两个向量空间之间的转换。当模型读取训练语料库时，它会学到转换的具体细节。举例来说，如果我们要获得某个语料库的 LDA 模型，需要经过以下三步：

(1) 创建语料库。

(2) 创建变换。

(3) 应用模型。

例如，对于上文中的语料库，需要使用 TF‑IDF 进行变换：

```
from gensim import models
corpus = [dictionary.doc2bow(text) for text in texts]
tfidf = models.TfidfModel(corpus)    # step 1 - 初始化模型
corpus_tfidf = tfidf[corpus]

lsi_model = models.LsiModel(corpus_tfidf, id2word = dictionary, num_topics=2)    # 初始化 lsi 模型
corpus_lsi = lsi_model[corpus_tfidf]    # 创建转换：词袋→tfidf→lsi 模型
lsi_model.print_topics(2)
```

程序运行结果为：

[(0,

'0.400 * "system" + 0.318 * "survey" + 0.290 * "user" + 0.274 * "eps" + 0.236 * "management" + 0.236 * "opinion" + 0.235 * "response" + 0.235 * "time" + 0.224 * "interface" + 0.224 * "computer"'),

(1,

'0.421 * "minors" + 0.420 * "graph" + 0.293 * "survey" + 0.239 * "trees" + 0.226 * "paths" + 0.226 * "intersection" + -0.204 * "system" + -0.196 * "eps" + 0.189 * "ordering" + 0.189 * "widths"')]

从结果中，我们可以看出，第一个主题与 system 关系密切，第二个主题与 minors 关系密切。

Gensim 还支持很多其他功能，如抽取文档的关键词、创建文档索引以及在大型语料库执行相似检索，具体情况请阅读 Gensim 的官方文档（https://radimrehurek.com/gensim/auto_examples/index.html#documentation）。

思考题

1. 请简述 LTP 和 Stanza 支持的功能。

2. THULAC、PkuSeg、Jieba 在性能上有什么差异？

3. LSI 和 LDA 模型的关系是什么？

4. 使用 Gensim 获取文档的 LDA 模型分为几步？

5. 收集 100 篇文档，使用 Gensim 训练这些文档的 LDA 模型，查看这些主题的关键词。关键词能否概括文档的主题？为什么？

第 *13* 章
自然语言处理案例：情感分析

了解了自然语言处理的基础知识和自然语言处理的基本工具后，本章深入探讨现实世界中的典型自然语言处理问题：情感分析。在文本分析任务中，情感分析属于较高层次的任务，其以分词等任务为基础，已广泛用于舆情监测、竞品分析等场景。本章第 13.1 节简述情感分析的应用场景。第 13.2 节介绍三种情感分析方法，即基于词表的无监督情感分析、基于监督机器学习的情感分析和基于深度学习的情感分析。本章从实践的角度，结合代码详细讲解情感分析的三种主流方法，可用于处理不同场景下的各类情感分析任务。

13.1 场景介绍

如今，我们每天都在互联网上发表各种文字。在电商网站购买商品后，发表评论供其他人参考；看完一部电影后，上影评网站抒发自己的情绪；大快朵颐后，也会在 APP 或小程序上留下自己的感受；发了微博后，有时候也会想知道别人对文章的评价。这些有用户生成的内容，成了用户与商家或者用户之间互动的桥梁。潜在消费者在购买商品或服务前，往往会阅读相关评论作为参考。公司发布新产品之后，也很想快速知道微博、抖音等渠道中的用户评论是否有利，口碑好不好。

在传统模式下，人们往往通过邮件或者客服电话进行反馈，有专门的客服人员通过人工阅读反馈的方式判断反馈的感情色彩，进而制定相应的措施。在互联网时代，用户反馈和用户评论的内容量越来越大，人工阅读的方式已经无法应对海量文本的冲击，不仅耗费巨大的人工成本，而且无法实时洞察舆论的变化情况。为应对这一挑战，使用计算机自动进行情感分析已不可避免。目前，情感分析在市场营销到客户服务再到临床医学已有广泛的应用，科学家正在研发能够识别人类情感并进行相应回应的情感机器人。

在商业中，自动化的情感分析主要有以下四个应用场景：

（1）社交媒体监控。社交媒体监控可能是情感分析应用最广的领域之一。公司可以通过跟踪包括微博、新闻和评论在内的社交媒体渠道的评论来监控品牌的美誉度，获悉各大社交平台上公司的总体形象，并直接接触发布评论的个人，并与之建立联系，提前化解舆论危机。

（2）品牌监控和声誉管理。品牌监控是情感分析在商业中最受欢迎的应用之一。差评会在网上滚雪球，忽略的时间越长，情况就越糟糕。使用情感分析工具后，公司可以立即收到负面评论的通知。

（3）倾听客户的声音。结合并评估来自网络、客户调查、聊天、呼叫中心和电子邮件的所有客户反馈。使用情感分析对这些数据进行分类，识别模式并发现重复出现的主题和关注点。

（4）市场和竞争对手研究。使用情感分析进行市场和竞争对手研究。找出竞争对手中谁获得了正面评价及与公司的区别。分析竞争对手在与客户交谈时使用的积极语言，并将这些语言融入自己的品牌信息中。

为深入了解和掌握自然语言处理中情感分析的基本原理和算法，本案例使用了情感分析中应用最广的数据集之一——IMDB 电影评论数据集。该数据集由约 50 000 个电影评论组成，评论的情感色彩分为两类：负面和正面。IMDB 是一个影评网站，网站用户可以在网站上对电影进行评价，打分并撰写评论信息（见图 13 - 1）。

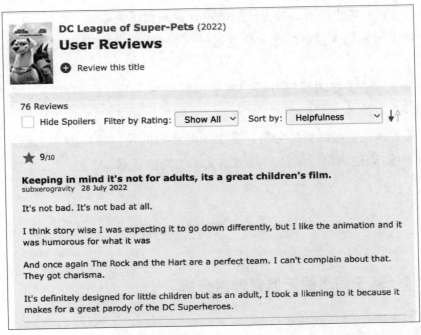

图 13 - 1　IMDB 上《DC 萌宠特遣队》（*DC League of Super-Pets*）的影评

IMDB 数据集中的数据包括评论和评论的情感色彩两个部分,表 13-1 列出了一个正面评论和一个负面评论。其中的评论文本都较长,且都未包含评论的得分信息。

表 13-1　IMDB 数据集样例

Review(评论内容)	Sentiment(情感色彩)
One of the other reviewers has mentioned that after watching just 1 Oz episode you'll be hooked. They are right, as this is exactly what happened with me. ⟨br /⟩⟨br /⟩The first thing that struck me about Oz was its brutality and unflinching scenes of violence, which set in right from the word GO. Trust me, this is not a show for the faint hearted or timid. This show pulls no punches with regards to drugs, sex or violence. Its is hardcore, in the classic use of the word. ⟨br /⟩⟨br /⟩....thats if you can get in touch with your darker side.	Positive (正面)
Basically there's a family where a little boy (Jake) thinks there's a zombie in his closet & his parents are fighting all the time. ⟨br /⟩⟨br /⟩This movie is slower than a soap opera... and suddenly, Jake decides to become Rambo and kill the zombie. ⟨br /⟩⟨br /⟩OK,... As for the shots with Jake: just ignore them.	Negative (负面)

在本案例中,要求在无用户评分的情况,通过评论内容独立确定评论的情感色彩是正面还是负面。由于很多网站的文本并没有用户评分,或默认用户好评,通过文本内容来确定情感色彩具有很广泛的应用空间。例如,公司开展推广活动后,在分析网友对活动的评论时,管理人员可迅速定位正面评论和负面评论,对活动影响力进行深入分析,进而确定后续的改进方案。

在本案例中,共使用了三种方法来确定评论的情感色彩:

(1) 基于词表的无监督情感分析。通过词表中词语的情感色彩确定文本的总体情感色彩。

(2) 基于机器学习的情感分析。基于积累或标注的数据集进行训练,通过训练后的模型预测新文本的情感色彩。

(3) 基于深度学习的情感分析。基于深度学习的预训练模型和已经标注好的数据集进行训练,通过训练后的模型预测新文本的情感色彩。

13.2　算法应用

13.2.1　基于词表的无监督情感分析

1. 基本原理

基于词表的情感分析利用预先编写好情感极性分数的情感词典,按照一定的规则评估给定内容的情感极性。例如，"美丽"这个词在词典中的情感极性为积极。对于"大学记载着我最青春年华的时光,依然美丽"这句话,根据"美丽"一词的情感极性为积极,可得出该句的情感色彩为积极。

为了得到一致的结果,研究人员利用众包标注的方式对常见词语的情感极性进行了标注,做成情感词表并发布,比较有代表性的中文情感词表有大连理工大学情感本体库、台湾大学 NTUSD 简体中文情感词典、知网 HowNet 情感词典等。表 13 - 2 列出了台湾大学 NTUSD 简体中文情感词典中的部分情感词及其极性。

表 13 - 2　台湾大学 NTUSD 情感词表示例

词　　语	极　　性
一下子爆发	消极
一掌	消极
一团糟	消极
一帆风顺	积极
一流	积极
一致	积极

基于词表的情感分析一般采用计数或者统计词语的情感得分的方式,统计待分析句子或段落中积极/消极情感词汇的数量,结合否定词等因素确定句子或段落的整体情感色彩。在基于词表的情感分析中,第一步是分词,把句子或文本分成词语。然后在词典中找到词语的情感分数。如果是积极的词语,则计数或加上对应的分数。例如"一帆风顺"是积极的词语,那么文本的分数会增加。如果是消极的词语,同样也计数或加上对应的分数。最后通过得出的总分计算平均分,得到整个文本的情感倾向。具体的流程见图 13 - 2。

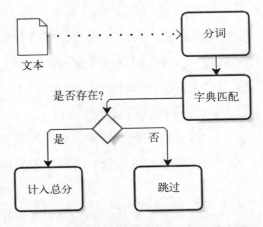

图 13 - 2　基于词表的情感分析处理流程图

基于词表的情感分析主要优点是不需要任何训练数据,最大的缺点是情感词典的容量以及词典中词语情感色彩的标注。另外,情感词典中的词语缺乏上下文,无法很好地处理词语存在多义现象。

2. 代码示例

我们以 VADER 为例来说明如何使用基于词表的无监督情感分析。VADER 词表由 C. J. 赫托(C. J. Hutto)开发,是一个基于规则的情感分析框架,针对社交媒体中的文本进行了调整。VADER 的词表包括超过 7 500 个词汇,每个词汇都标了情感分数,评分范围从"[4]非常负面"到"[4]非常正面","[0]代表中性(或不适用)"。表 13 - 3 列出了 VADER 词表的示例。

表 13 - 3　VADER 词表示例

词　语	平均分	标准差	评　　分
achievable	1.3	0.458 26	[2, 1, 1, 1, 1, 1, 1, 2, 2, 1]
aching	−2.2	0.748 33	[−2, −3, −2, −1, −3, −3, −2, −3, −1, −2]
acquit	0.8	1.720 47	[−3, 3, −1, 3, 2, 1, 1, 1, 0, 1]

除了词表中的得分之外,VADER 还使用了一些规则。例如,感叹号会增加句子的情感强度。另外,程度副词也会改变句子的情感强度,如"The weather is extremely hot." 比"The weather is hot."的情感强度更强,但"The weather is slightly hot."的情感强度不如上句。

本例中,我们通过 NLTK 自然语言工具包来使用 VADER 词表,先安装 NLTK,具体安装步骤参见本书 NLTK 章节部分。示例中的主要步骤包括:

(1) 导入情感分析依赖的 python 包。

(2) 编写用于情感分析的方法。

(3) 获取段落的情感倾向。

下面,我们来看下具体的代码及代码说明。

第一步,导入情感分析的包以及其他的依赖。

```
# 导入情感分析的包以及其他的依赖
import nltk  # 导入自然语言处理工具 NLTK
from nltk. sentiment. vader import SentimentIntensityAnalyzer # 导入 VADER 情感分析包
import pandas as pd # 数据分析包 pandas
from IPython.display import display # 格式化 pandas 输出为表格的方法
```

第二步，编写情感分析函数，方便后续重复使用代码。

```
# 分析段落的情感倾向，review 代表段落内容，threshold 为总体情感倾向的
阈值，verbose 控制是否展示详细结果
def analyze_sentiment_vader_lexicon(review, threshold=0.1, verbose=False):
    analyzer = SentimentIntensityAnalyzer()
    scores = analyzer.polarity_scores(review) # 获取段落内容的情感分数
    # 取情感的汇总得分，得到总体的情感倾向
    agg_score = scores['compound']
    final_sentiment = 'positive' if agg_score >= threshold else 'negative'
    if verbose:
        # 展示详细结果
        positive = str(round(scores['pos'], 2) * 100) + '%'
        final = round(agg_score, 2)
        negative = str(round(scores['neg'], 2) * 100) + '%'
        neutral = str(round(scores['neu'], 2) * 100) + '%'
        sentiment_frame = pd.DataFrame([[final_sentiment, final, positive,
negative, neutral]],
            columns=pd.MultiIndex(levels=[['SENTIMENT STATS：'], ['Predicted
Sentiment', 'Polarity Score','Positive', 'Negative', 'Neutral']], codes=[[0,0,0,0,0],
[0,1,2,3,4]]))
        display(sentiment_frame)
    return final_sentiment
```

第三步，输入文本，调用情感分析函数，获取情感倾向。

```
# 获取段落的情感倾向
review = '''This is the only David Zucker movie that does not spoof anything
the first of its kind. The funniest movie of 98 with Night at the Roxbury right
behind But I did not think Theres something about mary was funny so that doesnt
count except for the frank and beans thing he he. Dont listen to the critics
especially Roger Ebert he does not know solid entertainment just look at his
reviews. Anyway see it you wont be dissapionted'''
print(analyze_sentiment_vader_lexicon(review=review, verbose=True))
```

程序的输出结果见图 13-3。

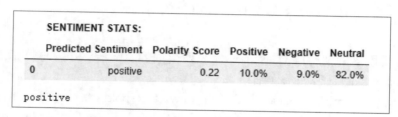

SENTIMENT STATS:

	Predicted Sentiment	Polarity Score	Positive	Negative	Neutral
0	positive	0.22	10.0%	9.0%	82.0%

positive

图 13 - 3 基于词表的情感分析结果

13.2.2 基于监督机器学习的情感分析

1. 基本原理

监督机器学习是指机器利用各种机器学习算法,基于人工标注好的数据进行机器学习,训练出机器模型,然后利用模型处理未标注的数据。监督机器学习的过程类似人类的学习过程。如同学生做数学题,老师讲解例题后,要求学生举一反三解出类似的题目。现在,人类通过标注数据来制作样例,机器通过样例进行训练,学习出模型解决新的问题。

这些人工标注的数据集合称为数据集。数据集的制作过程非常耗费人力,一般通过众包平台招募人员进行人工标注,或使用网站用户生成的内容,如用户对商品的评分。数据集制作完成后,为了优化机器学习模型,获得更高的性能,一般会进行公开,以便广泛吸引研究者参与。例如,百度公司公开的句子级情感分类任务 ChnSentiCorp 数据集中,包含了 7 000 多条酒店评论数据,其中有 5 000 多条正向评论、2 000 多条负向评论,具体的样例见表 13 - 4。

表 13 - 4   ChnSentiCorp 情感倾向性分类数据集

内　　　容	情感倾向
15.4 寸笔记本的键盘确实爽,基本跟台式机差不多了,蛮喜欢数字小键盘,输数字特方便,样子也很美观,做工也相当不错	1(正面)
房间太小。其他的都一般	0(负面)

基于监督机器学习的情感分析一般会从人工标注好的情感倾向数据集中抽取文档的各种特征,基于这些特征以及人工标注的结果训练模型,通过训练得出的模型(分类器)识别文本的情感极性,其主要有以下步骤(见图 13 - 4):

(1)准备训练集和测试集(也可以准备一个验证集)。把人工标注的数据集分成两部分:一部分用来训练,另一部分用来测试训练的结果。

（2）对文本进行预处理和规范化操作。去除文本中的空行、空白字符、特殊字符等。

（3）特征工程，抽取文本特征，如词频、TF－IDF 等特征。

（4）训练模型。选择某个机器学习算法在抽取的特征上进行训练，一般会选择多个机器学习算法训练，比较各算法的结果，选取最优的一个算法或算法组合。

（5）模型预测和评估。在测试集上评估模型的性能，避免模型在训练集上表现太好但实际使用性能较差的过拟合问题。

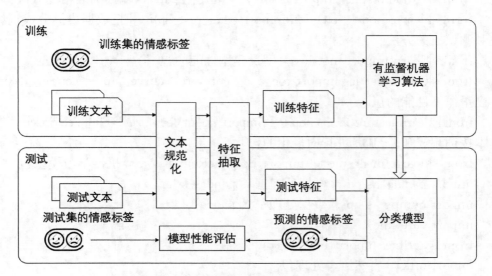

图 13－4　监督机器学习情感分析的基本步骤

2. 代码示例

本例中，我们使用的数据集是 IMDB 电影评论数据集，人工标注的结果是评论的情感极性（正面或负面）。由于只有两个类别，所以可以把这个问题当成一个二分类问题（binary classification problem），其中一个类别为正面（positive），另一个类别为负面（negative）。

本例中，我们的特征工程采用词袋模型（bag-of-words model），词袋模型常用于文档分类方法，它将每个单词的出现频率用作训练分类器的特征，它的核心原理是将文本文档转换成数字向量，其中向量中的值或权重表示每个词在该特定文档中的出现频率。该模型将非结构化文本表示为频率矩阵，而不考虑单词的位置、语法或语义。

本例中，我们使用 sklearn 中的 CountVectorizer 来完成这一转换，CountVectorizer 支持的参数很多，详细用法参见 sklearn 的官方文档（https://scikit-learn.org/stable/

modules/generated/sklearn.feature_extraction.text.CountVectorizer.html.）。

下面，我们来看下具体的代码和代码说明。

第一步，导入依赖包。监督机器学习涉及训练集测试集拆分、特征提取、模型度量以及各种机器算法模型，这些包我们都需要导入。

```
from sklearn.preprocessing import LabelEncoder，label_binarize
import re ♯导入正则表达式包
from IPython.display import display ♯格式化 pandas 输出为表格的方法
from sklearn.model_selection import train_test_split ♯把数据集拆分成训练
集和测试集的方法
from sklearn import metrics ♯度量模型性能的包
from sklearn.metrics import roc_auc_score，roc_curve，auc，accuracy_score
♯度量模型性能的包
from sklearn.feature_extraction.text import CountVectorizer，TfidfVectorizer ♯把
文本按词频或 TF-IDF 进行向量化的包
from sklearn.linear_model import LogisticRegression ♯机器学习模型包
import pandas as pd ♯数据处理工具 pandas
import numpy as np ♯数据处理工具 pandas
import datetime
from datetime import timedelta
import nltk ♯自然语言处理包
from nltk.tokenize.toktok import ToktokTokenizer ♯导入分词器
tokenizer = ToktokTokenizer()　♯初始化分词器
```

第二步，载入数据，准备训练集和测试集，按 8∶2 的比例拆分训练集和测试集。需要的数据可从数据分析比赛网站 kaggle 下载。下载链接为 https://www.kaggle.com/datasets/lakshmi25npathi/imdb-dataset-of-50k-movie-reviews。下载后的文件为压缩包，解压后得到 IMDB Dataset.csv 格式，共两列，第一列为评论的内容（review），第二列为情感倾向（sentiment）。

```
♯从文件中读入数据，注意文件路径为下载文件的路径
dataset = pd.read_csv(r'IMDB Dataset.csv')
reviews = np.array(dataset['review'])
sentiments = np.array(dataset['sentiment'])
♯查看数据集内容
display(dataset.head())
```

程序运行结果见图 13-5。

	review	sentiment
0	One of the other reviewers has mentioned that ...	positive
1	A wonderful little production. \<br /\>\<br /\>The...	positive
2	I thought this was a wonderful way to spend ti...	positive
3	Basically there's a family where a little boy ...	negative
4	Petter Mattei's "Love in the Time of Money" is...	positive

图 13-5 IMDB 数据集的内容示例

第三步，设置测试集的比例，把数据拆分成训练集和测试集。

```
# 把数据拆分成训练集和测试集
train_reviews, test_reviews, train_sentiments, test_sentiments = \
train_test_split(reviews, sentiments, test_size=0.20, random_state=101)
```

第四步，文本预处理和清洗，去除停用词、删除空行、空白字符等。

```
# 获取 NLTK 的停用词表，从中去除 no 和 not 两个词
stopword_list = nltk.corpus.stopwords.words('english')
stopword_list.remove('no')
stopword_list.remove('not')


# 去除停用词
def remove_stopwords(text, is_lower_case=False):
    tokens = tokenizer.tokenize(text)
    tokens = [token.strip() for token in tokens]
    if is_lower_case:
        filtered_tokens = [token for token in tokens if token not in stopword_list]
    else:
        filtered_tokens = [token for token in tokens if token.lower() not in stopword_list]
    filtered_text = ' '.join(filtered_tokens)
    return filtered_text

# 去除空行、停用词、空白字符等
```

```
def normalize_corpus(corpus,
            stopword_removal=True,, text_lower_case=True):
  normalized_corpus = []
  for doc in corpus:
    # 删除空行
    doc = re.sub(r'[\r|\n|\r\n]+', '',doc)
    # 在特殊字符字符之间插入空格,将其分开
    special_char_pattern = re.compile(r'([{.(-)!}])')
    doc = special_char_pattern.sub(" \\1 ", doc)
    # 删除空白字符
    doc = re.sub(' +', '', doc)
    # 去除停用词
    if stopword_removal:
      doc = remove_stopwords(doc, is_lower_case=text_lower_case)
    normalized_corpus.append(doc)
  return normalized_corpus
```

第五步,利用编写文本清洗函数对训练集和测试集的文本进行预处理。

```
now = datetime.datetime.now()
print('Current date and time: {}'.format(now.strftime("%Y-%m-%d %H:%M:%S")))


# 预处理训练集
print('-' * 60)
print('Normalize training dataset: ')
norm_train_reviews = normalize_corpus(train_reviews)
diff = (datetime.datetime.now() - now)
now = datetime.datetime.now()
print('Elapsed time: {}\n'.format(diff))

# 预处理测试集
print('-' * 60)
print('Normalize test dataset: ')
norm_test_reviews = normalize_corpus(test_reviews)
diff = (datetime.datetime.now() - now)
print('Elapsed time: {}\n'.format(diff))
```

程序运行结果如下：

Current date and time：2022 - 09 - 11 18:18:08

————————————————————————————

Normalize training dataset：

Elapsed time：0:00:38.470998

————————————————————————————

Normalize test dataset：

Elapsed time：0:00:10.090005

第六步，使用 CountVectorizer 抽取文本特征。

```
# 使用词袋模型抽取训练集的特征
cv = CountVectorizer(binary=False, min_df=0.0, max_df=1.0, ngram_range=(1,2))
cv_train_features = cv.fit_transform(norm_train_reviews)

# 把测试集中的文本转换成特征
cv_test_features = cv.transform(norm_test_reviews)
```

第七步，选择机器学习的算法模型。本例中，我们选用逻辑斯回归（Logistic regression）模型。逻辑斯回归较适于二分类模型，其预测某个数据属于某个类别的概率，结果是 0 或者 1，具体用法参见官方文档（https://scikit-learn.org/stable/modules/generated/sklearn.linear_model.LogisticRegression.html?highlight=logisticregression#sklearn.linear_model.LogisticRegression）。本例中，我们预测电影评论为正面或负面的概率，代码如下：

```
lr = LogisticRegression(penalty='l2', max_iter=1000, C=1)
```

第八步，模型训练和预测。使用分类器的 fit 方法进行训练，predict 方法进行预测。

```
# 模型训练和预测的方法，参数为训练特征，训练集的标签，测试特征，测试集的标签
def train_predict_model(classifier, train_features, train_labels, test_features, test_labels):
    # 训练模型
```

```
classifier.fit(train_features, train_labels)
# 使用模型进行预测
predictions = classifier.predict(test_features)
return predictions


lr_bow_predictions = train_predict_model(classifier=lr,
train_features=cv_train_features, train_labels=train_sentiments,
test_features=cv_test_features, test_labels=test_sentiments)
```

第九步,获取和展示训练结果。共分两大部分。第一部分为函数:展示模型的准确度、精确度、召回率和 F1 分数的函数;展示模型的混淆矩阵的函数;展示模型的分类汇总报告的函数;# 展示模型的性能指标,包括准确度、精确度、召回率和 F1 分数,汇总分类报告。第二部分为函数的调用,分别调用这些函数展示各种指标情况。

```
# 展示模型的准确度、精确度、召回率和 F1 分数
def get_metrics(true_labels, predicted_labels):
    print('Accuracy: {:2.2%}'.format(metrics.accuracy_score(true_labels,
predicted_labels)))
    print('Precision: {:2.2%}'.format(metrics.precision_score(true_labels,
predicted_labels, average='weighted')))
    print('Recall: {:2.2%}'.format(metrics.recall_score(true_labels,
predicted_labels, average='weighted')))
    print('F1 Score: {:2.2%}'.format(metrics.f1_score(true_labels,
predicted_labels, average='weighted')))


# 展示模型的混淆矩阵
def display_confusion_matrix(true_labels, predicted_labels, target_names):
    total_classes = len(target_names)
    level_labels = [total_classes * [0], list(range(total_classes))]
    cm = metrics.confusion_matrix(y_true=true_labels, y_pred=predicted_labels)
    cm_frame = pd.DataFrame(data=cm,
                columns=pd.MultiIndex(levels=[['Predicted: '], target_names], codes=level_labels),
                index=pd.MultiIndex(levels=[['Actual: '], target_names], codes=level_labels))
    print(cm_frame)
```

```
# 展示模型的分类汇总报告
def display_classification_report(true_labels, predicted_labels, target_names):

    report = metrics.classification_report(y_true=true_labels, y_pred=
predicted_labels, target_names=target_names)
    print(report)


# 展示模型的性能指标，包括准确度、精确度、召回率和 F1 分数，汇总分类
报告
def display_model_performance_metrics(true_labels, predicted_labels,
target_names):
    print('Model Performance metrics：')
    print('-' * 30)
    get_metrics(true_labels=true_labels, predicted_labels=predicted_labels)
    print('\nModel Classification report：')
    print('-' * 30)
    display_classification_report(true_labels=true_labels, predicted_labels=
predicted_labels, target_names=target_names)
    print('\nPrediction Confusion Matrix：')
    print('-' * 30)
```

第十步，调用编写的函数查看模型训练的结果。

```
# 调用函数展示结果
display_confusion_matrix(true_labels=test_sentiments, predicted_labels=
lr_bow_predictions, target_names=['positive', 'negative'])
display_model_performance_metrics(true_labels=test_sentiments,
predicted_labels=lr_bow_predictions,
                target_names=['positive', 'negative'])
```

程序运行结果见图 13-6。从结果中可以看出，模型的性能相当不错，各项综合指标均超过 90%。

```
                    Predicted:
                    positive negative
Actual: positive      4481       478
        negative       446      4595
Model Performance metrics:

Accuracy:   90.76%
Precision:  90.76%
Recall:     90.76%
F1 Score:   90.76%

Model Classification report:

                precision    recall   f1-score   support

    positive       0.91        0.90      0.91       4959
    negative       0.91        0.91      0.91       5041

    accuracy                             0.91      10000
   macro avg       0.91        0.91      0.91      10000
weighted avg       0.91        0.91      0.91      10000
```

图 13 - 6   基于监督机器学习的情感分析结果

13.2.3   基于深度学习的情感分析

1. 基本原理

基于深度学习的情感分析使用了预训练语言模型。首先,通过自监督学习从大规模数据中获得与具体任务无关的模型,获取某一个词在一个特定上下文中的语义表征。其次,微调,针对具体的任务修正网络。本例中使用了加载不区分大小写的预训练模型 bert-base-uncased,然后使用情感分析的标注数据对预训练模型进行微调,获得适用于情感分析的特定模型。

基于深度学习的情感分析的步骤如下:

(1) 选择合适的预训练模型,本例中选择了 bert-base-uncased 模型。

(2) 把特定任务的数据集处理成符合预训练模型要求的格式,本例中把 IMDB 数据集处理成了符合 BERT 语言模型要求的数据集格式。

(3) 设定微调的参数,如批次大小(batch-size)、训练轮数(epochs)、损失函数(loss function)及优化方法(optimizer)等。

(4) 使用训练集和验证集训练模型。

(5) 使用训练好的模型进行预测。

现有的深度学习框架有谷歌公司推出的 TensorFlow 和 Keras，伯克利人工智能研究小组和伯克利视觉和学习中心开发的 Caffe，脸书（Facebook）人工智能研究院（FAIR）推出的 PyTorch，亚马逊（Amazon）公司推出的 MXNet，以及百度公司推出的 PaddlePaddle，等等。目前 PyTorch 在学术界的应用在最为广泛，所以本案例依据 PyTorch 编写。另外，本案例中还使用了 Torchtext。Torchtext 是 PyTorch 的域库，提供了用于处理文本数据的基本组件，例如常用的数据集和基本的预处理管道，可加快自然语言处理（NLP）研究相关的开发过程。本案例中，采用了 Torchtext 内置的 IMDB 电影评论数据集，无须另行下载。

2. 代码示例

本节中，我们使用基于深度学习的预训练模型 BERT，通过微调（fine-tuning）模型，预测电影评论的情感。本节代码共分为四个大部分：准备数据、搭建模型、训练模型和使用模型。

1）准备数据

第一步，准备环境，安装 Torchtext 和 Transformers。Transformers 是一个深度学习库，提供了各种 API 和工具，可用于下载最新的预训练模型。注意：本案例使用的是 0.9.0 版本的 Torchtext，其他版本可能不支持。另外，请使用 GPU 进行训练，否则训练时间非常长。

```
# 安装 0.9.0 版本的 torchtext，安装 torchtext 会自动安装对应版本的 pytorch。-i 加后面的链接代表通过镜像安装包，比直接从国外网站下载快
pip install torch -i https://pypi.tuna.tsinghua.edu.cn/simple
pip install transformers -i https://pypi.tuna.tsinghua.edu.cn/simple
```

第二步，进行基本设置。使用 SEED，保证随机产生的每次结果都一样；设置 torch 后台参数为 True，保证每次运行网络的时候相同输入的输出是固定的。

```
import torch
import random
import numpy as np
SEED = 1234
random.seed(SEED)
np.random.seed(SEED)
torch.manual_seed(SEED)
torch.backends.cudnn.deterministic = True
```

第三步,加载 BERT 的分词器(tokenizer)。

```
from transformers import BertTokenizer
tokenizer = BertTokenizer.from_pretrained('bert-base-uncased')
```

第四步,了解 BERT 分词器的输入输出。分词器有两个作用,第一个作用是把句子拆分成词;第二个作用是把词转换成词表中的 ID。

```
tokens = tokenizer.tokenize('Hello WORLD how ARE yoU? ')
print(tokens)
indexes = tokenizer.convert_tokens_to_ids(tokens)
print(indexes)
```

程序的输出结果如下:

['hello', 'world', 'how', 'are', 'you', '? ']

[7592, 2088, 2129, 2024, 2017, 1029]

第五步,获取 BERT 支持文本最大长度。文本开头位置填充的字符、分隔符、空白位置填充的字符、未知单词对应的字符及其 ID。

```
max_input_length = tokenizer.max_model_input_sizes['bert-base-uncased']
print(max_input_length)
```

程序的输出结果如下,说明 BERT 支持的最大长度是 512,开头位置填充的字符是 CLS,分隔符为 SEP,填充字符为 PAD,未知单词使用 UNK 表示的,对应的 ID 是 101、102、0、100:

512

[CLS] [SEP] [PAD] [UNK]

101 102 0 100

第六步,编写处理句子的函数。把句子转换成词数组。

```
def tokenize_and_cut(sentence):
    tokens = tokenizer.tokenize(sentence)
    tokens = tokens[: max_input_length-2]
    return tokens
```

第七步，定义数据集的文本和标签。

```
from torchtext.legacy import data

TEXT = data.Field(batch_first = True,
        use_vocab = False,
        tokenize = tokenize_and_cut,
        preprocessing = tokenizer.convert_tokens_to_ids,
        init_token = init_token_idx,
        eos_token = eos_token_idx,
        pad_token = pad_token_idx,
        unk_token = unk_token_idx)


LABEL = data.LabelField(dtype = torch.float)
```

第八步，加载数据集。把数据集拆分成训练集、验证集和测试集。

```
from torchtext.legacy import datasets

train_data, test_data = datasets.IMDB.splits(TEXT, LABEL)

train_data, valid_data = train_data.split(random_state = random.seed(SEED))

print(f"Number of training examples：{len(train_data)}")
print(f"Number of validation examples：{len(valid_data)}")
print(f"Number of testing examples：{len(test_data)}")
```

运行代码后，如果电脑上没有 IMDB 数据集，则会自动下载数据集：

```
downloading aclImdb_v1.tar.gz
E:\notebooks\.data\imdb\aclImdb_v1.tar.gz:  40%|███████████████         | 33.9M/84.1M [30:07<38:57, 21.5kB/s]
```

第九步，查看数据集的情况。根据输出结果可以看出，分词器把词语转换成了词表中的 ID。实际训练时，我们使用的时词语的 ID。

```
print(vars(train_data.examples[6]))

tokens = tokenizer.convert_ids_to_tokens(vars(train_data.examples[6])['text'])

print(tokens)
```

程序输出结果如下：

{'text'：[1042，4140，1996，2087，2112，1010，2023，3185，5683，2066，1037，1000，2081，1011，2005，1011，2694，…]，'label'：'neg'}

['f'，'＃＃ot'，'the'，'most'，'part'，','，'this'，'movie'，'feels'，'like'，'a'，'"'，'made'，'-'，'for'，'-'，'tv'，'"'，'effort'，'.'，'the'，'direction'，'is'，'ham'，…]

第十步，转换标签字典。把字符串转成数字。

```
LABEL.build_vocab(train_data)

print(LABEL.vocab.stoi)
```

程序输出结果如下：

defaultdict(None，{'neg'：0，'pos'：1})

第十一步，设置批次（Batch）大小。使用训练集中划分出来的一部分数据对神经网络模型进行一次方向传播的参数更新，这一小部分称为"一批数据"。

```
BATCH_SIZE = 128

＃如果有 GPU，则使用 GPU；否则使用 CPU
device = torch.device('cuda' if torch.cuda.is_available() else 'cpu')

train_iterator, valid_iterator, test_iterator = data.BucketIterator.splits(
    (train_data, valid_data, test_data),
    batch_size = BATCH_SIZE,
    device = device)
```

2）搭建模型

第十二步，加载预训练模型。本案例中我们加载 bert-base-uncased 模型。如果之前没有用过该模型，则会自动从网上下载模型数据。

```
from transformers import BertTokenizer, BertModel

bert = BertModel.from_pretrained('bert-base-uncased')
```

第十三步，编写微调部分的神经网络层。

```
import torch.nn as nn

class BERTGRUSentiment(nn.Module):
    def __init__(self,
            bert,
            hidden_dim,
            output_dim,
            n_layers,
            bidirectional,
            dropout):

        super().__init__()

        self.bert = bert

        embedding_dim = bert.config.to_dict()['hidden_size']

        self.rnn = nn.GRU(embedding_dim,
                hidden_dim,
                num_layers = n_layers,
                bidirectional = bidirectional,
                batch_first = True,
                dropout = 0 if n_layers < 2 else dropout)

        self.out = nn.Linear(hidden_dim * 2 if bidirectional else hidden_dim,
output_dim)

        self.dropout = nn.Dropout(dropout)

    def forward(self, text):

        # text = [batch size, sent len]

        with torch.no_grad():
            embedded = self.bert(text)[0]

        # embedded = [batch size, sent len, emb dim]

        _, hidden = self.rnn(embedded)
```

```
# hidden = [n layers * n directions, batch size, emb dim]

if self.rnn.bidirectional:
    hidden = self.dropout(torch.cat((hidden[-2,:,:], hidden[-1,:
,:]), dim = 1))
else:
    hidden = self.dropout(hidden[-1,:,:])

# hidden = [batch size, hid dim]

output = self.out(hidden)

# output = [batch size, out dim]

return output
```

第十四步,设置超参数,如隐藏层的维度、输出的维度、层数、丢弃率(dropout rate)。

```
HIDDEN_DIM = 256
OUTPUT_DIM = 1
N_LAYERS = 2
BIDIRECTIONAL = True
DROPOUT = 0.25

model = BERTGRUSentiment(bert,
            HIDDEN_DIM,
            OUTPUT_DIM,
            N_LAYERS,
            BIDIRECTIONAL,
            DROPOUT)
```

第十五步,查看模型可训练的参数量。

```
def count_parameters(model):
    return sum(p.numel() for p in model.parameters() if p.requires_grad)

print(f'The model has {count_parameters(model):,} trainable parameters')
```

代码运行结果如下，可训练的参数量将近 280 万。

The model has 2,759,169 trainable parameters

3）训练模型

第十六步，设置优化器。一般选择使用性能最好的 Adam 优化器。

```
import torch.optim as optim


optimizer = optim.Adam(model.parameters())
```

第十七步，设置损失函数。

```
criterion = nn.BCEWithLogitsLoss()
```

第十八步，把数据和模型放到前面定义的设备上（如果有 GPU，优先使用 GPU）。

```
model = model.to(device)
criterion = criterion.to(device)
```

第十九步，编写计算准确率的函数。

```
def binary_accuracy(preds, y):
    """
    返回各批次的准确率
    """

    # 四舍五入
    rounded_preds = torch.round(torch.sigmoid(preds))
    correct = (rounded_preds == y).float()  # 转成浮点数进行除法运算
    acc = correct.sum() / len(correct)
    return acc
```

第二十步，编写训练代码。

```
def train(model, iterator, optimizer, criterion):

    epoch_loss = 0
    epoch_acc = 0
```

```
model.train()

for batch in iterator:

    optimizer.zero_grad()

    predictions = model(batch.text).squeeze(1)

    loss = criterion(predictions, batch.label)

    acc = binary_accuracy(predictions, batch.label)

    loss.backward()

    optimizer.step()

    epoch_loss += loss.item()
    epoch_acc += acc.item()

return epoch_loss / len(iterator), epoch_acc / len(iterator)
```

第二十一步,编写评估性能的代码。

```
def evaluate(model, iterator, criterion):

    epoch_loss = 0
    epoch_acc = 0

    model.eval()

    with torch.no_grad():

        for batch in iterator:

            predictions = model(batch.text).squeeze(1)

            loss = criterion(predictions, batch.label)

            acc = binary_accuracy(predictions, batch.label)
```

```
      epoch_loss += loss.item()
      epoch_acc += acc.item()

   return epoch_loss / len(iterator), epoch_acc / len(iterator)
```

第二十二步，编写统计训练时间的代码。

```
import time

def epoch_time(start_time, end_time):
   elapsed_time = end_time - start_time
   elapsed_mins = int(elapsed_time / 60)
   elapsed_secs = int(elapsed_time - (elapsed_mins * 60))
   return elapsed_mins, elapsed_secs
```

第二十三步，设置代次(epoch)（当一个完整的数据集通过了神经网络一次并且返回了一次，这个过程称为一代），然后开始训练模型，把结果保存为 sent-model.pt 模型文件。

```
#设置代次为 5
N_EPOCHS = 5

best_valid_loss = float('inf')

for epoch in range(N_EPOCHS):

   start_time = time.time()

   train_loss, train_acc = train(model, train_iterator, optimizer, criterion)
   valid_loss, valid_acc = evaluate(model, valid_iterator, criterion)

   end_time = time.time()

   epoch_mins, epoch_secs = epoch_time(start_time, end_time)

   if valid_loss < best_valid_loss:
      best_valid_loss = valid_loss
```

```
torch.save(model.state_dict(), 'senti-model.pt')

print(f'Epoch：{epoch+1：02} | Epoch Time：{epoch_mins}m {epoch_secs}s')
print(f'\tTrain Loss：{train_loss：.3f} | Train Acc：{train_acc * 100：.2f}%')
print(f'\t Val. Loss：{valid_loss：.3f} | Val. Acc：{valid_acc * 100：.2f}%')
```

程序运行结果如下，具体运行时间由计算机的性能决定，总运行时间为 35 分钟以上；如果觉得太长，可减少训练的代次（Epoch）数量。从结果中可以看出，随着代次的增加，训练集和验证集的准确度有所提高。

Epoch：01 | Epoch Time：7m 13s
    Train Loss：0.502 | Train Acc：74.41%
    Val. Loss：0.270 | Val. Acc：89.15%
Epoch：02 | Epoch Time：7m 7s
    Train Loss：0.281 | Train Acc：88.49%
    Val. Loss：0.224 | Val. Acc：91.32%
...
Epoch：05 | Epoch Time：7m 15s
    Train Loss：0.188 | Train Acc：92.63%
    Val. Loss：0.211 | Val. Acc：91.92%

第二十四步，加载模型，评估模型在测试集上的表现。

```
model.load_state_dict(torch.load('senti-model.pt'))

test_loss, test_acc = evaluate(model, test_iterator, criterion)

print(f'Test Loss：{test_loss：.3f} | Test Acc：{test_acc * 100：.2f}%')
```

程序运行结果为：
Test Loss：0.209 | Test Acc：91.58%

4）使用模型

第二十五步，编写使用模型进行预测的代码。对于输入的文本，如果超过了最大长度－2，则进行截断，同时在文本起始位置添加 CLS 字符。

```
def predict_sentiment(model, tokenizer, sentence)：
    model.eval()
```

```
        tokens = tokenizer.tokenize(sentence)
        tokens = tokens[: max_input_length−2]
        indexed = [init_token_idx] + tokenizer.convert_tokens_to_ids
(tokens) + [eos_token_idx]
        tensor = torch.LongTensor(indexed).to(device)
        tensor = tensor.unsqueeze(0)
        prediction = torch.sigmoid(model(tensor))
        return prediction.item()
```

第二十六步，使用模型预测句子的情感倾向。

```
predict_sentiment(model, tokenizer, "This film is terrible")
```

运行结果为：

0.02648954465985298

思考题

1. 基于词表的无监督情感分析有什么优点？它的主要问题是什么？

2. 基于监督机器学习和基于深度学习的情感分析有什么区别？

3. 基于深度学习的情感分析对硬件的要求高吗？为什么？

4. 如果公司要求你分析几万篇文章对公司新产品的评论倾向，选择哪种方案较好？为什么？

5. 最近，公司推出了一款名为"助眠宝"的新产品，如何收集文本数据并分析该款产品在市场上的美誉度？

本篇参考文献

［1］Bugly. 图解 BERT 模型：从零开始构建 BERT. ［DB/OL］.［2022-09-22］. https：//cloud.tencent.com/developer/article/1389555.

［2］Devlin J, Chang M W, Lee K, *et al*. BERT：Pre-training of deep bidirectional transformers for language understanding［C］//NAACL HLT 2019 - 2019 Conference of the North American Chapter of the Association for Computational Linguistics：Human Language Technologies—Proceedings of the Conference，2019，1：4171-4186.

［3］Firth，J. R. A synopsis of linguistic theory，1930－1955. In Selected Papers of J.R. Firth 1952－1959 (pp. 168－205). 1968. London：Longman.

［4］HowNet［DB/OL］.［2022－09－22］. https://openhownet. thunlp. org/home.

［5］Manning C D. Human Language Understanding Reasoning［J/OL］. Daedalus，2022，151（2）：127－138. https://direct. mit. edu/daed/article/151/2/127/110621/Human-Language-Understanding-amp-Reasoning. DOI：10.1162/daed_a_01905.

［6］Mikolov，T，Sutskever I，Chen K，Corrado G，Dean J. Distributed Representations of Words and Phrases and their Compositionality［C］//Advances in Neural Information Processing System，2013.

［7］Mikolov T，Chen K，Corrado G，Dean J. Efficient Estimation of Word Representations in Vector Space［C］//Proceedings of Workshop at ICLR. 2013.

［8］Ogden，C K，Richards，I A. The meaning of meaning：A study of the influence of thought and of the science of symbolism［M］. California：Harcourt，Brace World，1923.

［9］WordNet［DB/OL］.［2022－09－22］.https://wordnet.princeton.edu/.

［10］常鸿宇. NLP 工具——Stanza 依存关系含义详解［DB/OL］.［2022－09－22］. https://blog. csdn. net/weixin_44826203/article/details/121253732.

［11］周明. 预训练模型在多语言、多模态任务的进展. 微软亚洲研究院整理［DB/OL］.［2022－09－22］. https://www.zhihu.com/question/327642286/answer/1465037757.

［12］何晗. 自然语言处理入门［M］.北京：人民邮电出版社，2019.

［13］刘群，张华平，张浩. 计算所汉语词性标记集 Version 3.0［Z］.2004.

［14］吕叔湘. 现代汉语八百词［M］.北京：商务印书馆，1980.

［15］邱立坤，金澎，王厚峰. 基于依存语法构建多视图汉语树库［J］. 中文信息学报，2015，29（3）：9－15.

［16］汤光超. Dependency Viewer ［DB/OL］.［2022－09－22］. http://nlp. nju. edu. cn/tanggc/tools/DependencyViewer.html.

［17］涂铭，刘祥，刘树春. Python 自然语言处理实战：核心技术与算法［M］. 北京：机械工业出版社，2018.

［18］王晓光.“数字人文”的产生、发展与前沿. 方法创新与哲学社会科学发展［C］//中国高校哲学社会科学发展论坛 2010 方法创新与哲学社会科学发展.武汉：武汉大学出版社，2010.

［19］詹卫东.计算语言学概论课程材料［DB/OL］.［2022－09－22］. http://ccl.

pku.edu.cn/doubtfire/Course/Computational％20Linguistics/cl.htm.

［20］宗成庆.统计自然语言处理［M］.北京：清华大学出版社，2013.

［21］Gensim Documentation［DB/OL］.［2022－09－22］.https://radimrehurek.com/gensim/auto_examples/index.html♯documentation.

［22］Natural Language Toolkit［DB/OL］.［2022－09－22］.https://www.nltk.org/.

［23］NLPIR-Parser［DB/OL］.［2022－09－22］.http://www.nlpir.org/wordpress/.

［24］Peng Q，Yuhao Z，Yuhui Z，Jason B，Christopher D M. Stanza：A Python Natural Language Processing Toolkit for Many Human Languages［C］//Association for Computational Linguistics（ACL）System Demonstrations. 2020.

［25］spaCy［DB/OL］.［2022－09－22］.https://v2.spacy.io/.

［26］pkuseg 多领域中文分词工具［DB/OL］.［2022－09－22］.https://github.com/lancopku/PKUSeg-python.

［27］THULAC：一个高效的中文词法分析工具包（thunlp.org）［DB/OL］.［2022－09－22］.https://github.com/thunlp/THULAC.

［28］语言技术平台云（LTP）［DB/OL］.［2022－09－22］.http://www.ltp-cloud.com/.

［29］结巴中文分词［DB/OL］.［2022－09－22］.https://github.com/fxsjy/jieba.

［30］Ben Trevett. Transformers for Sentiment Analysis［DB/OL］.［2022－09－22］. https://github.com/bentrevett/pytorch-sentiment-analysis/blob/master/6％20-％20Transformers％20for％20Sentiment％20Analysis.ipynb.

［31］Gilbert E. Vader：A Parsimonious Rule-based Model for Sentiment Analysis of Social Media Text［C］//Proceedings of the international AAAI conference on web and social media，vol. 8，no. 1，2014：216－225.

［32］Marcelo Marques. Analyzing Movie Reviews — Sentiment Analysis［DB/OL］.［2022－09－22］.https://www.kaggle.com/code/mgmarques/analyzing-movie-reviews-sentiment-analysis-i/notebook.